JN257417

愛しのブロントサウルス
最新科学で生まれ変わる恐竜たち

ブライアン・スウィーテク
桃井緑美子 訳

Brian Switek
My Beloved Brontosaurus
On the Road with Old Bones, New Science, and Our Favorite Dinosaurs

白揚社

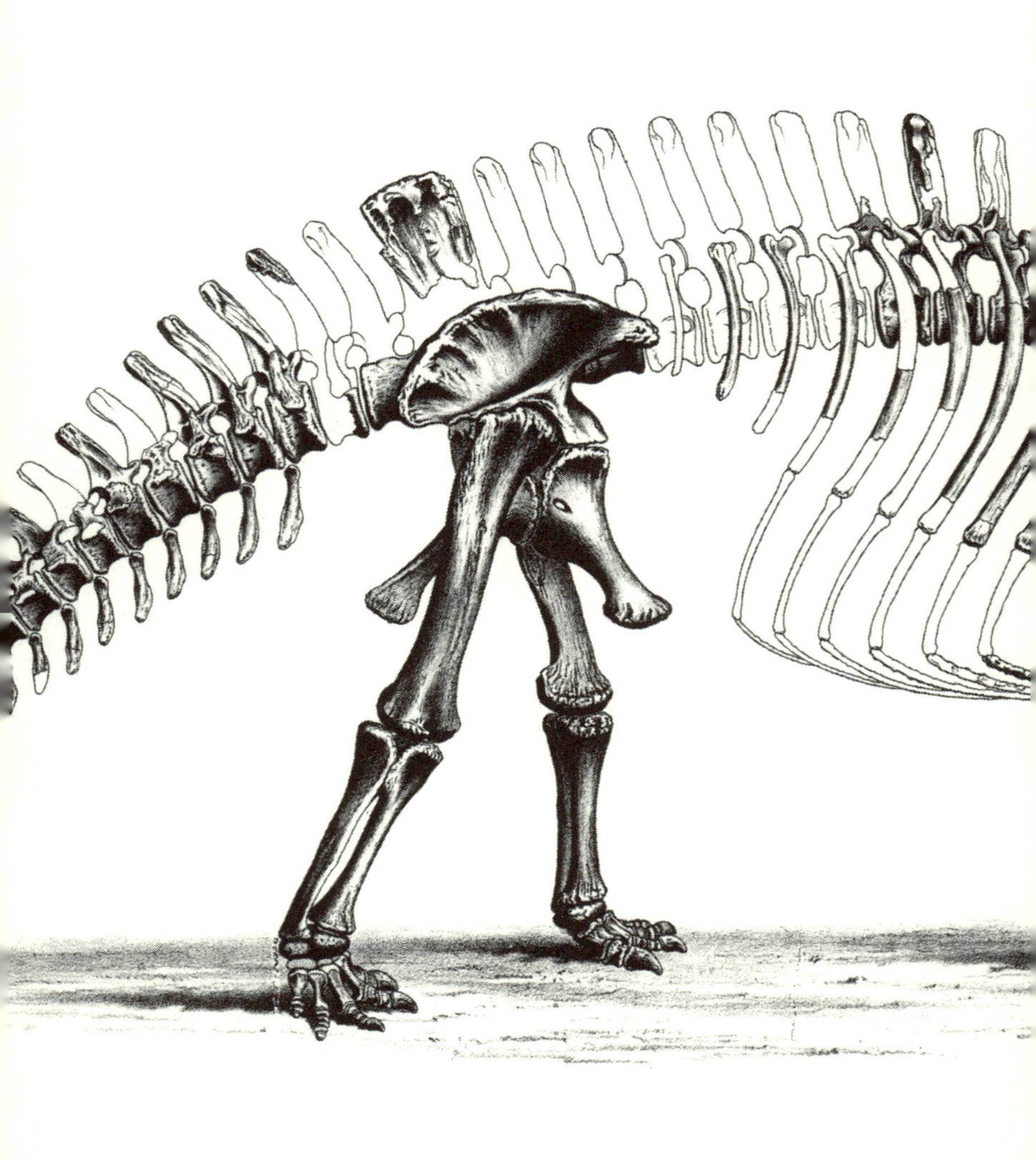

なつかしい「雷竜」をいまも忘れない科学ファンの友へ

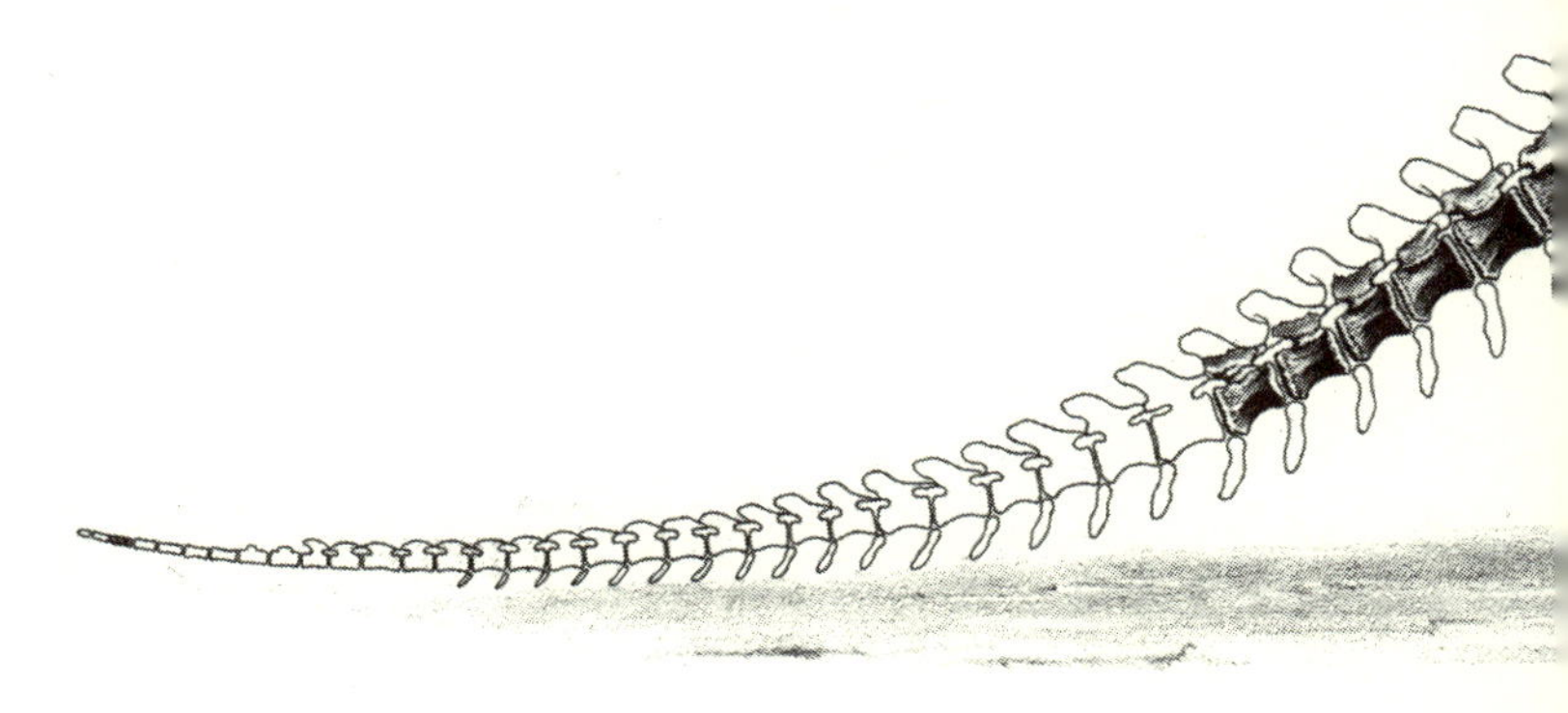

愛しのブロントサウルス　目次

プロローグ　僕の恐竜ライフ　9
第1章　ナンバーワンの恐竜　19
第2章　ちっぽけな恐竜が世界を支配する　51
第3章　恐竜のセックス　85
第4章　新種か、成長か　111
第5章　雷鳴とどろくジュラ紀　135

第6章　足跡を追って　159
第7章　羽毛が巻き起こす革命　189
第8章　ハドロサウルスの耳、ティラノサウルスの鼻　221
第9章　寄生虫が残した痕　241
第10章　崩壊する王朝　257
エピローグ　わが愛しのブロントサウルス　285
謝辞　298／訳者あとがき　303
註　320／索引　326

・〔　〕で示した箇所は訳者による補足です。

愛しのブロントサウルス

子供恐竜ファンだったころの著者
（写真：Barbara Switek）

プロローグ　僕の恐竜ライフ

僕はむかし、恐竜だった。正確にいえば、ステゴサウルスだ。妙にぴっちりして気持ちの悪い緑色のジャンプスーツにはパタパタする布製の板が背中にずらりと縫（ぬ）いつけられていて、それは科学的にはちっとも正しくなかったが、そんなことはかまわなかった。僕の心は恐竜だった。そこが肝心だ。

幼稚園のときに恐竜の夕べという催しがあって、アロサウルス対ステゴサウルスの闘いという出し物の主役の片方に抜擢（ばってき）された。恐竜となると僕が大はしゃぎするのを両親が黙認するようになったのは、それがきっかけの一つでもあった。その会では、浅い砂場に先生方がプラスチックの小さい恐竜を隠していたし、その夜の終わりにはさしておいしくもない恐竜の絵のシリアルを全員が一箱ずつもらえもした。そこに何かしら教育目的があったとしても、僕は覚えていない。そのころの僕にはどうでもよいことだった。恐竜に熱狂する五歳児にとって、恐竜と遊ぶのに理由などいるわけがない。

　僕は恐竜のデスマッチでアロサウルス役の子にむかって咆(ほ)え、そいつを踏みつけ、トゲトゲの尾をたたきつけてやるつもりでいたが、そのとき相手がそっくりのコスチュームを着ているのに気づいた。敵はとらばさみのような顎(あご)をもつ敏捷(びんしょう)なスーパー肉食獣になりきっていた。先生方は下調べをしていなかったから、恐竜については素人だった。僕も台本の指示どおりにアロサウルスの鉤爪(かぎづめ)にかかって負ける気などさらさらなかった。台本では、僕は死ぬふりをし、鱗(うろこ)の喉を敵の目前にさらして倒れることになっていたが、僕は役柄を無視して、ステゴサウルスのほうが本当はすごい恐竜であることを観客に教えることにした。アロサウルスは獰猛で敏捷だったが、そういう強みもステゴサウルスの背中の立派な板と、骨をも砕く尾のスパイクの前では用をなさなかっただろうと僕は力説した。

　しかし、ああ、そこに集まっていた父兄は僕の即席恐竜学講座の教えに感心しなかった。僕は大人たちが畏れ入ったようにうなずき、ニューヨークにあるアメリカ自然史博物館で僕が働けるようにしてくれるものと思っていた。それなのに彼らは笑っただけだった。

　僕は拳を震わせて「愚か者どもめ！　いまに見てろ！」と叫びはしなかった。心のなかでは、本物の科学者ならそうするべきだと思っていたけれど。だが、恐竜のことをあきらめもしなかった。ドキュメンタリー番組を見て恐竜熱をいっそう燃え立たせ、ビデオ屋で借りてきた恐竜もののB級映画に狂喜し、祖父母の家の裏庭でトリケラトプスの完全な巣を探して草木を根こそぎにした。ニユージャージー州中部に三本角の恐竜がいるわけなかろうと、この州で発見された数少ない恐竜化石が白亜紀に大西洋に押し流されたくず化石ばかりだろうと、知ったことではなかった。土の下に恐竜がいないいないわけがない。化石ハンターとしての本能が僕にそう教えていた。だからひたすら掘りつづけた。とうとう物置から祖父の手斧を持ち出して僕の邪魔をする若木を切り倒そうとしたとき、家のなかから両親がすっ飛んできてやめさせられた。どうやら僕は事前に正式な許可をもらっていなかったらしい。

では、両親は僕の化石狂いをさっぱり理解してくれなかったのかといえば、そんなことはない。父も母も僕の古生物への夢を応援してくれた。なつかしい思い出がある。小学校の図書室の司書に僕が恐竜の本ばかりを借りすぎている、しかもまだ難しい高学年むけの本まで借りようとすると注意されたとき、僕の肩をもってくれたのだ。恐竜について知るべきことはなんでも知っていなくてはならないのだと思うと、僕の脳みそはうずうずした。新しい恐竜の名前を知るたびに、科学知識が僕の血となり肉となった。恐竜の名は魔法の言葉だった。それを耳にしたとたん、僕の想像のなかにおそろしくもすばらしい怪物が跳び出すのだった。

それから二五年後、恐竜熱が僕の机から発散してソルトレイクシティのアパートのどの部屋にも知らぬ間に充満していることに、妻はなんとか耐えてくれている。恐竜への夢はここへの引っ越しを決心した決め手にもなった。よりにもよってなぜユタ州に、モルモン教の遺した頭にくるほど保守的な政治風土と「ビールもどき」がせいぜいの飲酒規制の州にいったいどうして引っ越したいのかと聞かれたときの僕の答えは明快だった。「恐竜のためだよ」。西部開拓を奨励した政治家のホラス・グリーリーには申し訳ないが、ユタに行くことを彼の言葉を借りて正当化すれば、「西部へ行け、若者よ。そして恐竜とともに大きくなれ」ということだ。ユタはどこよりも恐竜化石の豊富な地層があり、それが色美しい不毛のバッドランド〔堆積岩などのもろい岩盤が雨水で極度に侵食された悪地地形〕に広がっている。よその夫婦がカウチかテレビを買い替えられるかで押し問答をするところ、僕は遺品処分セールで買ったアパトサウルスの頭骨の実物大キャスト〔石膏（せっこう）模型〕といった必須アイテムをうちに持ち帰らせてもらいたくて、わが家の財務大臣を説き伏せるのに時間を費やすのがつねだった（現在、そのアパトサウルスの石膏の頭は古生物学専用にした本棚の一つのてっぺんに、でんとすわっている）。

　あとはただ、天気の許すかぎり恐竜探しをつづけるだけだった。十月をすぎると野外調査をするには寒く、地面も固くなって、化石を壊さずに掘り出すのは難しい。どっと発表される古生物関連の新しい論文について記事を書いて冬をやりすごしながら、ひたすら春を待った。調査の季節がめぐってくるたびに、新しい可能性がもたらされる。アメリカ西部で一〇〇年以上もつづけられてきた化石ハンティングに人が何を期待しようと、発見すべき恐竜はまだたくさん残っている。トリケラトプスの巣にしても、僕はいまだに見つけられていないが、いまならその夢に一歩近づいたところに住んでいる。地球の過去が地表までぐいと上がって、美しい化石の土地に姿をさらしている場所だ。

しかし世の中の人にしてみれば、恐竜は大人の生活とは関係のないものらしい。恐竜を発掘しようとする古生物学者とボランティアは、ギザギザの歯のおそろしい恐竜が原始の湿地を踏み歩くところを想像しながら泥んこと戯れるのを職業にした大きな子供だと思われている。アメリカの子供はかならず「恐竜期」を通過するが、チームスポーツのたのしさや高校の青空スタンドの陰でのキスを知ってしまえば（僕は生来不器用で、どちらもうまくやれなかったが）、恐竜のことは忘れることになっている。感情をほとばしらせる音楽や緊張のきわみのデートに目覚めたり、夢をみていないで現実の進路をしぼっていかざるをえなくなったりすれば、子供のようにはしゃいだ気分はすっかり消えうせることになっている。頭を冷やせ。恐竜は低俗な子供のオモチャとして、アメリカ文化ではきっちり線を引かれている。子供時代をなつかしんでとか、たまのおふざけとしてならよいが、本気でやるものではない。

むかしをなつかしむといっても、元恐竜ファンが家庭をもち、実物大のモンスターが博物館を歩きまわるのを見せに子供たちを博物館へ連れていけば、それどころの話ではないとわかる。そのときには慣れ親しんで育った恐竜はいなくなり、かわりに似ても似つかない、同じ名前のものとさえ思えない生きものがそこにいる。子供のときに出会った恐竜はいつまでもいてくれない。科学が絶えずつまんだりひねったりして恐竜の形を変え、思い出に心なごませようとしている僕らをびっくりさせる。
その衝撃を、僕は二〇〇三年の元旦に味わった。当時のガールフレンドのエレンに引っ張られて、アメリカ自然史博物館の恐竜を見にいった日だ。子供のころ以来、ずっときていなかったが、その間にこの博物館の化石の展示はすっかり様変わりしていた。子供時代の僕の心を奪った骨格化石は、あいた口がふさがらないくらい模様替えされていた。

僕が初めて会ったときのティラノサウルス・レックスはゴジラのように二本足で立ち、ずらりと牙のならんだ顎を上げて、尾を地面に引きずっていた。同じときに会ったステゴサウルスは背中に骨板（こつばん）とスパイクを生やした小山のようだったし、ずっしり重いブロントサウルスはでくの坊のように立ち、乾いた陸地よりも藻の繁茂した臭い池が似合っていた。僕が一緒に育ったこの恐竜は、角と歯と鉤爪がぎらりと光るじっとり湿ったスローモーションの悪夢のなかに棲（す）んでいた。それがみな、なじみのない中生代の生物に置き替わっていた。まるで歩きだそうとした瞬間に肉がごそっと削げ落ちたかのような姿でぬっとそびえ立つ骨格の恐竜。動きまわる骸骨をパチリと写真で撮ったような新しい恐竜は、僕には見知らぬ他人だった。

恐竜の化石化した遺物——つまり本物の骨格——に変化があったわけではない。その一つひとつは歴史学の手のとどかない時代の動かぬ記念碑のようだ。しかし、僕が初めて恐竜をこの目で見たときとくらべても、より精度の高い分析方法が開発され、残された化石から先史時代の生物に関する情報がこつこつと集められている。竜脚類（りゅうきゃくるい）恐竜の大腿骨（だいたいこつ）やハドロサウルス類の頭骨は、ただ展示して埃を積もらせるためだけの石の塊ではない。どの化石も手がかりを隠していて、その恐竜の生態や進化、ときには死についてさえも教えてくれる。恐竜の理解は、ばらばらの骨を組み立てたところで終わるのではない。古生物学の新しい知見を得るための努力がそこからはじまるのだ。

ひとむかし前の古生物学者が推測するしかできなかったことを、いまは詳しく調査できるようになった。恐竜の性行動から最も深い謎、すなわち恐竜の体色まで、あらゆることが一般の人々の注目を浴びる。そして新しいことがわかってくればくるほど、恐竜はますます意想外のすばらしい生きものになっていく。僕が最初に出会ったティラノサウルスは、もっと活発で魅力的な新しいティラノサウルスによってばらばらに引き裂かれた。捕食動物の頂点に君臨するものらしく発達した筋肉をもち、背骨を地面に平行に保ち、高い代謝率で体温を維持し、フィラメント（線維）状の羽毛で体がおおわれている。その姿は暴君恐竜と呼ばれるティラノサウルスが現代の鳥類の遠い親類であることを暴いている。ステゴサウルスを含むほかの有名な恐竜もすべて復元しなおされ、新しい命が吹き込まれた。先史時代の澱んだ水たまりから抜け出し、その進化の歴史と同じように美しい色に身をつつんで生き生きしている。

だが、新しい発見の情報が一般大衆に達するまでには時間がかかり、達しても、科学がどうやって恐竜の生態を解き明かしているのかは公開されない。博物館の展示ホールとテレビのドキュメンタリー番組は古生物学の成果――その時点で恐竜についてわかっていること――を見せてくれるかもしれないが、恐竜がなぜこんなにも変わったのかを説明してくれることはめったにない。その秘密は素人の恐竜ファンの手のとどかないシンポジウムと専門的な論文でのみ明かされる。恐竜ウォッチを怠らない者でさえ、発見のペースについていきれない。僕らが理解する前にどんどん変わっていくので、博物館の生き生きとしたすばらしい展示も一般公開されるころには少なくとも部分的に時代遅れになってしまう。恐竜の体長の推定値から鼻孔の位置まで、古生物学者は絶え間なく修正し、巨獣が本当はどんな姿だったのかを論じる。こうして仮説が本当に有効だとわかると恐竜の形態があらためられ、学術誌で発表されてまた修正されるのを待つ。そしてまったく奇妙なことに、古生物学は知識の修正を疑いの目で見る風潮のある数少ない科学分野の一つなのである。先史時代ファンはこれまで信じてきたことに愛着があればこそ、羽毛の生えたティラノサウルスをまるで巨大なニワトリだと鼻で笑い、小難しい分類のルールのせいで好きな恐竜がいなくなってしまうのを嘆く。

科学と大衆人気のはざまに落ちた生物のうち、いつも僕の心のなかにいるのがブロントサウルスだ。研究者の手にかかって、別の意味で絶滅に追い込まれた象徴的な恐竜である。いまではアパトサウルスというのが正式の名だが、いまもなお旧名のほうで知られて親しまれ、どっちつかずの状態にある。ブロントサウルスはもはや非公式なニックネームなので使ってはいけないのだが、僕らはこの名が手放せない。

動く肉の山のような巨大なブロントサウルスは、絵に描いたような恐竜だ。思い出せばなつかしい。首の長いこの巨獣は僕にとって恐竜がいかに壮麗な生きものかを知る入り口になったが、出会っていくらもしないうちに科学界からすっと消えていってしまった。今日、ブロントサウルスは思い出としてのみ生きている。しかし、僕はその思い出を大切に胸にしまっている。僕だけではない。ブロントサウルスは鱗におおわれた巨大な生きものを表わすアイコンなのだ。この恐竜がもういないといわれても、それは学術的なまちがいというよりも裏切りのような気がする。

この本ではブロントサウルスをマスコットにする。ブロントサウルスは、古生物学者の調査する実際の生物と大衆文化における巨獣たちのあいだの衝突を見事に象徴している。先史時代のイメージはひとり歩きし、ヴェロキラプトルのようにその爪を僕らの想像にがっちり食い込ませている。ひとり歩きするイメージは危険ではあるけれど、そこが科学発見につきもののたのしさでもある。恐竜を理解するためには、ファイバーグラスで、スチールで、絵の具で、コンピューター生成モデルで、彼らをよみがえらせる必要がある。当然、修正されたイメージは古いイメージとぶつかりあう。科学的発見は、僕らが知っている気でいたものと僕らが現在理解しているものとの激しいせめぎあいを生むのだ。ブロントサウルスはこうした果てしなくつづく衝突の最も有名な犠牲者だが、ただそれだけではない。こいつを比較の基準とすることで、科学によって恐竜がどれだけ変容したかが確かめられるのである。僕らは大切な恐竜を失ったかもしれないが、この巨獣を消し去ったのと同じプロセスから、発見できるとは思っていなかった先史時代の生物に関する手がかりが明らかにもなった。ブロントサウルスを旅の道づれとして、むかしなじみの古めかしい恐竜たちをよみがえらせつつ、彼らが進化と絶滅と生存競争についてどんな秘密を明かしてくれるかを見ていこう。

第1章　ナンバーワンの恐竜

ブロントサウルスは僕にとってずっと特別な恐竜だ。とくに小さいときの僕からすれば、沼のなかをのっそり歩くあの巨獣には、恐竜といわれて思い浮かぶすべてがあった。大きくて、鱗におおわれている。何より、こんなに奇妙な生きものは原始の過去のものでしかありえない。しかも一億五〇〇〇万年も前に姿を消したのに、僕の頭のなかではずっと生きていた。僕は歩けるようになるやならずのころから、この巨大な植物食獣に会いたくて会いたくてたまらなかった。幼稚園のお絵かきの時間には、クレヨンで描いた家族の絵にペットのブロントサウルスを加えた。それでも僕にも節度はあって、二五メートルもある恐竜など飼えっこないのはわかっていたから、犬のグレートデーンくらいの大きさにした。僕が背中に乗れるくらい大きかったが、両親が餌をやるのが追いつかないほどではない。

　クレヨンで恐竜をよみがえらせた程度では、僕のせつないほどの思いを満たすのにかすりもしなかった。家族で初めてディズニーワールドに行ったとき、僕はエクソン提供のユニバース・オブ・エナジー館でアニマトロニクスのブロントサウルスやステゴサウルスなどを早く見たくてたまらずに父と母をせきたてたので、二人は荷物を降ろす間もなく僕らをパビリオン行きのバスに乗せた。ミッキーもミニーも目じゃなかった。ガクンガクンと動いては咆(ほ)えるロボットの恐竜が、僕の見たいものリストのトップだった。平凡で退屈なニュージャージー州中部に住んでいることを僕はのちに呪ったものだが、この郊外の町にしばりつけられているのにもよいことが一つあった。恐竜好きの子供にとって、アメリカ自然史博物館に近いところほどすばらしい場所はめったにあるものではない。川ひとつ越えればニューヨーク、そこに博物館はある。僕はそこで大好きな恐竜に初めて会った。

いまのアメリカ自然史博物館は、一九八八年に僕が両親に連れられて四階の恐竜展示ホールを見たころとはもう違う。現在は天井が高く、壁は白くなり、ティラノサウルスやエドモントサウルスやトリケラトプスなど、立ちならぶエリート恐竜の骨格化石がふんだんな照明でくっきりと浮かび上がる。天井の高いオープンなこの空間は、一九九〇年代半ばに先史時代のスターたちを新事実に合わせて修正するために改装されたときにできた。[1] 進化の順にならんだ新しい展示室は、恐竜が十九世紀の博物学者の認識とどれだけ変わったかを物語っている。アメリカ自然史博物館の恐竜は、失われた風景のなかで食べものか仲間か敵を探しているかのようにあたりを抜け目なく見張りつつ、骨になった頭と尾を上げてぴたりと立っている。

二十代になれば好きなときに自分で博物館に行かれるようになり、僕は暇さえあれば恐竜の骨格のあいだを歩きまわって肉のついた彼らの姿を想像した。展示室から展示室へまわっていると、恐竜を初めて見にきた大勢の子供たちの足がバタバタと床を踏み鳴らす。ずいぶん前に最初に訪れた、埃（ほこり）の舞うほの暗いジュラ紀恐竜展示室が僕はなつかしかった。一九八〇年代に見た古い恐竜はまちがいだらけで、恥ずかしい過ちとして科学のゴミ捨て場行きになったが、だからといって初めて見たときの思い出が曇るわけではない。あのころ、禁断のうす暗いホールで、僕は想像をめぐらせて骨のまわりにうっすらと石膏（せっこう）をまとわせ、生命力に満ちた巨獣を思い描いた。骨格は古生物学の朽ちた記念碑ではなく、筋肉で結合され、鱗の皮をかぶせられるのを待っているやぐらのように感じられた。僕の若い頭は、死んだ恐竜ではなく、いまにも歩きだしそうな生きものの骨格構造を見ていた。

＊　＊　＊

初めてアメリカ自然史博物館を訪れたとき、僕はそんな思いの虜になっていたので、両親がそこにいたこともろくに覚えていない。先史時代の骨の足元に立ち、夢見心地だった。ブロントサウルスから目を離すことができず、低く伸ばした長い首と、その先端のスプーン型の歯のならんだ愚鈍そうな丸い頭に見とれた。僕は竜脚類恐竜の女王の宮廷にいた。この地球上を歩いた生物で最大の、首の長いずっしり大きい恐竜。ブロントサウルスはその巨体から「雷竜（かみなりりゅう）」とも呼ばれたくらいだ。歩けばジュラ紀の原野に雷鳴のような音がとどろいたにちがいない。僕は彼女の骨格に目を奪われながらその音を想像した。女王は足を踏み出して台座から降り立ち、博物館を出てセントラルパークウェスト沿いの茂みにむかっていきそうだった。そのとき僕の耳にはなんの音も入らなかった。その静寂のなかで僕は恐竜の息づかいのかすかな響きを聞いた。本当だ。誓ってもいい。先史時代の骨だらけのあの場所なら、亡霊がいてもおかしくない。

もちろんティラノサウルスなどの恐竜の展示も大きかった。しかし、彼らはブロントサウルスのようには僕にまとわりついてこなかった。僕の住む町の通りをずしりずしりと歩き、近所の芝生の公園で新鮮なオークの葉を食べているブロントサウルスの姿が見られたらどんなにすてきだろう……。そう思わずにいられなかった。僕は学校でスケッチブックにのっそりしたブロントサウルスを描き、プラモデルをつくって泥沼に見立てた道路わきの排水溝を泳がせ、時の彼方（かなた）の湖を思い描いた。彼女はそこで日光浴をして、絶滅する前の穏やかなひとときをすごしたかもしれない。

そんな日々に、僕は衝撃のニュースを聞いた。

まず、ブロントサウルスが消えた。僕の大好きな恐竜は、本当はいなかったのだ。誤認と取り違えが重なってでき上がった生きものにすぎず、科学によって生をあたえられ、科学によって生を奪われた。正しい名はアパトサウルス。僕の知るブロントサウルスとはずいぶん違った。水に浸かって藻や睡蓮を食べるのっそりした恐竜ではなく、長い首と鞭のような尾を高くもち上げてジュラ紀の氾濫原を歩く、きりりとした活発な恐竜だ。僕のブロントサウルス、ジュラ紀の湖沼に生息する、ぬうっとしたばかでかい肉と骨の塊は、実在しなかった。あの巨獣については、その生態も頭骨も、一番残念なのはその名前さえも、ほとんどのことが先史時代の骨格化石をもとにした人間のつくりもので、その骨が実際に支えていたのはもっと違った形をしていたのだ。僕はだまされていた！僕の出会った恐竜は、硬直した体でぶざまに博物館のなかを歩きまわるゾンビだった。その何十年も前に科学者はブロントサウルスをお払い箱にしていたというのに。

おわかりと思うが、恐竜の展示の修正は一朝一夕にできるものではない。僕が博物館で初めて出会ったあのブロントサウルスは、本のなかと博物館の展示室からゆっくりと姿を消していくところだった。それより数年前、科学者の関心がアパトサウルスのような体形の首の長い竜脚類や、剣竜類、ティラノサウルス類、およびその仲間に集中し、その機運はものものしくも「恐竜ルネサンス」と称された。それまでの愚鈍な爬虫類という恐竜のイメージはたたきつぶされ、トカゲやワニよりも鳥との共通点の多い動物として仕立て直された。骨格化石は変わらなくても、古生物学者が解釈を変えたのである。そしてブロントサウルスの場合は特別で、科学と想像が複雑にからみあい、この恐竜の名前と頭骨の形と文化におけるキャラクターは分かちがたく結びついている。

ことの起こりは一〇〇年以上も前、古生物学の発見の歴史でとくに実り多い時代のことだった。[2]

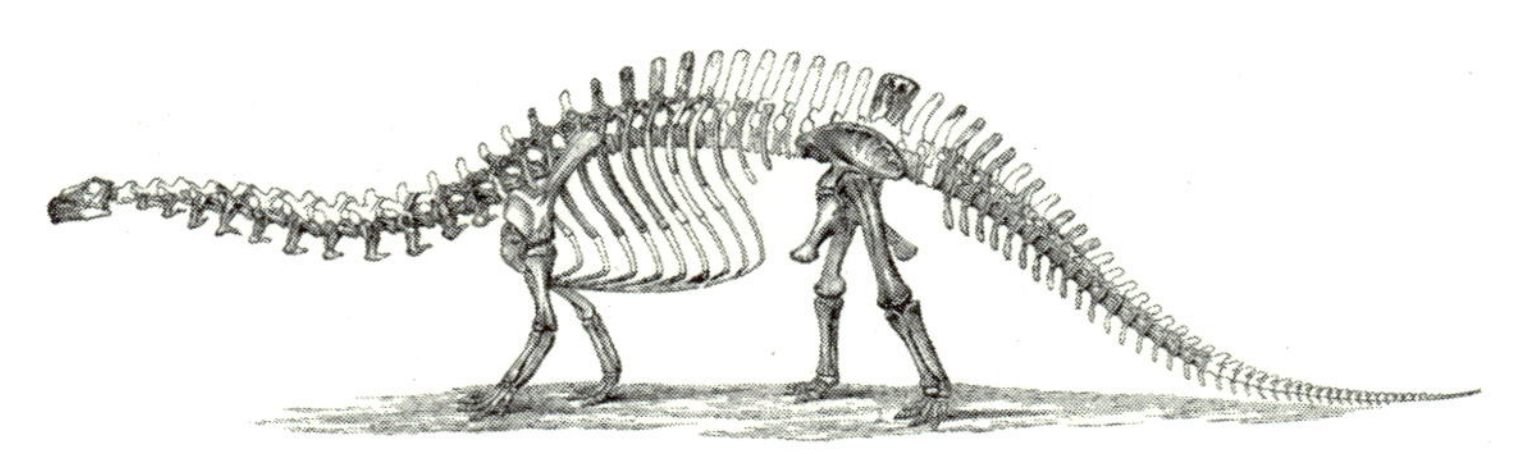

1896年、古生物学者のO・C・マーシュは有名な論文「北米の恐竜」でこのブロントサウルス・エクスケルススの復元図を発表した。（図は以下より引用：http://en.wikipedia.org/wiki/File:Brontosaurus_skeleton_1880s.jpg）

一八七七年に、イェール大学の古生物学者オスニエル・チャールズ・マーシュは、のちに自分の助手になるアーサー・レイクスがコロラド州で発見した若い竜脚類の部分骨格にアパトサウルス・アヤクスと命名した。二年後、マーシュは彼の発掘隊が今度はワイオミング州コモブラフで発見したもっと複雑な骨格化石にもとづいて、ブロントサウルス・エクスケルススという名を案出した。

二つはほんのわずかな違いしかなかったが、そんなわずかな違いでも、マーシュの時代の古生物学者はそれまで知られていなかった新しい属と種だと解釈した。要するに、彼らは誰も見たことのない失われた先史時代の生物を科学的に分類した最初の世代だったのである。どんな形態の恐竜が何種類いるかなど、わかるわけがない。

しかしこの場合は、マーシュが別のものと考えた二つの属が一つにされた。一九〇三年、古生物学者のエルマー・リッグズがマーシュのブロントサウルスは別の名をつけるほどアパトサウルスと違っていないと主張した。ブロントサウルスはアパトサウルスの新種にすぎず、アパトサウルスのほうが先につけられた名なので、これに命名の優先権があるとリッグズは論じた。こうしてブロントサウルス・エクスケルススはアパトサウルス・エクスケルススになったのである。問題は、名称の変更が専門誌から大衆文化にまで（もっとはっきりいえば、博物館の展示にまで）伝わらなかったことだった。アメリカ自然史博物館のような施設はアパトサウルスの骨格を展示しながら、古いブロントサウルスのラベルをぺたりと貼りつけていた。その理由はいまだかつて明らかになったことがない。旧名のほうが感じがよいと思ったのか、あるいは名前を変えたら展示物のなかでとくに有名な恐竜が目立たなくなると思ったのか。いずれにしてもブロントサウルスは生きながらえた。

さしあたりリッグズの時代の頑固な古生物学者につきしたがって、この動物をブロントサウルスと呼ぶことにしよう。博物館が胸を張って展示した典型的なブロントサウルスの骨格は、ほかの大型竜脚類、たとえばディプロドクスとそう大きく違わなかった。この二種の恐竜は一億五〇〇〇万年前ごろの北アメリカ西部に生息し、ブロントサウルスのほうがややずんぐりしているだけで、体の基本構造は同じだった。ブロントサウルスらしさを決定しているのは頭骨だった。

僕が一九八八年に会ったとき、骨のブロントサウルスは首の上に頭骨を戴き、二十世紀初期の科学者がそうだったにちがいないと主張したとおりに愚鈍に見えた。アメリカ自然史博物館の古生物学者ウィリアム・ディラー・マシューはこう書いている。「ブロントサウルスは大型で動きののろいロボットのような動物だったとみなすのがよいだろう。本能のみに、もしくはほぼ本能のみに支配される組織立った物質の巨大な貯蔵庫で、意識的な知能による指示はあったとしてもごくわずかだった[3]」。僕にしてみれば、僕を夢中にさせた山のごとき巨躯を調査したこの男は、恐竜を筋肉ばかりで脳みそのない生物、進化の悪い冗談としか考えていなかったのだ。
初めて博物館へ行ったときの僕には知らされていなかったが、この恐竜の頭骨は骨の破片と推測の寄せ集めだったのである。

マーシュの調査隊員は最初のブロントサウルスを復元するもとになった化石をコモブラフで発見したとき、頭骨がなくて落胆した（竜脚類は死んでから墓所に埋没するまでにたいてい頭骨がどこかへいってしまう）。この生物の骨格を絵に描く段になり、マーシュはコモブラフの別の発掘地から出土したいくつかの頭骨を利用した。実際には違う生物のもの、カマラサウルスという頭部が大きく鼻面の短い同時期の竜脚類のものだったのだが、マーシュはそうと知らなかった。この頭骨と最初に発見した骨格が同じ生物のものと思い込み、これらの骨の破片を利用してブロントサウルスを復元したのだ。ほかの博物館もまねをした。本物の頭骨が発見されたのはずっとあとのことである。

ブロントサウルスの終焉は、骨格化石がたくさん出土する場所の一つ、ユタ州のダイナソー国定公園からはじまる。ユタ州バーナルの国道40号線を公園に近づくにつれて、道路わきで旅行者に愛嬌をふりまく恐竜が見えてくるだろう。見落としようがない。歯をむくもの、ホテルの外でポーズをとるもの、いろいろいる。僕が好きなのは町のマスコットの首長恐竜ダイナーが水玉模様のビキニを着ているやつだ。足元には「さあ、泳ごうよ！」と書いてある。恐竜には乳腺がなかったから、ビキニのトップスになんの意味があるのかわからない。きっと信心深いユタの人たちは慎み深さをこう表わすのだろう。

バーナルの恐竜は、古くさいところにかわいげがある。一九五七年にダイナソー国定公園の発掘地のむこうにガラス壁の博物館が建てられて、旅行客が押し寄せるようになったころからのものだ。国に保護された発掘地はアール・ダグラスの夢だった。[4] ダグラスは一九〇九年に岩山だらけのこの地域に化石の金脈を発見し、ピッツバーグのケンブリッジ自然史博物館に勤務しながらこの場所を広範に発掘調査した人物である。大量の骨は東部に送ってしまったが、ダグラスはこの広大な化石地層を一般の人々が訪れて生の古生物学を見学できる生きた博物館にしたかった。彼の構想の一部、たとえば金持ちの常連客のための滑走路と立派な食堂などはかなわなかったが、肝心な部分は実現して、先史時代を別世界のように見せていまも見学客をたのしませている。

風化岩を売る店、さらにいくつかのひび割れて色あせた恐竜の像、そしてグリーン川の土手からひょっこり現われる農場の緑などの前を通り過ぎると、ようやく公園に到着する。駐車場では、でくの坊のようなディプロドクスがおどおどした目でニヤリと笑いかけてくる。地質学の心得が多少あれば、最近改装された博物館へのアプローチを走ってくること自体がまさに時をめぐるちょっとした旅行だとわかる。長い年月にわたる堆積と隆起と侵食の作用で刻まれた深い割れ目が地層を細かく分割し、各層は一つ前の層よりも古い。太古の海の残留物がシダにおおわれた氾濫原の痕跡へと変化し、その氾濫原の跡も別の海をはさんで砂漠へと変わる。そんなふうにして地層が変遷していく。その変化は、古生物学を詳しく知らなくても色でたどることができる。地層はミントグリーンから赤錆色(あかさびいろ)までそれぞれ独自の色合いがあり、境界がはっきりしている。こんなにすばらしい景色を僕はほかに知らない。ここは地球でもとびきり美しい場所だ。

発掘地までの岩壁の道は、栗色の層に灰紫の層がところどころはさまっている。これがモリソン層の独特の色で、大型恐竜が地球に出現した約一億五〇〇〇万年前の堆積層である。それはステゴサウルスやアロサウルス、ディプロドクス、ブラキオサウルス、ケラトサウルス、そのほかたくさんの人気者の恐竜の時代だった。そしてもちろん、以前はブロントサウルスの名で知られていた恐竜の時代でもある。

保護された採掘場の岩壁に埋まっている種を一つずつ見つけて掘り出す作業は、恐竜の体の構造を百科事典なみに知る者でなければ容易ではない。むき出しになった岩の表面には、中生代の不幸な運命のねじれでそこに行き着いた骨が密集している。ジュラ紀の旱魃(かんばつ)で多くの恐竜が命を落とし、雨季が訪れて乾燥の呪縛をようやく解いたとき、哀れな恐竜の死骸は一緒くたに流されてこの場所に流れ着いた。肉の落ちた四肢と尾の節がばらばらの骨と混ざりあって、褐色の骨と土砂と水との混合物になった。恐竜には気の毒だったが、アール・ダグラスとその後の古生物学者にとっては思いがけない幸運だった。

一〇〇年前のこの発掘地はもっと広かった。傾斜地のボーンベッド〔多数の骨化石が集中している地層〕はさらに三〇メートルほど上り坂になって広がり、そこからまた三〇メートル下っている。この部分はむき出しで、化石はずいぶん前にすっかり掘り返されて博物館に送られていた。ここの恐竜のほとんどはばらばらの骨になり果てていたが、ダグラスは完全な骨格化石もいくつか掘り出した。一九〇九年九月、恐竜の脊椎骨につまずいてこの場所に注目するようになってまもないころ、ダグラスは完全なブロントサウルスの骨格と思われるものを嬉々として地面からはぎとった。[5] そして、「われわれはこれまでに見つかった大型恐竜のなかで最も完全に近い骨格を発見したようだ。少なくともここまで完全なものは聞いたことがない」とカーネギー博物館のスタッフに書き送った。長く見つかっていなかった頭部さえ、長い首の先についているかもしれなかった。「確信はできないが、頭も手に入ると思っている」とダグラスは期待する気持ちをスタッフに打ち明けた。

死んだ恐竜の弓なりになった体が、ダグラスにどこを探せばよいかを教えていた。さらに二カ月をかけて掘ったところ、恐竜の首はうしろに湾曲しているのがわかった。恐竜はたいていこのようにのけぞった体勢で死んでいる。頭骨があるとすれば、弓なりにそった首の先にあるはずだった。ダグラスと発掘隊員は「胸をどきどきさせながら」首の残部を慎重に掘り出し、ダグラスが上司のウィリアム・ホランドに伝えたとおり、「あるはずだと信じていた頭骨がもう少しで見えそうだった。八つの頸椎（けいつい）がそのまま自然な位置にならんでいたからだ」。ところが、首は第三頸椎か第四頸椎のところで終わっていた。ほかには何もなかった。「なんと残念で忌々しいことか」とダグラスは悔しがった。

ダグラスはそれでも歩みを止めず、そのあとも作業を進めた。色あざやかな露頭(ろとう)の地に住み込める家まで建て、普通なら作業をやめる真夏と真冬のあいだもこつこつと働いた。ブロントサウルスの首につく頭はついぞ見つからなかったが、首の長い重量級の竜脚類の頭骨をいくつか発掘した。そのほとんどはディプロドクスの特徴が見てとれた。ディプロドクスの頭部はカマラサウルスのそれのようなスプーン状の歯のある平たい頭ではなく、鉛筆のような歯が角張った口吻(こうふん)にならぶ、頭頂の低い頭だった。

しかし、ダグラスはこれらがみな本当にディプロドクスのものだと確信できなかった。採集した頭骨には、そのときはまだ頭のなかった、まさしく〝ブロントサウルス〟のものもあるだろう。「ディプロドクスのものとされている頭骨がブロントサウルスのものではないと断言できるだろうか」とダグラスは疑問を感じた。具体的には、ただNo.40と番号のつけられた二つ目のブロントサウルスの標本のすぐ近くで一九一〇年に正体不明の頭骨を発見したのだ。しかしダグラスは、化石化したその頭骨はディプロドクスのもので、死んだあとでもち主のもとから転がって離れたのだと推測し、「そうでないと私を納得させてくれる人がいれば、栄光の冠をよろこんでその人にあげる」つもりだった。ブロントサウルスの頭骨を――ようやくのことで!――見つけたなどと軽はずみなことを言う気は彼にはまったくなかった。

カーネギー博物館のウィリアム・ホランドは、ダグラスが見つけたのがまたしてもディプロドクスだとは思わなかった。ジュラ紀の地層にいる自分の部下は本当は長らく待たれていたブロントサウルスの頭部を発見したと考えたのだ。それはディプロドクスの頭骨に似ていたから、ダグラスがいま一つ確信できずに混乱したのも無理はなかったが、その頭骨はわずかに幅広で大きく、ブロントサウルスの巨体に似つかわしかった。ホランドは、マーシュがわずかな化石の断片のみから組み立てて定説になっていたブロントサウルスの頭骨の形はまったくのまちがいだと論じた。恐竜No.40のそばでダグラスが発見したがっしりした頭骨は本当は、「惑わせ竜」という意味のアパトサウルスのもの、すなわち以前はブロントサウルスと呼ばれた恐竜のものだと考えたのである。

しかし、科学的に決定的な結論が出なかったこと、そして古生物学界の裏事情もあって、アパトサウルスの遺物の行方は混迷する一方だった。ホランドはダグラスが発見した頭骨をアパトサウルスのものだと断言したにもかかわらず、博物館の展示はそのままにすることにし、復元骨格は二〇年も頭のない姿で立っていた。ホランドが他界した二年後の一九三四年になって、カーネギー博物館のアパトサウルスはようやく頭を手に入れたが、それは鈍重なカマラサウルスの頭を代用としたものだった。この決定は誰かの一存というわけではなさそうで、アパトサウルスをカマラサウルスの近縁とするマーシュの考えに近い見方がその時代の共通認識だった。アパトサウルスとカマラサウルスは近縁とされていたために、頭骨も似ているものと考えられたのである。カーネギー博物館、さらにイェール大学ピーボディ自然史博物館とアメリカ自然史博物館のアパトサウルスは長いあいだ代用品の頭を戴いて、押しかけた見物客に笑いかけた。そして、No.40の骨格のそばでダグラスが発見したあの頭骨は、ディプロドクスと一緒にそのラベルをつけてカーネギー博物館のコレクションに加えられた。

結局は、ダグラスのためらいがちな直感とホランドの言い分が正しかった。一九七五年に、独学で物理学者から竜脚類の専門家になったジョン・マッキントッシュという男がダグラスの残した手紙とメモと発掘地の地図を調べ直し、ダグラスの奇妙な〝ディプロドクス〟の頭がアパトサウルスの骨格のすぐわきで見つかったことを確認した。[6] マッキントッシュは論文中で頭骨の特徴を概説し、アパトサウルスの最後の重要なパズルのピースをあるべきところにようやくはめた。一九七九年十月二十日に、カーネギー博物館はまちがった頭骨を再発見されたアパトサウルスの頭骨と正式に取り替えた。ほかの博物館は展示を修正するのにもう少し手間どった。ピーボディ自然史博物館は一九八一年に頭骨を交換し（古生物学者のジョン・オストロムは新しい頭骨を骨格に載せたときに「頭の移植なんて初めてだ」と冗談を言った）、アメリカ自然史博物館はずっと遅れて九〇年代半ばの改修のときにまちがいを正した。[7]

頭骨を交換したとき、古生物学者はこの恐竜の正しい名前がアパトサウルスであることをもちろんわかっていた。リッグズが一九〇三年にこの問題を解決していたし、多くの論文でも扱われていたが、リッグズがこれだけ明快にしても、ブロントサウルスは生きつづけていた。現在の人気者がティラノサウルス・レックスであることは疑う余地がないだろうが、黎明期の映画を支配したのは

現在はアパトサウルス・エクスケルススとして知られている。（イラスト：Scott Hartman）

ブロントサウルスであり、彼らは文化に紛うかたなき足跡を残している。初期のアニメ『恐竜ガーティ』は、アメリカ自然史博物館のブロントサウルスをモデルにした陽気な恐竜が登場した。のちには一九二五年の映画『ロスト・ワールド』と一九三三年の『キング・コング』で、もっとおそろしいブロントサウルスが人間を恐怖に陥れた（ご存じのとおり、一九三八年の『赤ちゃん教育』では、博物学者に扮（ふん）したケイリー・グラントがなかなか見つからない恐竜の肋間鎖骨を探す。ただしそういう骨は実際にはない）。そして、この意気揚々として、ときに攻撃的なキャラクターを尻押ししたのがでっち上げの頭骨だったのだ。恐竜の体に正しい頭骨が載せられたとき、恐竜のふるまいも変わった。

現在、アパトサウルスがこの恐竜の正しい名前であることを僕らは知っている。若い化石マニアの前でまちがったことを言おうものなら、即座に訂正されるだろう。それでもブロントサウルスを抑え込むことはできない。この恐竜の名を知らぬ者はなく、誰もが消えてほしくないと思っている。友人の古生物学者たちが以前は無名だったブロントメルス（「雷の太もも」の意）[8]という竜脚類の名を広めてブロントサウルスの後釜にすえようとしているが、ブロントサウルスが文化に残した穴を埋められる恐竜はいないだろう。そもそも埋めようなどとはお笑いぐさだ。ブロントサウルスの形の穴が地面にあいたわけではあるまいし。グーグルのnグラムビューワー〔グーグルがデジタル化した書籍の単語検索をし、その語の使用頻度が解析できる機能〕で調べてみるとよい[9]。これで言葉の使われた頻度の履歴を追ってみると、アパトサウルスとブロントサウルスはほぼ同じ時期に使われはじめているが、つねに勝者だったのはブロントサウルスであることがわかる。本物ではないとわかった一九七〇年代以降を見ても、ブロントサウルスが勝つ。僕らはアパトサウルスという名を口にしても、以前はブロントサウルスだったことを忘れないでほしいとかならず思っている。だから廃止された名前がいつまでも残っているのだ（こんなことを言うからますます混迷するのだろう）。ともかく、アパトサウルスの姿を思い描けば、そのうしろに決まってブロントサウルスの記憶がついてくる。

　この歯がゆい状況で思い出されるのが、惑星から格下げされて準惑星になった冥王星のことだ。この天体はいまもそこにあり、科学者もスター・ウォーズ・シリーズのデス・スターみたいな兵器でこの天体を破壊することはできないが、分類変更に対する世間の抵抗は激しかった。多くの筋金入りの科学ファンさえあきらめきれず、専門家による決定を認めたがらなかった。ただのラベルのつけ替えがなぜそれほどの騒ぎになるのだろう？　天文学者のマイク・ブラウンが言うとおりだと僕は思う。冥王星の惑星の地位からの転落につながった発見をしたブラウンはこう述べている[10]。

　冥王星が降格されてから、そのことを悲しむたくさんの人から話を聞いた。よくわかった。冥王星は彼らの心にいつもあった。太陽系について考えを整理するとき、そこでの自分の場所を考えるとき、冥王星が基盤になったのだ。冥王星は存在するものの境界の縁にあった。そこから冥王星がはぎとられれば、思いもよらず空虚な穴があいた感じがしたのだ。

ジュラ紀に生息したこの植物食の竜脚類ブロントサウルスは、その他の主竜類（しゅりゅうるい）のグループを正しい位置につけるための試金石になり、僕らが失われた世界を想像のなかによみがえらせるのをたすけてくれていたのだ。そしてその幻影はいまも文化のなかで生きつづけ、恐竜とは何かという、絶えず移り変わるイメージを支える土台になっている。僕の考えでは、僕らはそれほど恐竜というものを見失っていない。本当のジュラ紀の巨獣たちはもっと利口だったとする見方が出ているからだ。かつてのブロントサウルスと現在僕らの知る恐竜とのギャップは、恐竜の生態がどれほど解明されてきたかを示すものなのである。

それにしても、恐竜の理解がどれだけ変わったかを正しく知るには、恐竜とは何かを知る必要がある。これは口で言うほどやさしくない。まず恐竜ではないものを挙げよう。鋭い歯をもつ巨大な先史時代の生きものというだけでは恐竜ではない。ウーリーマンモスは恐竜ではないし、革のような翼を生やした、翼竜と呼ばれる飛ぶ爬虫類（はちゅうるい）も恐竜ではなく、プレシオサウルス類やイクチオサウルス類のような、魚を追いかけた水生の爬虫類も恐竜ではない。名前に「サウルス」とついても恐竜とはかぎらない。「恐竜」とは不明確な俗称ではなく、かぎられた生物種にのみ用いられる科学的な名称なのである。

これをはっきりさせる最も簡単な方法は、恐竜の系統樹の最後のメンバーのうち二つを取り上げ、その最後の共通の祖先をたどってみればよい。トリケラトプスとハトを取り上げて最後の共通の祖先をたどると、進化系統樹のその範囲におさまるすべてが恐竜として数えられ、全部が共通の解剖学的特徴で結びつけられる。この範囲に入らない生物は恐竜ではない。恐竜を定義する変わったやり方だが、進化上の関係からの確かめ方だ。

もう少し詳しく見ていこう。恐竜の系統樹の輪郭図を描くのにトリケラトプスとハトを取り上げた理由は、この二つが恐竜のおもな二つの下位グループを代表しているからである。ヴィクトリア時代の気難しい解剖学者ハリー・G・シーリーは、一八八七年にとくに腰の部分に着目して恐竜を分類した。[11] だいたいトカゲのような腰をしている恐竜（アロサウルスやアパトサウルスなど）と、鳥に似た腰をしている恐竜（ステゴサウルスなど）がいた。シーリーはこの二つの分類をそれぞれ竜盤目（りゅうばんもく）および鳥盤目（ちょうばんもく）と名づけた（ただし、後者を鳥盤目としたのは皮肉だった。鳥類は恐竜だが、鳥類の祖先は鳥盤目の恐竜ではない。トリケラトプスのほうが鳥盤目である）。

少々難しい響きの名だが、この二つの分類はどれがどんな恐竜かを理解するには欠かせない。既知の恐竜はすべてがどちらかのグループに属する。奇妙な姿をした恐竜が目がまわりそうなくらい

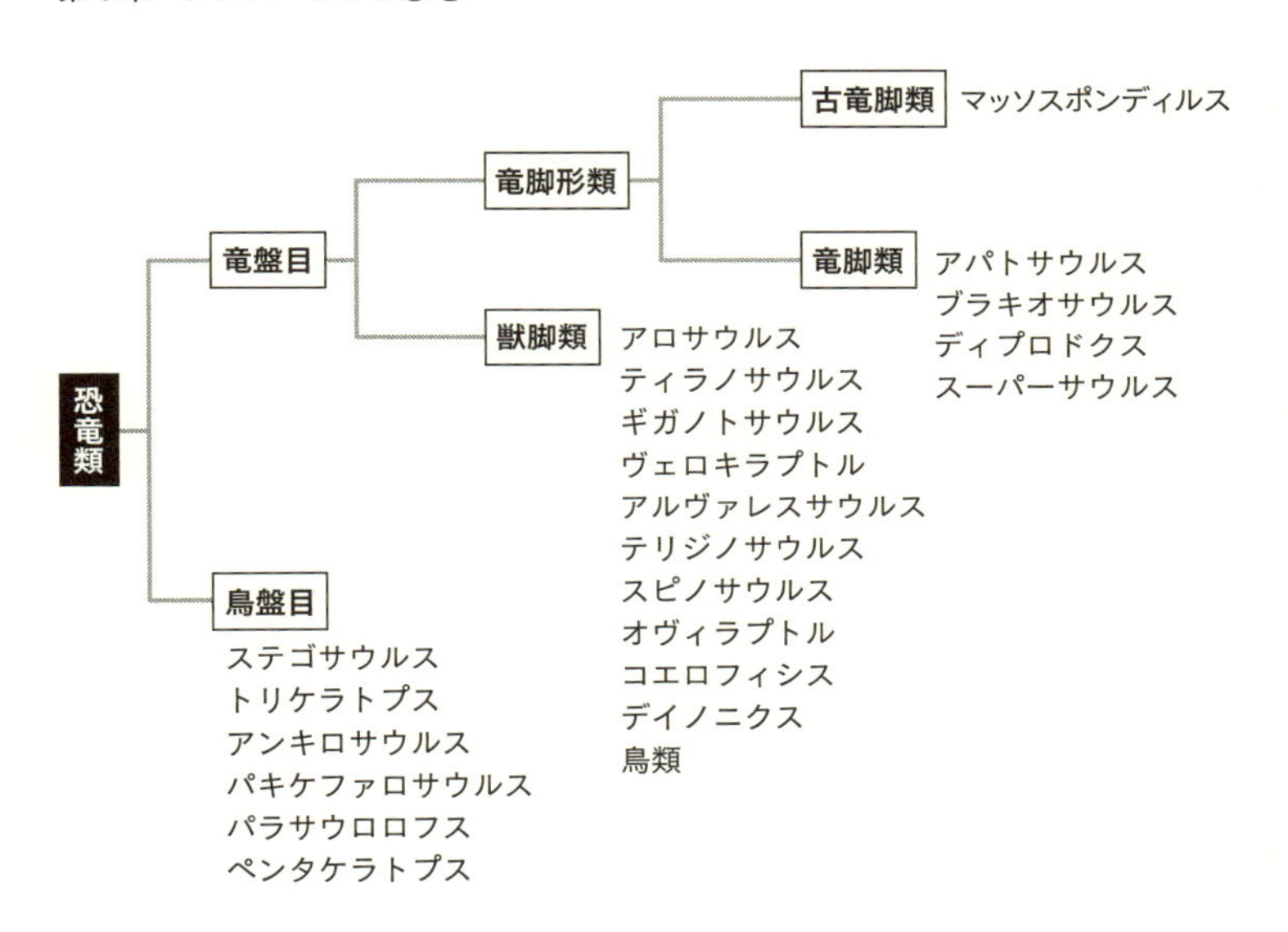

たくさんいる。鳥盤目にはパキケファロサウルスのように頭がドーム型のものもいれば、鶏冠（とさか）のあるパラサウロロフスのように太いくちばしをもつハドロサウルス類もいる。アンキロサウルスのように装甲のある恐竜がいるかと思えば、ペンタケラトプスは目の上に弓なりに伸びる上眼窩骨（じょうがんかこつ）の角と大きく厚いフリル（襟飾り）をもつどっしりした四足恐竜だった。わかっているかぎりでは、これらはみな基本的に植物食恐竜だ。

一方、竜盤目にはカリスマ的人気のある巨大で獰猛な恐竜が属する。竜盤目のおもな二つの下位グループは竜脚形類と獣脚類（じゅうきゃくるい）で、前者はアパトサウルスとその近縁種を含む首の長い植物食恐竜である。後者の「獣脚類」は長いあいだ「肉食恐竜」と同義とされていたが、これはもう正しくない。ティラノサウルス、アロサウルス、ギガノトサウルスは肉を引き裂く獣脚類で、ヴェロキラプトルとその類縁種もそうだが、獣脚類の多くの系統は雑食性か植物食性になった。鳥類もここに含まれる。肉食恐竜が昔から人気をさらってきたが、面食らうほど奇妙な獣脚類は最近発見されたグループに属している。たとえば、アルヴァレスサウルス類は七面鳥ほどの大きさの恐竜で、中生代のアリクイと考えられている。テリジノサウルス類はばかばかしいほど長い鉤爪（かぎづめ）をもつ、太鼓腹で羽毛の生えた植物食恐竜だ。

恐竜の形態がどれだけ多様かについての理解は絶えず変わった。「恐竜」という言葉には、厳密にはコウテイペンギンから数十メートルの巨大恐竜まで含まれる。その巨大恐竜もスーパーサウルスや、頭が大きく、獲物の骨まで噛（か）み砕いたティラノサウルス、大きな骨板とスパイクで装甲した謎の多いステゴサウルスなど、多種多様だ。恐竜の形態の全容を知ることはきっとできないだろう。過去三〇年だけを見ても、それまで考えもつかなかった種類の恐竜がいくつか発見されている。先述したアリを食うアルヴァレスサウルス類とへんてこなテリジノサウルス類はそういうグループだ。さらにティラノサウルスもばかにするだろう貧弱な腕と長くて高い頭骨をもつ獣脚類のアベリサウルス類、またスピノサウルス類という、背中に帆のような突起があり、口吻がワニに似た肉食恐竜もいる。

「恐竜」といえば、ほとんどの人にとっては絶滅した生物である。しかし、恐竜はおよそ六六〇〇万年前に白亜紀を終わらせた大量絶滅のあとも生き残った。恐竜はまったくの先史時代の生きものというわけではないのだ。いまでは鳥類が唯一生き残った恐竜の系統であることがわかっている。

まさに鳥は恐竜なのだが、「恐竜」といって真っ先に思い浮かぶ恐竜の大部分は非鳥類型恐竜と呼ばれている。専門家にも「非鳥類型恐竜」を従来どおり「恐竜」としたがる者が多いのは専門用語の煩わしさを嫌うからだが、少しずつ正確な用語に慣れていきたいものだ。確かに少々面倒だけれども、恐竜がいまも僕らとともに生きていることを無視しては、恐竜に失礼だろう。

スピノサウルス類やアルヴァレスサウルス類など、最近の発見は未発見のものがまだたくさんあることを教えている。初期の化石ハンターが行かれなかった南アメリカとアフリカとアジアで発見がつづいているが、長いあいだに計画的に発掘調査された北アメリカとヨーロッパでも、これまで誰も見たことのない奇妙な恐竜が見つかっている。

これらの化石はみな、先史時代の特定の時期の地層から出土した。恐竜の生きていた中生代は世界中で一億六〇〇〇万年以上もつづいた。恐竜が最も繁栄した時代は、三畳紀(さんじょうき)（二億五〇〇〇万～二億年前）、ジュラ紀（一億九九〇〇万～一億四五〇〇年前）、白亜紀(はくあき)（一億四四〇〇万～六六〇〇万年前）の三つの地質年代にまたがっている。進化によって新しい形態の種が送り出されるには充分な時間だ。化石になる条件がそろわない場所に生息していた恐竜もいただろうから、全部を発見するのは不可能かもしれないが、それでも発見されるのを待っている知られざる恐竜がまだたくさんいるのはまちがいない。

恐竜は先史時代の動物とか実在のモンスターというだけではないし、たんに科学的に調査すべき対象というのでさえない。恐竜は偶像、文化のスターなのである。科学ジャーナリストのジョン・

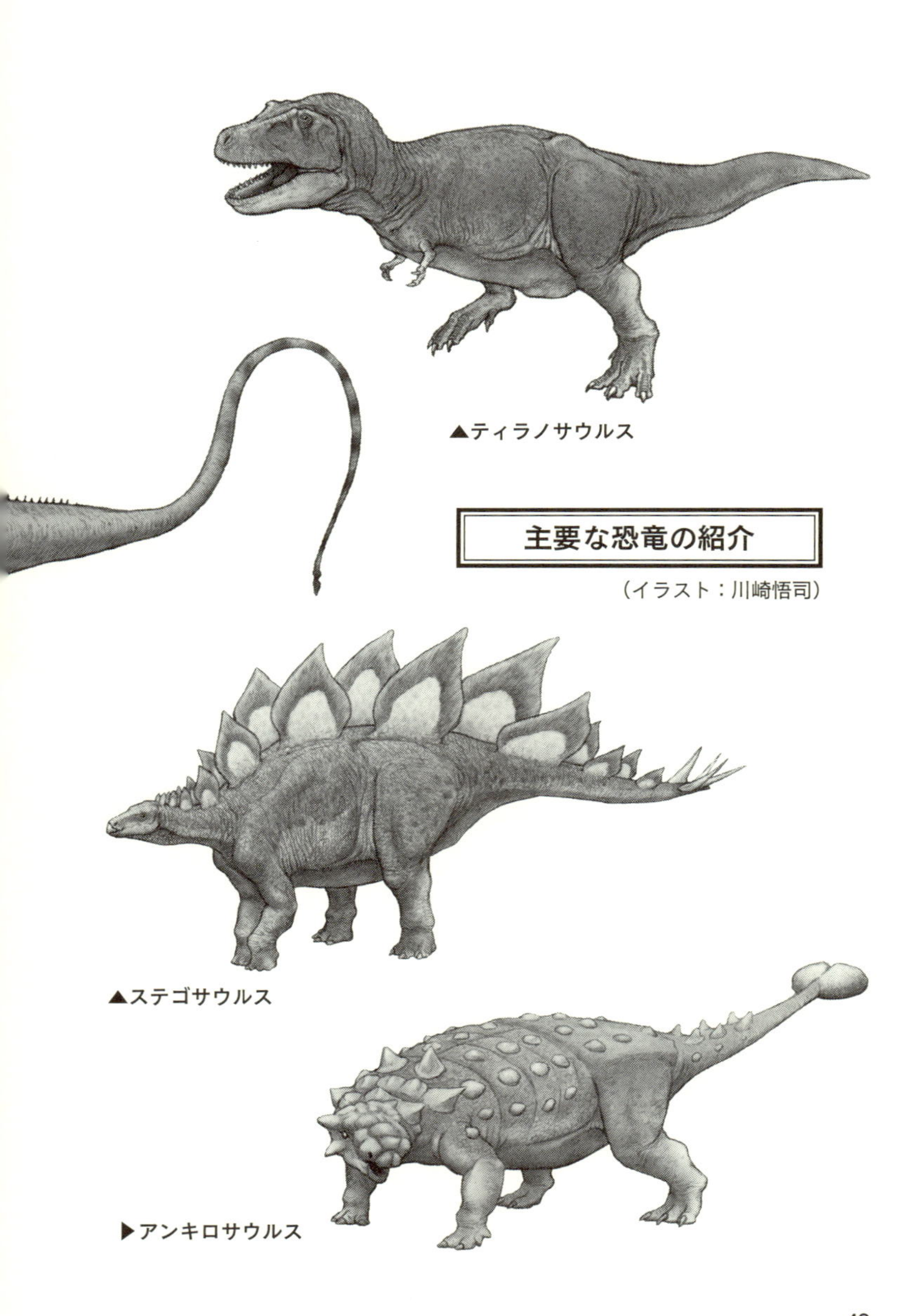
▲ティラノサウルス

主要な恐竜の紹介

（イラスト：川崎悟司）

▲ステゴサウルス

▶アンキロサウルス

▲パキケファロサウルス

▲ディプロドクス

▲パラサウロロフス

▶トリケラトプス

ノーブル・ウィルフォードが『恐竜の謎』で書いているが、「化石のなかでもとくに恐竜は公共の財産であり、大衆の想像力をかき立てると同時に、科学がよみがえらせる生きものである」[12]。音楽、映画、広告、言語にも、恐竜は進出している（「ゴー・ザ・ウェイ・オブ・ダイナソー（恐竜の道をたどる）」という英語の慣用句は、かならず滅びるという意味ではなく、どえらいものになるという意味で使われるべきだ）。NASAは恐竜を二度宇宙にまで旅立たせた[13]。なんのためかは僕に聞かないでほしい。とにかく恐竜の化石を宇宙へ運んだのだ。それは恐竜が僕らをこんなにも夢中にさせるから、そしてそんな彼らに僕らがあたえられる最高の栄誉が骨を地球の圏外へ旅させることだからなのかもしれない。

まわりを見わたせばどこにでも恐竜がいるので、子供に「恐竜期」というものがあって、アメリカ文化のあたりまえの一部になっているのも無理はない。この生きものには子供をたちまちとらえて離さない何かがある。その情熱を失わずに古生物学者になる若い恐竜ファンも少なくない。その理由の納得できる説明を僕は聞いたことがない。恐竜は大きくて獰猛だが、絶滅してしまったので危険のない動物だからという心理分析があるけれど、僕はこの通俗的な説明に賛成できない。勝手に想像できて勝手に消せるのが恐竜の魅力なのではない。何か別のものだ。それは僕ら人間がこの世界の歴史のどこにおさまっているのかを知りたいという気持ちにつながっている。

歴史とそこでの人間の位置について想像をめぐらせろと、恐竜はそそのかす。ギリシア人からアメリカ先住民まで、古代の文化も各地の先住民も、土中からばらばらで発見された異様な動物の骨の正体を説明するのに古くからのおそろしい怪物の伝説に強い英雄を結びつけた[14]。また、恐竜を記述した最初期のイギリスの博物学者は、恐竜を鋭い歯と計り知れない破壊力をもったおそろしい爬虫類とみなした。その化石は非常に奇妙で見るもおそろしげだったので、僕らはずっとむかしに死に絶えた原始の猛獣なのだとすぐに納得した。恐竜の魅力の真髄は、何をおいてもその奇怪さとおそろしさにある。僕らはテニスンが詠（うた）った「原始時代の泥のなかで引き裂きあった竜」をむかしから思い描いては、こんな動物がいたのだろうかと思わずにはいられなかった。

このような恐竜のイメージは僕らの心にすんなり刷り込まれる。それは僕らが知っている気でいることを科学が修正しつづけても、変わることがない。

理解は恐竜そのものの発見からはじまる。まず骨を集めなければ、恐竜の正体も詳しい生態も組み立てていかれない。

僕は二〇一一年にダグラスの発掘地を眺められるバルコニーに立ち、まちがいのないこの事実と化石発見のロマンのことを考えた。古い発掘地は、現在は片づけられて砂が積もり、繊細な彫刻をほどこした巨大な墓地と化している。ここがダイナソー国定公園の中心、恐竜の生態を解き明かそうとする試みがはじまった場所の一つだ。長い長い調査の時間がこの景観をつくった。ここで専門家が何年も骨を岩の表面に露出させ、博物館の来館者の目の前でそれを見せてくれた。

1億5000万年前のジュラ紀のユタ州。ここがアパトサウルスの生息地だった。中央の氾濫原にいる大きい竜脚類がアパトサウルス。(Robert Walters and Tess Kissinger, ダイナソー国定公園の許可のもとに掲載)

今日、作業は止まっている。発見されるものはほぼ発見されつくし、発掘に精を出す者の姿がないことに(しかも自分で慎重に骨をかき出せるような割れ目さえないことに)僕は少しがっかりする。恐竜を見つけて掘り出すのはまさに汗水たらしてのつらい作業で、その合間に興奮の一瞬がたまに訪れる。発掘地にいても、研究室にいても、あるいは荒野で恐竜を探していても、僕は化石が発見できれば跳び上がらんばかりにうれしい。日光のもとにさらされたばかりの骨や骨のかけらにぴたりと目がとまったとき、それがどんな動物の一部だったのか、骨格のどの部分にはまるのかと考えないではいられない。二十世紀の屈指の古生物学者ジョージ・ゲイロード・シンプソンはこう言っている[15]。

化石ハンティングは、およそたのしみというたのしみのなかでもとびきり魅力的だ。私自身がそれを物語っているが、本物のスポーツマンで、その人がもし骨を発掘しようとしたことがあるなら、まちがいなく私に賛成してくれるだろう。それも一興と思えるくらいのいくらかの危険がある……ハンターに危険はつきものだ。不確かさと興奮、それに不道徳を抜いたギャンブルのスリルがある。獲物がどんなものかはわからない。なんの価値もないものかもしれないし、人間が目にしたことのないものかもしれない。あの山を越えたところにすごい発見があるかもしれない！……化石ハンターは獲物を殺さない。生き返らせるのである。そしてハンターのたのしみの結果は人間のよろこびの総量を増すこと、人間の知識という宝を増やすことなのだ。

アール・ダグラスがジュラ紀の化石の地層を掘り起こすことに生涯をささげるようになったのもこれと同じ心意気からであり、慣例になった「私の恐竜のほうが大きい[16]」争いにこのロマンが拍車をかけ、そこからピッツバーグとシカゴとニューヨークの魅力あふれる博物館にアパトサウルスの、すなわちかつてのブロントサウルスの燦(さん)と輝く復元骨格が生まれた。これらの夢のような展示はさしずめ化石化したトロフィーだ。アメリカばかりでなく世界中の博物館に陳列されているのは、バッドランドでの骨の折れる作業が明かしてくれる先史時代と自然のなかの人間の位置なのである。さりげなくそこに据えられた骨格は、人類の記憶のとどかないはるか過去について語る。芯から把握することのできないその長大な時間の流れのなかに、じっと動かない骨格が人間を置いてくれる（考えてもみてほしい。六六〇〇万年前のティラノサウルスは一億五〇〇〇万年前のアパトサウルスよりも僕ら人間に近い時代に生きていたのだ）。なにしろダグラスの恐竜は彼の発掘地に名声をあたえ、最後には博物館としての保護もあたえた。恐竜の骨格が山と積まれたわらだとすれば、哺乳類のちっぽけな歯や骨など、積みわらのなかの小さな針のようなものだ。ジュラ紀には恐竜の支配がゆらぐ気配はまだこれっぽっちもなく、人間の祖先と親類は鼻で下草をかき分け、闇にひそんでいたのである。磐石に見えた恐竜の支配がいつか終わることをにおわせさえせずに。

だが、発掘作業がたのしいといっても、そのたのしさは大物化石を探しあてることのみにとどまらない。恐竜の発見はほんの出だしで、古生物学のたのしさはそこから広がる。それに化石ハンティングにはちょっとしたコツがあって、もし正しい地質条件の場所を選び、岩と骨とを見分けられるなら、恐竜の発見も思うほど難しくはない。科学的な訓練は大事だが、運にも左右される。僕は自分で経験してみて、恐竜の骨の発見はよくテレビで見るようなものではないのがわかった。恐竜のドキュメンタリー番組をそれこそ浴びるように見て育った僕だが、そういう番組では、古生物学者が発見したばかりの六六〇〇万年以上前の恐竜の骨を両目でしかと見る最初の人間になるすばらしさを熱く語る。ハンティングに成功しただけで感激したようだ。

ニューメキシコ州ゴーストランチで堆積層から恐竜の大腿骨（だいたいこつ）を慎重にかき出しながら、あるいはモンタナ州エカラカ郊外の農場でひとにぎりの恐竜の歯を掘り出しながら僕が感じたのは、そういうことではなかった。ダイナソー国定公園でジュラ紀の美しい墓地を見たときでさえ、違った。恐竜の化石は古代の生物の痕跡だ。たった一つの骨についても、次々と疑問が湧く。その恐竜はどんな動きをしたのか、皮膚（あるいは羽毛）はどんな色をしていたのか、何を食べ、どうやって死んだのか。地球の生命のパノラマのどこにはまるのか。疑問はつきない。それが古生物学への情熱なのだ。恐竜は過去の生きものだが、奇怪といっていいくらい変わった生きものでもある。そんな生きものがいったいどうして進化し、数千万年にもわたって繁栄したのかという疑問が、僕に、また多くの恐竜ファンにつきまとい、僕らはその歴史を解き明かしたくなる。それにこれは、たんに科学のための無味乾燥な作業ではない。自分のためのものだ。もし僕が恐竜の進化と繁栄の秘密を解くことができたら、きっと僕は自分がどこまでも恐竜に魅せられる理由がわかってくるだろう。

子供のころ、僕には山のように疑問があったが、答えは永遠にわからないと言われた。うれしいことに、いま、ゆっくりと、恐竜の本当の姿を思い描けるようになってきた。古生物学者が描きつつある恐竜像は、以前よりももっと親しみがもてる。骨格化石という獲物を首狩りよろしくハンティングし、博物館の棚にならべて埃を積もらせる時代は終わった。現在は骨格を中心に綿密な研究が計画され、絶滅してしまった獰猛な生きものの生態の手がかりを求めて骨格化石が丹念に調べられ、スキャンされ、分析されている。恐竜ルネサンスは恐竜のイメージをがらりと変えたが、メリーランド大学の古生物学者トマス・ホルツがあるとき僕に言ったように、いまは次の時代、恐竜がどのように生きていたかを詳細に解き明かす新しい恐竜啓蒙時代なのである。

科学は、記されては忘れられていく事実を順に積み重ねていくだけのものではない。事実と理論がからみあい、自然への理解は絶えず変わる。恐竜は知れば知るほど謎めき、その生態についての疑問が次から次へと湧いてくる。恐竜の不思議はたがいに補いあう二つのテーマに集約できる。すなわち、どのように暮らしていたのか、そしてなぜほぼ全滅してしまったのか、だ。この謎を解くには、交尾行動、成長、声とにおいと視覚によるコミュニケーション、そのほかたくさんのミステリーを解き明かさなくてはならない。

これらの謎のうち、恐竜がどのようにして地球を支配するようになったのかという疑問がずっと解けずに残っている。ダグラスの発掘地には大型恐竜の最盛期が保存されている。巨大な植物食恐竜がシダの茂る氾濫原で長い首を優雅に伸ばし、同じように多種多様な捕食恐竜のナイフのように鋭く大きい牙から身をかわしていた夢のような時代だ。少なくとも僕にとって、ジュラ紀の一時期の姿をとどめるこの地は恐竜の地球支配の頂点を表わしている。まさにジュラ記を代表する場所である。確かにすばらしい発掘地だけれども、ただそれだけではない。この絵画のような景観にはミステリーの根源にまでたどれる糸が隠れている。アパトサウルスとその近縁の恐竜はどのように出現したのか。恐竜は正確にはどうやってあれほど華々しく地球を支配するようになったのか。手がかりになるその糸を見つけるには、別のところに着目しなくてはならない。その第一歩はこの公園に露出している岩だ。

ダイナソー国定公園の中央道路を数キロ行くと、サウンド・オブ・サイレンス・トレイルにつづくわき道がある。低木の茂みのなかに水と風で美しく削られた砂岩が露出しているこのハイキングコースを歩くとき、僕の頭のなかではサイモンとガーファンクルの歌がずっと鳴っている。小道が小さく曲がったところで錆朱色（さびしゅいろ）の岩が突き出しているこの場所を、地元の人々は「レーストラック」と呼ぶ。二億二〇〇〇万年前に形成されたこの一帯には、古代の虫が波状の跡と穴を残しているが、そのなかに、まだ覇権をにぎる前の王朝のメンバーだった華奢（きゃしゃ）な恐竜の足跡（トラック）がある。ぬかるんだ湖畔に恐竜の足跡だけが残っているが、こうした足跡でさえ、先史時代の生態系のまだ片隅にいるだけだった生物について語ってくれる貴重な痕跡なのである。恐竜の生態を知るには、アパトサウルスなどの恐竜が闊歩（かっぽ）して居丈高に咆えていた時代よりも数千万年前の三畳紀のこの岩を調べなくてはならない。恐竜の真の姿を理解するつもりなら、このつつましいはじまりに立ち返ってみよう。

第2章　ちっぽけな恐竜が世界を支配する

僕が見た最低の恐竜は、アリゾナ州を通る州間高速道路40号線沿いに立っている。化石の森国立公園からそう遠くないところで化石化した木を売っているスチュワーツ・ペトリファイド・ウッド・ショップの表で、しょぼい恐竜がじりじりと太陽に焼かれている。どこか子供のころに見たマンガの恐竜のようだ。全身緑色、むき出した凶悪そうなギザギザの歯。ひどいのになると、ティラノサウルスのつもりらしいのがかろうじてわかる程度で、そいつが真っ赤なかつらをかぶった色あせたマネキンを口にくわえている。別のくたびれたマネキンは、豆電球の飾りをまとわりつかせたぼろぼろの竜脚類恐竜の上にすわっている。古い映画の『原子怪獣現わる』とバービー人形が出会ったというところだ。

恐竜で客を釣っているハイウェイ沿いの店は、スチュワーツだけではない。近くの国立公園までの道沿いに、店にそぐわない恐竜の像があといくつか立っている。車で通りかかる客の気を引きたいなら、恐竜を使うのがよい。悪趣味な像だが、僕はそれを見て、恐竜が恐竜であるための条件はなんだろうと思う。その手のものは古生物学者が復元した本物の恐竜にさっぱり似ていない。それなのに、どう見ても恐竜なのだ。僕は恐竜もどきの像に共通する特徴を考える。ハイウェイわきのお粗末な代物の共通点はなんだろう？　わからない。見た目は恐竜っぽいが、これが恐竜に見えるのはなぜだ？　そのことが頭から離れないが、車を止めてまでニセ恐竜のことを考えるつもりはない。

よく晴れた十月のその朝、僕は化石の森国立公園のビル・パーカーと会う約束をしている。アリゾナ州で開かれたサイエンスライターの会合から帰宅する途中だったが、どうしてもパーカーとじかに会って話がしたかったし、化石の森国立公園のコレクションに隠れている恐竜を見られるというのもあって、大きくまわり道をするのは苦ではなかった。ハイウェイ沿いの見るも無残な古代史の展示を思いつかせた生物のことをもっと知り、からみあう二つの謎を整理してまとめるチャンスだ。恐竜とは何か、なぜ長く地球に君臨したのか、という謎である。

ビルとは数年前にネット上で知りあった。古生物学に関するブログの小さいネットワークのなかで、ビルの書くものはとくにすばらしい。彼のブログは「チンレアナ」といい、自分で調査したことそれに関連する話題を中心に記事を執筆している。チンレアナという名は二億二八〇〇万年前から二億年前までの三畳紀後期のチンリ層からとったもので、この地層は化石の森国立公園やその他の場所に露出している。

僕が化石の森国立公園のショップとビジターセンターにたどり着いたころには、ビルにはあと数分しか時間がなかった。定例ミーティングは一人の恐竜ファンよりも優先されるものだ。だが、それでもかまわない。国立公園の化石コレクションのなかに五分もいられれば、それだけでありがたい。公園事務所を通って化石の整理や保管をする場所へむかいながら、僕は「化石の森」の初期の恐竜についてもっと知りたくてここに立ち寄ったのだとビルに話す。ビルは眉をしかめて言う。「そういう化石はあまりないんだよね」。彼は化石コレクションのところへ僕を案内し、その理由を説明する。

保管室の青白い蛍光灯の下で、ビルは床に膝をついて深緑色のどっしりした金庫を開ける。国立公園が三畳紀の生物の新しい種を決定するのに使う重要な化石標本を収めている保管庫がこのキャビネットなのである。ビルが引き出しを開けると、そこにはよくある骨の破片が入っていて、それらはなんの変哲もないように見えたが、この小さなかけらがキンデサウルスという謎に包まれた初期の恐竜のおもな骨格だ。この恐竜については不明なことが多く、どんな姿をしていたのか、どの恐竜が近縁なのかは正確にわかっていない。キャビネットの引き出しに入っているようなばらばらの破片がこれまでに見つかったすべてなのである。そして、恐竜はほとんどがそうだ。スティーヴン・スピルバーグ監督の『ジュラシック・パーク』に出てくるような恐竜にはほど遠く、普通はばらばらになった骨と骨の破片が発見されるのみである。部分骨格くらいに大きいものはめずらしく、関節でつながった完全な恐竜などはもっと手に入らない。

そこで古生物学では、古代の生物を復元するのに比較解剖学が援用される。近縁と考えられているもののうち完成度の高い骨格と比較しながら、骨の寄せ集めを補って全体像を想像する。ここでときどき困るのは代用になる近縁の種がいないケースで、キンデサウルスがみじめなくらい不完全なのはそのためだ。化石の森で唯一ほかに見つかった別の恐竜についてはもう少しわかっている。コエロフィシスという名のその恐竜はほっそりした小型の肉食恐竜で、もっと大きくて強い捕食者をおそれて生きていた。ここの恐竜は国立公園から数キロの道路ぎわに立つおそろしい模型が表わしているほど大きくもなければ、獰猛でもなかったのだ。

最近まで、化石の森には第三の恐竜がいるのではないかと考えられていた。ビルは標本の引き出しに鍵をかけてから、部屋にずらりとならんだキャビネットの上に置いてある頭骨のキャストのうちの二つを指さす。復元された頭部は僕の片手にすっぽり収まり、どちらも今日生きている動物のどれにも似ていない。ワニの頭頂部を高くして顎を短くしたみたいな頭骨に丸い歯をつけたように見えなくもない。これはレヴェルトサウルスで、「恐竜」とは違うとビルは言った。

古生物学者はずっとレヴェルトサウルスを定義しにくい恐竜だと思っていた。エイドリアン・ハントが一九八九年に命名したときには、ぼろぼろの歯の集まりでしかなかった。だがその構造から、ハントは初期の鳥盤目恐竜（角のある角竜類やシャベル状の口をもつハドロサウルス類など、のちに現われる恐竜の前身）の特殊な形をした口に収まっていたものだと考えた。これは重要だった。三畳紀の北アメリカに生息していた恐竜のうち、竜盤目（アロサウルスのような肉食恐竜の初期の近縁であるコエロフィシスや、巨大な竜脚類の遠縁種など）の決定的な骨格は発見されていたが、鳥盤目はいまだかつて見つかっていなかった。その時点まで、恐竜の系統樹の半分は三畳紀の北アメリカ大陸にはまったく存在していないかのようだったのだ。ハントが手に入れたのは歯だけだったが、それは骨格がまだ埋もれていて見つかっていないだけであることを暗示していた。ところが、歯のある頭骨がようやく見つかったとき、レヴェルトサウルスは恐竜でもなんでもないことがわかった。[1] その歯は恐竜よりもワニに近い別の動物の口に収まるものだったのである。

鳥盤目と竜盤目が恐竜の下位分類であるのと同じく、恐竜類は全体が主竜類と呼ばれる系統樹の一つの枝だ。今日まで残っている主竜類はたった二つのグループしかない。鳥類とワニ類である。過去二億五〇〇〇万年のあいだには、ほかにもじつにたくさんの主竜類がいたが、それらはみな歴史のどこかで絶滅していった。

鳥類とワニ類はこの系統樹の枝への現代の導き手である。主竜類は一般的に鳥に近い形態のもの（鳥頸類（ちょうけいるい））とワニに近い形態のもの（偽鰐類（ぎがくるい））に分けられる。レヴェルトサウルスが入るのはワニのほうで、ビルのほか何人かの古生物学者はアエトサウルス類の原始的な類縁ではないかと考えた。装甲でしっかり身を守っていたアエトサウルス類は、ブタがワニのふりをしているように見えた。骨板があり、さらにスパイクをつけて身を飾るブタだ。そして、長いこと発見されなかったこのワニの親戚は、三畳紀に特有の驚くべき生物形態の一つにすぎなかった。

コエロフィシス（イラスト：川崎悟司）

レヴェルトサウルス（イラスト：川崎悟司）

チンリ層の時代は奇想天外な生きものの時代だった。三畳紀に属するこの時代に行くことができたら、なんとなく親しみを覚える生物にたくさん出会えるだろう。そのあとに現われる生きものの先触れだが、今日見慣れた生きものとはどこか違う。鳥類の祖先の恐竜はほっそりした珍奇な生きものだった。最初の哺乳類に最も近いのは、ずっと前の時代からつづいてきた牙のあるずんぐりした生きものか、トガリネズミに似た小さい毛玉のような生きものだった。また、装甲で身を固めた雑食動物から、水のなかに身をひそめている捕食動物や二足歩行の恐竜もどきまで、奇妙なワニの親類がわんさといて陸地を支配していた。三畳紀後期は爬虫類（はちゅうるい）が台頭してきた時代だが、最初期の恐竜は将来の繁栄をわずかに予感させるだけだった。僕は大人になってから、三畳紀が「恐竜時代の曙（あけぼの）」だと何度も聞かされたが、恐竜のことを知れば知るほど、そぐわない言い方だと思うようになった。三畳紀の恐竜は先史時代のチェーホフの銃〔小説・戯曲の技法の一つで、物語の早い段階に出てきた要素があとになってその重要な意味が明らかにされるもの。ロシアの劇作家チェーホフがある作品で重要な小道具に銃を用いたことからこう呼ばれる〕だった。銃には可能性の弾が装填（そうてん）されているが、それが発砲されるのは地球生物の進化の物語がもっとずっと進んでからなのだ。

　ビルを訪ねたものの、僕はそれで満足できずにもっと化石を見たくなってしまった。とくに恐竜の前に地球を支配していた主竜類の化石が見たい。恐竜を探してここまできたが、レヴェルトサウルスの頭骨を見て、三畳紀には僕の好きな恐竜のほかにも先史時代の生物が山のようにいたことを思い出したのだ。

さいわい、化石の森国立公園の中央道路をさらに行ったところにある別の博物館が三畳紀の奇妙な生きものを呼び物にしていた。砂の丘を車で走りながら、僕はこの時代の生物はどんな姿をしているのだろうと考える。三畳紀のぼろぼろに砕けた樹木のくず――灰色の堆積層に映える赤と紫の化石化した木――が丘からも道からもくずれ落ち、先史時代の森のシュールな面影をつくり出している。原始の森は粉々になった。待避所に車を停めて化石の埋もれた丘をしばらく歩いてみたくなったが、それはまた次の機会に譲らなくてはならないだろう。レインボー・フォレスト博物館を見て歩くのにあと一時間しかない。そのあとユタ州まで八〇〇キロの道を帰らなくてはならないのだ。

照明で明るく照らされた展示のなかに、恐竜の骨格はない。レインボー・フォレスト博物館は、化石を含んだ岩石がこの一帯に堆積したころ、ワニ類の系統の主竜類が陸地を支配していたことを明確にわかるように見せている。ただし、それをきちんと読みとって、大きい歯のある絶滅生物はどんなものも恐竜だと決め込んでしまわなければ、の話だ。恐竜のように見える奇妙で古い化石もあるが、それらは実際にはまったく違う動物のものなのである。小さいショップのすぐむこうのガラスケースにフィトサウルス類（植竜類）の頭骨が陳列されている。この受け口の生物の頭部はワニによく似ているが、僕は長年本や論文を読んでいるうちに、ワニではないと知った。簡単な見分け方は鼻孔の位置だ。ワニは口吻（こうふん）の先端に鼻の穴があるが、フィトサウルス類の場合は目に近いところにある。それくらいの違いしかないから、ワニはほかの何よりも「フィトサウルス類に似ている」というのが正しい。水のなかにひそむこの捕食者は、待ち構えて襲いかかる戦略をワニの数千万年も前にやっていた。

　次に僕は、にらみあう三つの骨格が展示されているのに目をとめる。ここにも恐竜はいない。左側にうずくまっているのはプラケリアス。牙とくちばしのある四足動物で、爬虫類よりも僕ら哺乳類に近い。この愚鈍そうな植物食動物は専門的にいえばディキノドン類（双牙類）に属し、このグループでは哺乳類の祖先が陸で優勢になった時代まで生き残った最後の種だ。四肢はがっしりと頑丈で、カメのような頭に牙を生やし、胴体は樽の形をしていた。もっさりしたこの大型の植物食動物が、三畳紀の化石の森で最強の捕食者であるポストスクスの餌食になったのはまちがいない。化石の森の恐怖の的だったポストスクスは、奥行きのある頭骨に鋭い歯をもつ肉食動物で、ワニの祖先に最も近い。ワニの姿をしたティラノサウルスといった感じだ。がっしりした体の下に脚を引き込めることができ、四本の脚ではもちろん、二本の脚でも獲物を踏みつけられた。悪夢の主役ともいうべき動物だ。

　ジオラマの右側にいるのはデスマトスクスである。アエトサウルス類に属すが、研究者は親しげに「アルマジロダイル」と呼ぶ。この名はぴったりだ。背中にずらりと骨板がならび、肩のあたりから弓なりにスパイクが伸びている。鼻先のとがったこの動物は植物を歯ですりつぶし、古代の土を掘り起こして虫を食べる雑食動物だった。先史時代のワニの祖先は全部が全部、血に飢えていたわけではない。

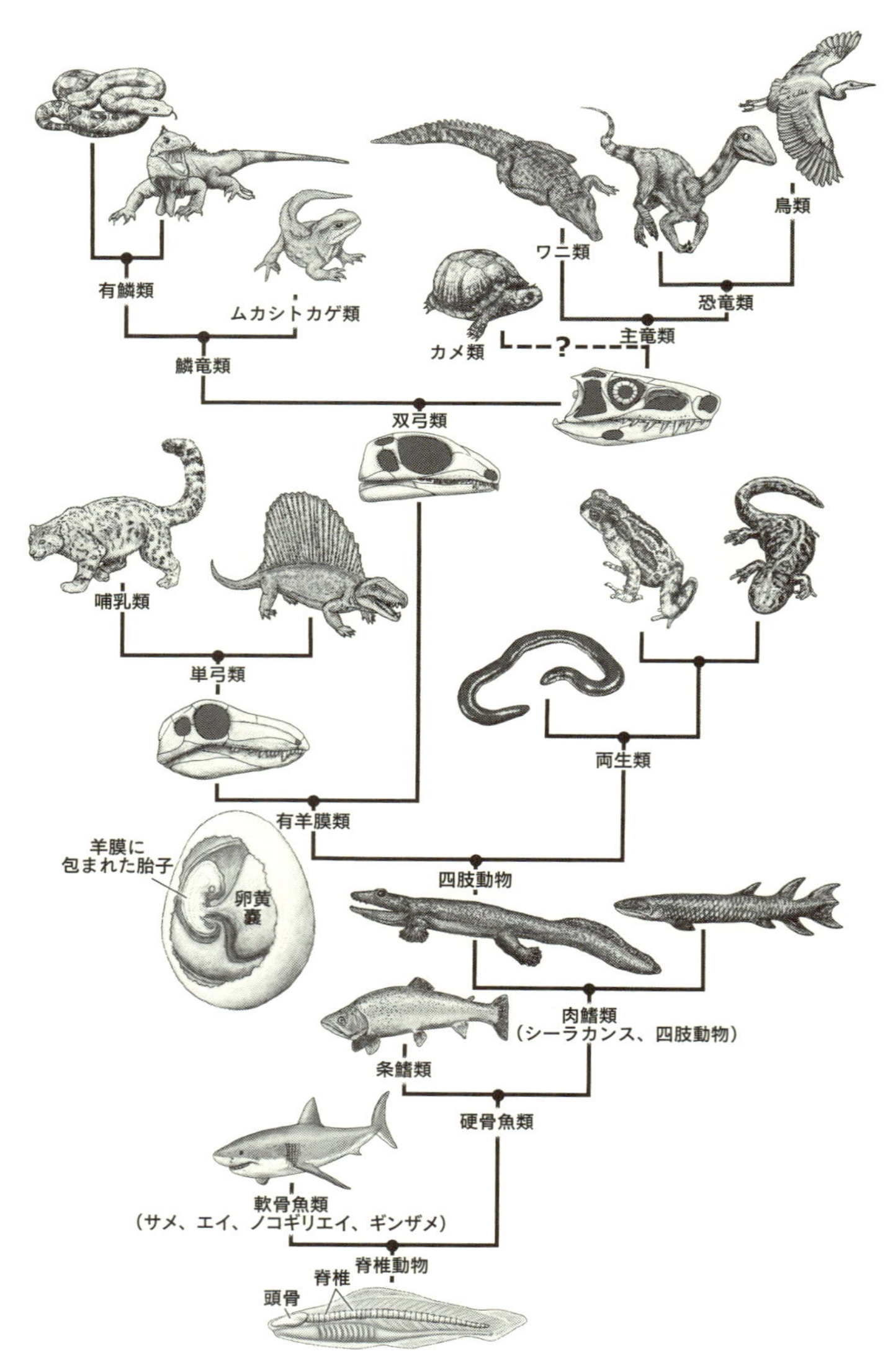

脊椎動物の系統樹。恐竜の属する主竜類が右上にある。ワニ類と恐竜類（鳥類を含む）は同じ主竜類の仲間だ。（図：Jeffrey Martz）

三畳紀に活躍したこれらの生物とその隣人は、レインボー・フォレスト博物館の次の部屋で命を吹き込まれている。最近設置されたヴィクター・レシクによる壁画は三畳紀の動物群を描いたものだ。簡潔に「三畳紀後期の生きもの」とタイトルがつけられたこの絵画は恐竜の姿がほとんどないが、三畳紀に関する基本的な教えがそのまま絵になっている。フィトサウルス類が手前の水に浮き、奥の土手でアエトサウルス類が鼻をうごめかせ、ポストスクスが不運な小さい主竜類を尾で打ちのめし、中央右手では別のフィトサウルス類が水のなかから躍り出て肉食恐竜のコエロフィシスをつかまえている。化石の森では、恐竜はいかにもわき役だった。壁画には、飢えたコエロフィシスの群れが獲物を殺し、争いに勝つ姿はない。化石の森でもほかのどこでも、そのころの恐竜はもっと強大な生きものがのし歩く世界でこそこそ生きる小物にすぎなかった。

フィトサウルス類に食われるコエロフィシスを、僕は見ていたくない。絵画で再現されたこの場面は二億二五〇〇万年前の時代で、恐竜が出現してすでに五〇〇〇万年がたっていた。恐竜の時代ははじまっていたのだ。フィトサウルス類のように捕食者のつもりでいるやつらは、それを感じとれなかったのだろうか。腹を立てるなんて、ばかげているのはわかっている。恐竜も初めは複雑な生態系の一部だったのであり、そこには捕食者もいたし、餌食になるものはもっといたのだ。博物館をあとにして、色あざやかな丘を州間高速道路にむかって走りながら、僕はばらばらになって散らばった化石木が西海岸のセコイアの森とよく似たこんもりと暗い森にもう一度もどるのを想像した。僕の心の目には、ポストスクスが森を歩きまわり、遠景に羽毛と鱗（うろこ）をちらちらさせて恐竜がかすめ

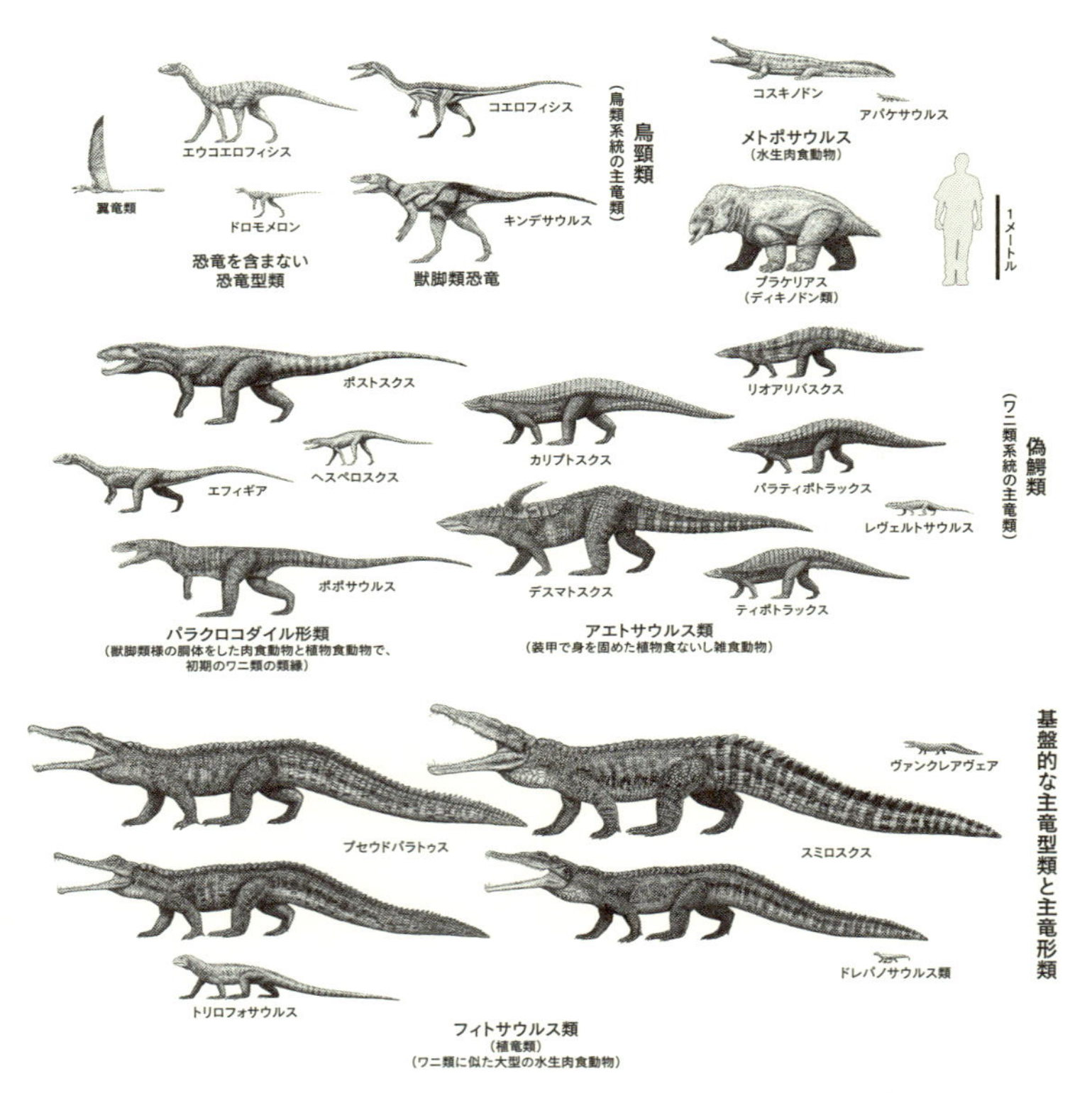

化石の森国立公園チンリ層から出土した三畳紀後期の生物。長い口をぱっくりあけるフィトサウルス類（下段）、装甲で身を固めたアエトサウルス類（中段）、その他さまざまな主竜類（中段左のポストスクス、エフィギア、ポポサウルスなど）が陸地を支配していた。恐竜はコエロフィシスとキンデサウルスの二種しかいなかった（上段中央）。（図：Jeffrey Martz）

走っていくのが見えた。

三畳紀の森の住人は恐竜に屈服しなかった。コエロフィシスは亡霊のようだった。典型的な君臨者のイメージを裏切る恐竜だ。しかし最後には、恐竜はただ生き抜いたのではなく、主竜類の系統樹からワニの枝が細っていくのと同時に繁栄した。何かが生命の進路を変えたのだ。恐竜のどこが特別だったのだろう？　ユタにむかって北へ車を走らせているあいだ、この謎が僕にうるさくつきまとった。恐竜を恐竜にしたものの手がかりはきっとある。僕はそう思った。

恐竜の恐竜たる所以（ゆえん）は絶えず揺れ動いた。一八二四年、現在の僕らが恐竜とみなす生きものが過去に存在していたなど誰も思っていなかったころ、イギリスの博物学者ウィリアム・バックランドが、採集した少数の奇妙な骨格をメガロサウルス（「大きなトカゲ」）として記載した。バックランドはロンドン地質学協会の会員の前でこう話した。「脊柱と四肢は四肢動物のそれに非常に似ているが、歯は卵生の生物のそれで、トカゲ類に属することを示している」。会員たちはよく知らなかったが、この生物はくねくね歩く地味な爬虫類ではなかった。爬虫類が現生のトカゲくらいの大きさだとすると、メガロサウルスは大腿骨（だいたいこつ）の大きさからして、「体高が大きいゾウくらい、体長は大きいクジラにわずかにおよばない程度」だとバックランドは結論している。このような爬虫類で二番目に記載されたもの（ギデオン・マンテルが翌年にイグアノドンと命名したもの）も、同じくらいの大きさの植物食動物だった。二つはそれぞれワニとイグアナを巨大にしたような奇妙な動物で、現代から想像もつかないほど遠い過去の生きものだった。

そののち、リチャード・オーエンがこの奇妙なトカゲを横どりした。一八四二年に、オーエンはイギリス各地で発見された化石爬虫類を学問的に再調査した結果を公表した。そしてメガロサウルスとイグアノドン、またもっとあとになって記載された装甲のあるヒラエオサウルスをトカゲとワニの巨大なものではなく、鱗におおわれた脊椎動物を代表する前例のない爬虫類であると推測した。この三種の動物は、脊椎の形質から歯の形まで、共通する独特な特徴をもっていたため、オーエンは新しい分類をつくってこれらをそこに位置づけた。それが恐竜類、「おそろしいほど大きいトカゲ」としてオーエンが記載した生物群だった。

一〇年後、オーエンはこれらの動物に関する自らの説を大衆に直接披露するまたとない機会を得た。一八五二年に、ロンドンのクリスタルパレスに展示するために恐竜などの化石動物の実物大模型が製作されることになり、オーエンはこの仕事を請け負ったベンジャミン・ウォーターハウス・ホーキンズの科学アドバイザーを務めるよう求められたのだ。彼は自分の考える恐竜についてホーキンズに概略を教え、解剖学的構造を教示した。こうしてホーキンズはデザインを仕上げた。実物大でよみがえった恐竜はサイとゾウが爬虫類になったようだった。カバの骨組みにワニの体を載せ、鱗の生えた皮でくるんだようだ（この彫像はひどく古くさくなった現在も、クリスタルパレスのあったロンドンのシドナムヒルを訪れる観光客を出迎えている）。オーエンのメガロサウルスとその仲間はいまの僕らが知る恐竜とは似ても似つかない、爬虫類と哺乳類の奇妙な混血だった。

オーエンもそれまでの科学者たちと同じく、手元にあるのは骨のかけらばかりだった。彼は当時の知識と自分自身の理論を組みあわせて、これらの奇異な生物を創造しようとしたのである。ところが、北アメリカとヨーロッパの古生物学者がニューイングランドの化石岩を詳しく調査しはじめたところ、オーエンとホーキンズが創造した奇妙な彫像に似ているものは一つも発見されなかった。

一八五八年、オーエンの恐竜が公表されたわずか数年後に、博学なジョゼフ・ライディがニュージャージー州南部の泥炭層から発掘された植物食恐竜の部分骨格を記載した。ライディはこの古代の植物食動物をハドロサウルスと命名した。これはホーキンズの制作した模型のように四足を地面につけてはいず、短く細い腕と太く長い脚のあるもっとずっと風変わりな恐竜だった。骨格のかなりの部分が失われていたが、足跡と部分骨格に立脚したこのハドロサウルスによって、古生物学者は多くの恐竜が二足歩行をし、思っていた以上に鳥に似ていることに気づいた。アメリカの古生物学者エドワード・ドリンカー・コープとオスニエル・チャールズ・マーシュも、イギリスのトマス・ヘンリー・ハクスリーも、すばしこくて鳥に似ている恐竜像を絶賛しはじめた。絵や像の恐竜はまだ長い尾を引きずり、ぎこちなく顔をゆがめて笑いかけたが、一八七〇年代になるころには、恐竜という生物のおよその形態がようやく解き明かされていた。

当時の古生物学者の大半は、恐竜は姿勢で区別できると考えていた。二足だろうと四足だろうと、恐竜は体の真下に脚を伸ばして立つ。そして、この特徴が恐竜繁栄の秘密だと長いあいだ考えられていた。古生物学者のアラン・チャリグは一九七二年にこの考え方を整理し、なぜ恐竜は地面にむかってまっすぐ脚を下ろし、なぜワニとその先史時代の親類は、当時わかっていたかぎりでは四肢を体の側面に突き出していたかを解明しようとした。[2] そして、各種の恐竜とワニとその近縁種の骨盤と脚を調べた。主竜類はすべてが三つの分類のいずれかにあてはまった。まず、脚が胴体の横についている側方型の動物（トカゲのように脚を体の横に伸ばし、体をくねらせて歩く）、次に姿勢が「少し改善された」動物（ワニのように脚の上部の骨がもう少し垂直に立つが、体と脚との角度は大きい）、最後が恐竜のように胴の真下に脚がついている動物だ。これは主竜類の姿勢のタイプであるのみならず、恐竜独特の姿勢へ三段階で進化する様子を表わしてもいるようだった。チャリグの本質的な性質にもとづいた分類は、恐竜がそれまでのどんな生物よりもすぐれていることを明らかにした。恐竜は完璧な姿勢をもつ点で唯一無二だった。一歩に要するエネルギー量が少なくすみ、おかげで何よりも俊敏で手強くなった。これは恐竜の最も目立つ特徴であり、速さがものをいう三畳紀の世界を生き抜くうえで有利にはたらいた。

これまでの恐竜の概念を覆した現代の古生物学者ロバート・T・バッカーは、「恐竜の優位性」と題した論文でこの考え方を支持した。[3] 恐竜はのろまで愚鈍だと思われてきたが、そうではない。僕らは哺乳類中心の先入観で過去を見る、そのために恐竜を過小評価しているのだとバッカーは主張した。三畳紀には、僕らの親類は――どっしりと大きいプラケリアスも、小さいトガリネズミのような動物も――側方型で這い歩いたが、初期の恐竜は効率よく走りまわった。恐竜はそもそも体のつくりが上等だったし、哺乳類の祖先よりもすぐれた特徴、たとえば活発な代謝や複雑な行動能力をもつことが骨格構造からうかがえた。ジュラ紀に最初の哺乳類が進化したころには、恐竜は支配者だった。恐竜は数千万年も哺乳類を押さえつけ、バッカーは哺乳類がこれほど長いあいだ二位の地位に甘んじていたのは「その間競争で恐竜にかなわず、日中は木の陰や洞(うろ)に身を隠して巨大な爬虫類に見つからないようにせざるをえなかった」からだと論じた。[4]

恐竜が系統樹のなかで主竜類の枝の根元近くにいるとわかったとき、恐竜が優位だったという見方は強く後押しされた。映画『ジュラシック・パーク』がヒットして恐竜熱が高まった一九九三年、古生物学者のポール・セレノとキャサリーン・フォースターのチームはアルゼンチンの「月の谷」の約二億三一〇〇万年前の地層で発見した化石恐竜にエオラプトル——「夜明けの泥棒」という意味——と命名した。これはそれまでに発見されたなかで最古の原始的な恐竜で、すぐれた捕食動物のようだった。体長は一メートルほどしかないが、ものをつかめる鉤爪(かぎづめ)のついた手と鋭い歯のならんだ口をもつ。同じころに生きていたヘレラサウルスがその前にやはり「月の谷」で見つかっているが、こちらはもっとおそろしかった。この体長三メートルの肉食動物は、箱型の頭骨に肉を切り裂くのに適した弓なりの歯をもっていた。最初期の外見からすると、恐竜は肉を切り裂く俊敏なやつらで、当時の世界を完全に支配していた。

こうしたことが発見されると、モルモン教のビショップでもあった古生物学者の故ウィリアム・シルは、恐竜の直立姿勢を三畳紀初期の生きものとの闘いにおける「秘密兵器」と呼んだ。また、ドキュメンタリー番組「パレオワールド」では、「恐竜は殺しを発明したのではない。完成させたのだ」とナレーターが大げさに説明していたのを僕はよく覚えている。シルら古生物学者によれば、最初期の恐竜は恐竜時代の幕開けと同時に躍り出て、捕まえたものを片っぱしから引き裂く肉食動物だった。植物を食べる穏やかな生活を選ぶ系統が現われたのは、闘いを完全に制覇したのちのことだ。

跋扈（ばっこ）する敏捷（びんしょう）な恐竜という好まれたこのシナリオは、ニューメキシコ自然史科学博物館でいまも生きている。僕は古代に関する展示を中心にしたこの博物館へ車で一〇時間かけて行き、竜脚類のディプロドクス・ハロルムがアロサウルス・マキシムスの攻撃から難を逃れようとしている迫力ある展示を見た（それぞれ同種のなかで最大級のこれらの巨大恐竜は、初めはセイスモサウルスおよびサウロファガナクスと呼ばれていたが、既知の属の大型のものであることがのちに判明した）。壮烈な闘いの場面にたどり着くには、時系列にならべられた三畳紀の展示をずっと見ていかなくてはならず、その中ほどにある低いソファで仕切られた突きあたりの小部屋では、三畳紀の生物の概要を描いた短い映画が上映されている。自然選択は先史時代の生物の劇的な変化の説明になるだけでなく、たとえばハイギョのように当時の生きものに非常によく似たものがいまもいる理由も説明できるとナレーターの落ち着いた声が語る。すべての種がみな進化の階段を昇らなくてはならないという理屈はない。自然選択は生物を驚くほど変化させるが、変化をうながす刺激がなければ、同じ形態が何千万年も変わらずにいることもある。

ナレーターが丁寧に説明しているとおり、恐竜は桁はずれに変化した部類に入った。動物がみな這いつくばってよたよた歩いていた世界に恐竜が出現し、進化によって大きく形態を変えつつ適応して、あっという間にその他の生物を追い越した。博物館の映画では、マンガの恐竜が時代遅れのぶざまな祖先を踏みつぶす場面でナレーターがこう説明する。「恐竜が恐竜であるための条件の一つは……脚が体の真下にまっすぐについていたことです」。恐竜は直立姿勢によって優位になり、最高支配者への道を切り開いたというのが定説になっていた。

しかし、ひとむかし前の世代の研究者は恐竜を買い被っていた。新しい証拠が発見され、古い証拠が見直されるにつれて、姿勢だけでは恐竜繁栄の秘密を説明できないことがわかってきた。事実、直立して歩くのは恐竜だけではなかった。この見直しによって、恐竜とは本当はどんな生きものだったのかについてのこれまでの理解がくずれた。直立姿勢は見つけやすい恐竜固有の特質であり、また彼らが繁栄した理由を説明するものと考えられたが、いまでは初期の主竜類を専門に研究するスターリング・ネスビットのおかげもあって、そうではなかったことがわかっている[5]。僕は初期の恐竜の進化の筋道を分析しようとして、スターリングにたすけを求めた。

僕が知りたかったのは、恐竜とそのほかさまざまなタイプの主竜類を分けたものはなんだったのかということだった。直立姿勢はもはや重要な鍵ではなく、別の糸口から解き明かさなくてはならないとスターリングは言った。初期の恐竜と、見た目だけが恐竜に似ている生物とを区別しようとするなら、解剖学的構造の細かいところまで考えてみなくてはならないという。

素人の恐竜ファンが脚が縦についた恐竜と近縁のワニに似た主竜類、たとえばポストスクスと恐竜とを区別できる明白な特徴はない。どれが恐竜でどれがそうでないかを判別するのに役立つ大きい特徴の一つとして、スターリングは胸の筋肉系の一部が付着している上腕骨の上の大きい稜(りょう)だと指摘した。恐竜はほかの近縁の主竜類よりもそれが大きいのである。ほかにもあまり目立たない特徴がないではないが、それはのちの恐竜ではっきりしてくるものであって、初期の恐竜は進化の模倣だらけの世界に生きていた。初期の主竜類のあいだでは、似たような特徴と歴史が何度も現われたのだ。

逆に思えるかもしれないが、新しい化石の発見は恐竜の恐竜たる所以と繁栄という双子の謎を解こうとする試みをかえって複雑にしかねない。古生物学者が恐竜の系統樹を解明し、初期の恐竜に最も近縁の生物を解き明かしていくにつれて、恐竜とその他の主竜類との「形態の違いがそのたびに消えてしまった」とスターリングは言った。とくに有名な恐竜――ティラノサウルスとアパトサウルスとその仲間――がいくら当時のほかのどれともはっきり異なる独特の動物だったとしても、初期の恐竜はその前身の動物とそう違わなかった。ある意味で、僕らが恐竜を無比の生物だと思うのは、よく似た近縁の主竜類がことごとく絶滅したからというだけなのだ。これは進化の遠大なパターンのれっきとした証拠なのだが、盲点にもなりやすく、恐竜の歴史の起点を特定するのを頭にくるほど難しくしている。恐竜類に属するものを判断できる明々白々なわかりやすい特徴はない。

事実、スターリングが誰も予想していなかった恐竜そっくりの生物を発見したとき、恐竜の恐竜らしさは大打撃を受けた。不可解な標本が見つかるのはそのときはじまったことではないが、三畳紀の生物の世界有数の産地から忘れられていた過去の遺物が出土した。そこはニューメキシコ州北部のゴーストランチにある。

ゴーストランチに近づいても、そこに北アメリカでとくに重要な恐竜発掘地の一つがあるとはとても思えない。ニューメキシコ州アビキュー近くの景色のすばらしい道路がいきなり消え、かつて画家のジョージア・オキーフが根城を構えた砂漠が現われる。現在そこは長老教会の運営する施設になっている。現場にはバンガローとキャンプサイトが点々とある。古生物学者にとってゴーストランチは天国だ。風呂場に洗濯機が備えられ、そのうえお湯が出る。こういう場所では、古生物学者が贅沢（ぜいたく）の味を覚えてしまう。

初めてゴーストランチを訪れたとき、僕はヘイデン発掘地の中央ゲートから道を横切ったところで、たくさんの骨が埋まった灰色の堆積層を一週間近く掘りつづけた。だが、古生物学者のあいだでゴーストランチを有名にしている場所は、三畳紀の丘のもっと奥にある。ユタ大学の古生物学者ランドール・アーミスが夏に現場に駆り出されるスタッフと一緒に僕をそこへ案内してくれたのは、二〇一一年の発掘シーズンも終わりに近い静かな午後だった。両側にオレンジ色の岩肌が盛り上がる小谷で、侵食された崖から砂が流れて段々に堆積している。ずっと前に掘った穴からかき出したわずかな白い石灰が緩んだ砂の上に点々と残っていた。もう化石はない。ここは全力をつくして掘られ、重要なものはいまも石膏（せっこう）ジャケットでくるまれたまま、クリーニングして調査されるのを待っている。残っているのは奮闘努力の痕跡のみだ。ここは多数のコエロフィシスの墓場だった。古生物学者のあいだでゴーストランチを有名にしたのは、このコエロフィシスのボーンベッドだ。[6]

一九四七年にエドウィン・コルバートがゴーストランチで化石探しをした。コルバートの発掘チームは化石の森へ行く途中にちょっと寄り道したくらいのつもりだったが、隊員のジョージ・ウィテカーがいくつか興味深い恐竜の骨片を発見したため、一行はしばらくここにとどまることにした。ピックや小さい道具で慎重に土を掘り返していくと、あとからあとから骨が出てきた。恐竜の骨がからみあうようにしてごっそり埋まっている宝の山に遭遇したのだ。

コルバートのチームは六月から九月までここに滞在した。地面の表層をかきとるのがせいぜいの時間だった。恐竜の埋まっている地層は厚く、個体ごとの標本を集めようとするのは無駄だった。そこで恐竜の化石を含んだ岩が大きく切り出された（ドーナツ型の大きな岩がいまもゴーストランチの古生物学博物館に収容されて化石を取り出すプレパレーション作業中だ）。この一カ所だけで数百ものコエロフィシスの標本が発掘された。これだけ多数の恐竜がなぜここに堆積しているのかは謎だ。

しかしゴーストランチでざくざく出てきた恐竜は、化石ハンティングにつきものの幸運と不運の偶然の波に翻弄された。発掘現場での調査はまともに調査しきれないほど標本が集まることがたびたびあるが、ゴーストランチの化石もそうだった。保存状態のよい完全な恐竜の標本は調査と展示のためにプレパレーションされたが、いつか分析できるように石膏ジャケットに包まれたまま棚に保存されたものがいくつもあった。アメリカ自然史博物館の保管庫に長いあいだしまわれ、ジャケットのなかに何があるかを誰も思い出せないものもあった。

そうしてスターリングが現われた。スターリングは大学院生のときにアメリカ自然史博物館で働き、コルバートが一九四七年に描いたボーンベッドの詳細な図に目を通した。慎重にプレパレーションして研究室で解剖学的構造を調べるために、コエロフィシスの標本をもっと探していたのである。だが、彼の目を引いたのは別のものだった。図には「フィトサウルス類」と書かれた区画がいくつかあったのだ。フィトサウルス類はこの採掘場では比較的数が少ないが、コエロフィシスを獲物にしていたと考えられている水生の捕食動物である。スターリングはこの区画を探し、堆積物に穴をあけはじめた。フィトサウルス類は見つからずじまいだった。かわりに岩から姿をのぞかせたのは、非常に変わった主竜類の骨盤と脚だった。

この生物は「カッテルエア」というほとんど知られていない主竜類に似ていた。以前にテキサスの三畳紀の地層から出たものが記載されていたが、スターリングは目にしているものの正体をはっきりさせるのにもっと標本が必要だった。しかしがっかりしたことに、その手がかりが保存されている前半身の石膏ジャケットを探してもどこにも見つからなかった。スターリングによれば、「さらにふた月がたったころ、コレクションのマネジャーが……化石哺乳類コレクションのマンモスの頭骨にまぎれて、コエロフィシスのジャケットがあると教えてくれた」のだという。

謎のジャケットに何が入っているかを見つけるには時間がかからなかった。「急いでそこへ飛んでいったらあったんだ、部分的にプレパレーションされた『カッテルエア』に似た動物の前半身が。さかさまになった頭骨まで見えたよ」とスターリングはそのときのことをふり返った。この頭骨のおかげで、ワニ系統の主竜類の関係についての疑問が解けただけでない。この新しい生物の骨格――最終的には四つの標本によって記載された――は恐竜によく似ていたのである。二〇〇六年に、スターリングと彼のアドバイザーのマーク・ノレルはこの生物にエフィギア・オキーフファエと命名した。[7]

エフィギアがエフィギアである決め手は、その足首にあった。恐竜の足首の関節は距骨（きょこつ）という大きい三角形の骨で、そこに踵骨（しょうこつ）という非常に小さい飾りの骨がついている。単純な蝶番（ちょうつがい）のようなつくりだ。一方、ワニに似た主竜類の足首は、骨が複雑に組みあわさった大きい関節で、足首と脚のあいだにS字の分かれ目がある。エフィギアの足首は後者だった。

骨盤の関節も決め手になった。恐竜の場合、大腿骨の先端が骨盤の穴にむけて内側に突き出している。エフィギアの大腿骨は骨盤との接合のしかたが違い、恐竜よりもワニ系統の主竜類に似ていた。これは明白な証拠だった。エフィギアは疑う余地なくワニの仲間だが、同時代の初期の恐竜と同じように直立して二本の脚で歩いたのである。歯のないこの主竜類は二本足で立ち、長い首と貧弱な腕のバランスを長い尾でとった。恐竜のおそろしいほどに効率的な骨格構造は、恐竜に固有なものでもなんでもなかったのだ。

エフィギアは進化のまぐれあたりではなかった。この生きものはほぼ同じ時代の別の動物、シュ

直立して歩いた主竜類は恐竜だけではなかった。シュヴォサウルス（上のイラスト）のようなワニ類に近縁の生物も直立二足歩行をするよう進化し、すばやく走りまわることができた。（図：Jeffrey Martz）

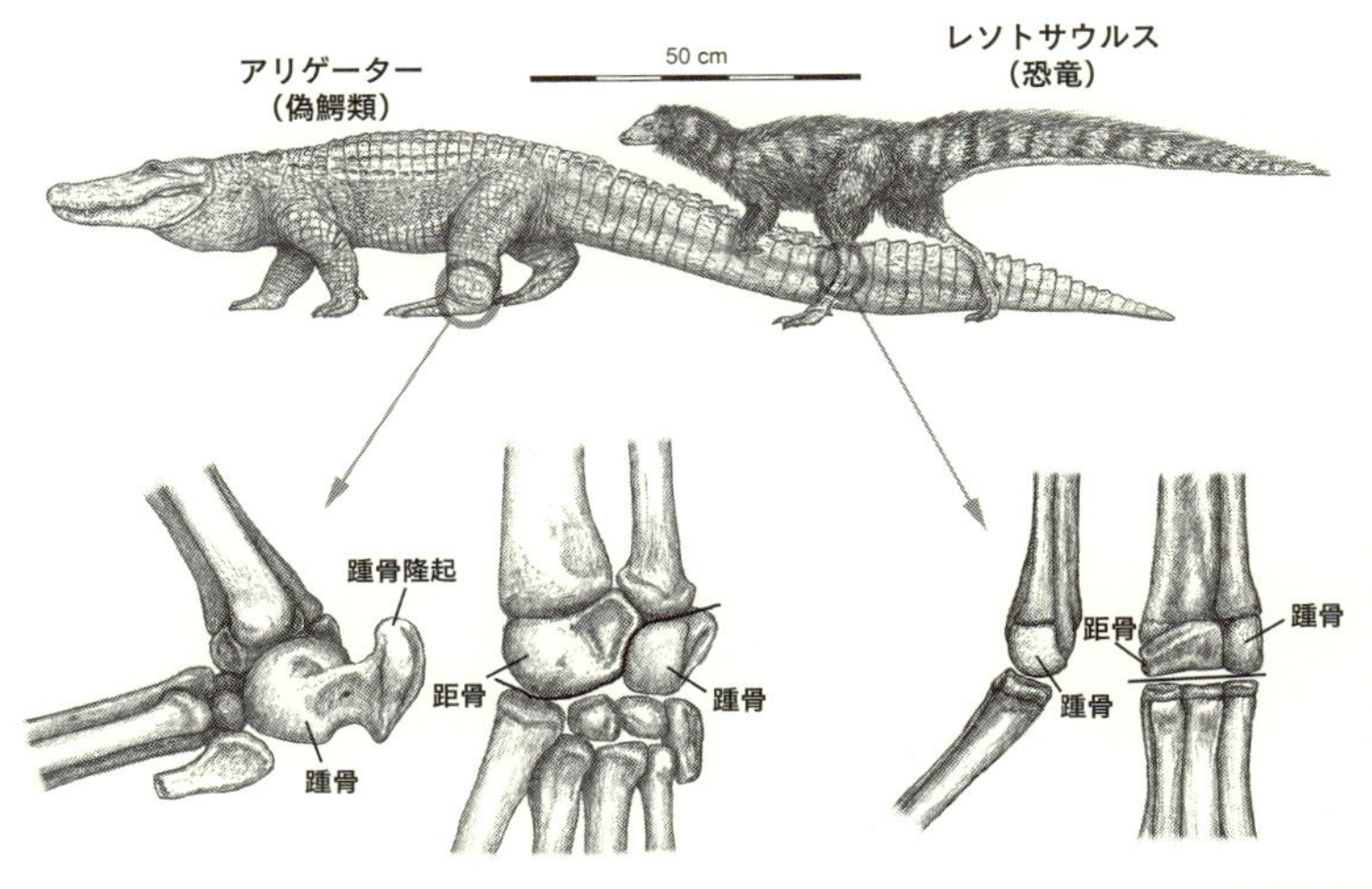

恐竜とワニ系統の主竜類を見分けるには足首の構造を見る。偽鰐類は大きい踵骨隆起が人間と同じように後方に飛び出した複雑な関節をしている。一方、恐竜（上図では鳥盤類のレソトサウルス）は単純な蝶番のような足首関節だった。（図：Jeffrey Martz）

ヴォサウルスに非常によく似ている。どちらも歯がなく、二足歩行したが、これらの近縁種であるポポサウルスの美しい骨格は鋭い歯をもつ種もいたことを示している。この三つはラウイスクス類というおそろしげな生きものの系統から分岐した。ラウイスクス類はポストスクスのように高い頭骨をもち[8]、恐竜のように体の下にまっすぐ脚の伸びた陸生の捕食動物だった。

そういうわけで、直立姿勢は恐竜を無敵の脅威にした恐竜だけの新機軸ではなかった。「ここがいつも引っかかったんだ」とスターリングは言った。先史時代の生物の系統のあいだに進化上の競争があったことを見出すのは「ほぼ無理」なばかりでなく、「エフィギアとポポサウルスは恐竜の繁栄が必然ではなかったことを示している。少なくとも姿勢という点ではね」。決定因子は姿勢だけではなかった。恐竜はなぜ繁栄し、エフィギアと近縁種はなぜ子孫を残さなかったのか。この謎の答えは、恐竜は進化上有利な「特徴の固有の組みあわせをもっていた」ことに行き着くのかもしれない。

その組みあわせのうちの不明な要素が、ワニ系統の主竜類よりもコエロフィシスを優位にした。およそ一億九九〇〇万年前にジュラ紀がはじまったころには、傍流にいた恐竜が台頭し、以前は別の生物が占めていた生態的地位を引き継いだ。そうなったのは、初期の恐竜と他の生物との絶えざる激しい競争の結果ではない。おそらくほかの生物が絶滅していったおかげで恐竜の繁栄する世界ができたのだろう。絶滅は見落とされがちだが、生物の進化にはかならず絶滅がついてまわる。最後には非鳥類型恐竜も絶滅して消えていくにしても、彼らは二度にわたる環境の激変のおかげでチャンスをものにしたのである。

二億五〇〇〇万年前よりも前には、主竜類は存在しなかった。地球の景観を満たしていたのは単弓類である。爬虫類よりも哺乳類に近い動物だ。ペルム紀の世界では、樽のような胴体に牙をもつディキノドン類が大集団で草を食んでいた。長い犬歯を生やして筋肉隆々の犬のような体つきをした捕食動物のゴルゴノプス類が大きい獲物を倒し、最初の正真正銘の哺乳類であるキノドン類が地面を嗅ぎまわっていた。それがみな滅びてしまった。空前絶後の大量絶滅が地球の多様な生物をふるいにかけたのだ。海生生物の九〇パーセント以上、陸生生物も七〇パーセント以上が死に絶えた。三畳紀がはじまるころには、複雑に多様化した生態系は、わずかな種による息も絶え絶えの群集に縮小していた。

ペルム紀末の大量絶滅を引き起こした原因は、大体のところしかわかっていない。地中深くに閉じ込められていた大量の温室効果ガスが大気中に放出されて大気の状態が短期間で激変し、地球の気温が上昇したことが犯人ではないかと考えられている。大気中の酸素濃度が大幅に低下し、海洋は酸性化し、陸地は焼けつくように暑くなったが、すべての生命が死に絶えるほどの厳しさではなかった。生き延びたものもいて、なんとか乗り切った生物は不毛の地でありながら可能性に満ちてもいた世界で生きていくことになった。複雑にからみあった生態系はいまや一掃されたため、生き残ったものにとっては制約が比較的少なくなり、適応して新しい形態になって放散した。進化はこの新しい世界で主竜類に味方した。

最初の主竜類はペルム紀末の大量絶滅の影響が衰微したあとに出現した。正確な起源はいまのところはっきりしていないが、二億四〇〇〇万年前にはすでにこの世界を歩きまわっていた。知られている初期の主竜類[9]、たとえばアリゾナサウルス、シロウスクス、クテノサウリスクスは、グレーハウンドとワニを混ぜたような姿をし、背中に大きな帆があった。これらの生きものに関する記録は増え、たがいの系統関係を修正していくと、主竜類は出現してから急速に多様化したらしい。アリゾナサウルスがずっとのちにアメリカ南西部になる場所を闊歩していた一方、恐竜の祖先は現在のポーランドの聖十字山地を宿す地域を歩いていた。[10] 遺骸はいまだに見つかっていないが、アメリカ自然史博物館の古生物学者スティーヴン・ブルサットらが、三畳紀初期の足跡のなかから恐竜型類の証拠を提示している。足跡の特徴は恐竜型類の脚の骨の構造と一致しているのだ。足跡のもち主は恐竜ではなく、ほっそりした脚の長い生物で、のちにこのグループから最初の恐竜が分岐した。確実なところをいえば、恐竜が現われるのはもっとあとだが、彼らが属する主竜類の系統はペルム紀末の惨劇の結果、ほぼすぐにほかのグループから分かれた。アジリサウルス――細い脚と長い首をもつ三畳紀中期の優雅な恐竜形類〔恐竜型類よりも狭い分類〕――のような最近発見された生物からは、最初の恐竜の祖先だったであろう生物を少なくとも部分的には見てとることができる。[11] ペルム紀末の単弓類の敗北は、恐竜の祖先のために道をあけたのである。

それでも、今回の三畳紀をめぐるドライブでわかったが、恐竜はたちまち地球を支配したわけではなかった。最初に現われたものは数が少なく、最古の恐竜といわれるエオラプトルはおもに植物を食べていた雑食性の生きもので、最初に想像されたような小さいながら凶暴な恐竜ではなかっただろう。[12]このようにイメージが変わったことは古生物学の成果を一般に広める情報発信者にも浸透した。コンピューター生成画像を多用したケーブルテレビのドキュメンタリー番組のことだ。表現の大げさなミニシリーズ「ダイナソー・レボリューション」では、カラフルなエオラプトルは臆病な小さい生きもので、ポストスクスと類縁のおそろしい歯と顎をもつ敏捷なサウロスクスと闘わなければならない。[13]恐竜は三畳紀の「月の谷」を支配していたのではない。もっと強大な生物と共存しつつ、細々と生き延びていた。

三畳紀のあいだ、恐竜の物語は主竜類を主役とする物語のなかのサブプロットでしかなかった。もし最終的に恐竜が支配者になるのを知らずに二億三〇〇〇万年前にタイムトラベルしたとしたら、恐竜はさほど目立たないかわいい生きものに思えるだろう。その後起こることの気配は、まだまったくなかった。同じ時代に生きていた僕ら哺乳類の祖先についても同じことがいえる。単弓類はすっかり姿を消してはいなかった。なにしろ僕らは、そのような三畳紀に生き延びた原始哺乳類の子孫なのだ。

主竜類が僕らの単弓類の祖先から支配権を奪った要因はわかっていない。ただし、正確にはわかっていないということで、主竜類と単弓類の化石の大規模な分析からヒントが得られている。研究者がペルム紀後のこの二つの系統の運命をたどってみたところ、僕らの原初の親戚と主竜類が直接に競争していたことを示す痕跡はあまり見つからなかった。主竜類と単弓類は生息地の取りあいで闘ってはいなかったようなのだ。哺乳類とその祖先は比較的小さいままで、一方の主竜類はさまざまな大きさのものに種分化した。ハトくらいのものから、最大では全長数十メートルにおよぶ竜脚類までいた。これだけばらばらなのは、そうならざるをえない生態的制約があったせいかもしれない。古生物学者が骨の微細構造から識別できることからすると、ワニと恐竜の祖先とその類縁種は哺乳類の原型よりも成長速度が速く、一生の早い時期から生殖行動をとった。そして生殖サイクルが短いために、繁殖し、数を増やし、自然選択によってより速く形態を変え、哺乳類の原型との競争から抜け出した。哺乳類に巨大化する機会がなかったのは、成長の速い主竜類が先に生態的地位を占めていたからだ。

だが、主竜類の台頭について知っても、僕はまだ恐竜が繁栄した理由がいま一つわからずにいた。同様の生物、たとえばエフィギアやポストスクスは三畳紀末に絶滅してしまったというのに。こうした主竜類からなぜ並はずれた形態の生物が出現して増えていかなかったのか。三畳紀の地球では彼らが支配的な主竜類だったのである。恐竜は日陰者だったのだ。

三畳紀を専門に研究するランドール・アーミスが以前僕に説明してくれたとおり、北アメリカでは三畳紀の恐竜はまれで、三畳紀の鳥盤目恐竜はまだ発見されていない。南アメリカなどの見つかっている大陸でも、鳥盤目の恐竜は小さく、数の少ない生きものだった。三畳紀に巨大化した恐竜はのちにアパトサウルスになる原初の恐竜のみで、これは竜盤目のなかの竜脚形類というグループだ。竜脚形類は三畳紀後期のヨーロッパでは目立った存在だったが、ほかの場所ではそうではなかったらしい。全体的に考えると、恐竜は出現からまもなくさまざまな形態に種分化したが、世界的な規模で支配者になりはじめたのはジュラ紀になってからだった。

そして、いま一度の大量絶滅が起こった。それはきわめて重要な出来事だった。ペルム紀末の大量絶滅ほど悪名高くないし、六六〇〇万年前の白亜紀末の大量絶滅にくらべたら無名といってよいほどだが、三畳紀末にも動物相の明らかな縮小があったのだ。犯人と目されているのは例によって気候変動と隕石（いんせき）の衝突と活発な火山活動で、これらが分かちがたく結びついているが、何が原因だったにせよ、地球の生物多様性のおよそ半分がいきなり消え去った。陸では多くのワニ系統の主竜類――フィトサウルス類、アエトサウルス類、ラウイスクス類――が姿を消した。それでも惨劇の影響は恐竜に少しもおよばなかったようだ。

かつて古生物学者は恐竜の恐竜たる所以と繁栄の謎が解けたと思っていた。現在の知識はそれとは違う。ほかの何よりも幸運が味方して、恐竜は僕らのあこがれる生きものになったのだ。闘いに勝って頂点にのし上がり、競争相手をことごとく隷属させたという、もてはやされた恐竜のストーリーはもう通用しない。スターリングにいわせれば、「三畳紀の新しい主竜類が発見されればされるほど、恐竜が特別な生きものに思えなくなる」

ペルム紀末の大量絶滅で、早くからの生殖と速い成長速度といった特徴を偶然にもちあわせていたことから主竜類の多様化への道がひらかれ、三畳紀末の絶滅によって各地の生息地を支配していたほかの主竜類が没落した。アーミスやスターリングら、三畳紀を専門とする研究者は、偶発的な事件と日和見が恐竜を優位にさせたのではないかと説明する。恐竜はおそろしくラッキーだったのだ。「恐竜が最初に台頭したのは、どこかがすぐれていたためになるべくしてなったというのではない」とアーミスらは考えている。「中生代初めに起こったさまざまな地球の歴史的出来事という偶然がなければ、恐竜の時代はこなかったかもしれない」

たどられなかった進化の経路はどんなものだっただろうか。ペルム紀末の絶滅か三畳紀の大惨事がもし取り消されたら、地球はどんな姿になっただろうか。恐竜は進化しなかっただろう。僕らも進化せず、僕らの哺乳類の祖先は別の主竜類によって陰に追いやられただろう。僕はこれらの大きな出来事を、ファンタジーユーモア作家テリー・プラチェットのいう時間のズボンと考えたい。僕、、、らの知っている歴史がズボンの片足、もう一方の足がひょっとしたらありえた歴史である。もう一つの歴史をたずねるには、僕らの乏しい想像力を頼るしかない。現実にならなかった進化の歴史を知ることはできないが、現在の哺乳類の王朝は恐竜の王朝繁栄の上にきずかれた。前王朝はあまりに美しく、また奇怪なので、もし彼らが存在したことを知らなかったら、僕らは恐竜というものを思い描くことができただろうか。ファンタジーに登場する怪物、たとえば空を飛ぶドラゴンのワイバーンや単眼の巨人キュクロプス、獅子(しし)の頭に山羊(やぎ)の胴体と毒蛇の尾をもつキマイラ、そのほか伝説の生きものも、古生物学者が発掘しつづけている本物の生きものの前では色あせる。

しかし、これだけ驚くべき形態が存在しても、恐竜が生き延びるには交尾しなければならなかった。少なくとも脊椎動物にとっては、それがなければ自然選択が作用する場がない。遺伝子の組みあわせが変種を生み、それが自然選択の絶え間ないチェックを受けて死滅するか増殖するのである。だが、アパトサウルスの雄と雌がどうやって魅力を感じあったかという疑問に、僕らはどこから手をつけられるだろうか。それには恐竜の化石の性に関する部分を見なくてはならない。

第3章　恐竜のセックス

シカゴのオヘア国際空港ターミナル1のユナイテッド航空コンコースBに恐竜がいる。僕は初めてその骨格恐竜を見たとき、フライトでぼうっとなった自分の頭が創作した幻だと思った。

飛行機の旅は大きらいだ。キングコング式に運んでもらえたらありがたい。鎮静剤で前後不覚になったところを箱に詰めて、目的地に到着したら降ろしてくれればいい。いくら好きなものを見にいくためでも、一万メートルの上空を飛ぶのがいやでたまらない気持ちはどうにもならない。一人で旅するときは目的地に着くことばかりを考えているから、機内で食べものを出されてもろくに手をつけない。ワイオミング州での化石ハンティングを終えて、当時住んでいたニュージャージー州の家に帰るには、モンタナ州の小さいビリングズ空港を経由する。そのフライトで出された缶ソーダと小袋のプレッツェルをエネルギー源に、僕はオヘア国際空港の人混みをぬって蒸し暑い待合い室にあいた椅子を見つけた。恐竜を見たのはそのときだ。その瞬間に目が釘づけになり、幻が消えていくのを待ったが、それは消えなかった。そびえ立つ大きなブラキオサウルスの骨格だった。

コンコースBのブラキオサウルスのキャストは、シカゴのフィールド自然史博物館のスタンリー・フィールドホールにあったものだ。八〇〇万ドルのティラノサウルスのスーが博物館にやってきて、台座から蹴落とされてしまった。それが二〇〇〇年に空港に居場所を見つけて売店と広告のあいだにふたたび組み立てられた。[1] 僕がコンコースの人混みをすり抜けた日、空港の無料ワイファイの広告バナーの上に姿をのぞかせた恐竜は、むこうの滑走路を眺めて搭乗客と到着客をチェックしているかのようだった。

このブラキオサウルスは、僕が小学校時代の色あせた教科書で見たようなのろまな恐竜とはぜんぜん違った。がっしりした肩と円柱のような二本の前肢のおかげで威風堂々とした雰囲気を漂わせている。鼻先に丸みのある、角ばった頭骨にむかってカーブした長い首は、それをいっそう際立たせるばかりだ。頭骨とほかのいくつかの部分はタンザニアのジュラ紀の地層で見つかったギラファティタンという近縁の恐竜から拝借したものだが、合成された複製の骨格はそれでも最大級の恐竜の威容を表わしていた。[2] 体長二六メートルの竜脚類ブラキオサウルスは最大重量のタイトルをもう保持していないかもしれないが、その迫力は三〇メートル級のほかの竜脚類に負けていない。小さい哺乳類の祖先がこれをどう見ていたかは想像するしかない。

僕は恐竜を見つめつづけ、脊椎骨の一つひとつの複雑な突起と、ずっしり筋肉がついていたはずの四肢のでこぼこの継ぎ目を目でたどった。心の目をしばらくさまよわせ、骨格のなかに内臓を入れて、全体に筋肉をかぶせてみる。それから茶色の大きい斑点と白いラインのまだら模様で恐竜を包んでみた――これではまるでキリンじゃないか。ちっとも独創的ではないが、子供のころによく見せられた灰色とくすんだ緑色の模様よりは少しはきれいだ。そのとき心のどこか奥から妙な考えが浮かんできた。こんなに巨大な生きものはどうやって交尾していたのだろう？

疲れてぼんやりした頭に、その気になっているブラキオサウルスの雄と雌がジュラ紀の針葉樹の森に立ち、たがいに相手の最初の動きを待っている姿が浮かんだ。次の動きがよくわからない。つくりものの骨にヒントがあるかもしれないとでもいうように、僕は骨格を見つめつづけたが、こんなに太く長い尾があったら交尾なんかできっこないとしか思えなかった。次のフライトの搭乗時間になり、疲れていらいらしているほかの乗客のなかに僕はとぼとぼと入っていった。少なくとも恐竜の交尾の謎で帰途のあいだは気がまぎれ、以来ずっとこの疑問がつきまとっている。

イギリスの古生物学者デレク・エイジャーが書いていたように、「現生の動物が腹を満たしたあとにするのはたいてい性行動に関することであり、フロイトの数千万年前に、醜いといわれかねないそのことが頭をもたげなかったとは到底考えられない[3]」。確かに交尾は恐竜の、また水生生活をすてて陸に上がったトカゲに似た生物の子孫であるすべての有羊膜類の遺伝的本能である。脊椎動物が三億一二〇〇万年以上前に陸で生活しはじめたとき、精子は安全な小さい水たまりに浮かぶやわらかい卵にむかって突進するわけにはいかなくなった。硬い殻の卵が内部で胚を育てるには、その前に水辺での受精ではなく体内の受精が必要で、そこで性交が発明されて世代から世代へ伝えられた。羽毛のある小さいアンキオルニスからブラキオサウルスをはじめとする大型の竜脚類まで、恐竜は生殖活動が残した遺産だった。エイジャーはこう述べている。「化石をかつて生きていた生物とみなすなら、性行動のことが頭に浮かんでくるはずだ」

恐竜の性の営みについて最初に考えられたのは一〇〇年前のことだった。一九〇六年にアメリカ自然史博物館の古生物学者ヘンリー・フェアフィールド・オズボーンが、おそろしいティラノサウルス・レックスのよくからかわれる貧弱な腕の説明として恐竜の濡れごとを指摘した。[4] ティラノサウルスの雌雄の標本が化石ハンターのバーナム・ブラウンによって採集され、この恐竜が短いが筋肉のたっぷりついた前肢をもっていたことがわかったからだ。オズボーンはこんなお粗末な腕がエドモントサウルスやトリケラトプスのような大物の獲物と格闘するのに役立ったとは信じられず、もしかしたら「交尾中に相手をつかむ器官」だったかもしれないと思ったのである。一方がもう一方の上にのって、がっしりした短い腕で相手にしがみつく二匹の巨大な捕食恐竜を想像してみてほしい。残念ながら、オズボーンは先史時代の生物を再現するときに仕事を頼んだ腕のよいイラストレーターにその行為の絵は委託しなかった。

オズボーンは恐竜の交尾について深く考えようとしなかった。また、その時代のほかの多くの古生物学者も考えなかった。恐竜の性交は研究テーマとしてばかばかしく、対象外とみなされた。それどころか、権威ある研究者は嫌悪感を抱いたようだった。自然史の研究において、派手な色柄で気を引く求愛行動の考察とか、遺伝子プールの量的調査くらいにミクロレベルの研究だったりすればまったく問題ないが、行為そのものを具体的に扱うとなると研究者は尻込みした。オズボーンがティラノサウルスの交尾のことにちらりとふれた少しあとに、一九一〇年から一九一三年のスコット南極探検隊の隊員ジョージ・マレー・レヴィックはアデリーペンギンの「性的堕落」に衝撃を受けて胸糞(むなくそ)が悪くなった（ご存じのとおり、いまではアデリーペンギンが生きた恐竜であることがわかっている）[5]。彼が驚愕したのは若い雄が雌の死骸と交尾しようとしたことだった。レヴィックは彼のように古典の素養のある科学者しか読めないようにギリシア語で観察記録をとり、ペンギンについての論文を提出したときは、性行動の記述は刺激が強く悪趣味だと思われたため、その部分が削除されて限られた数の上層部の科学者にのみ回覧された（当時は類を見ないものだったレヴィックの観察記録が再発見され、一般に公開されたのは二〇一二年）。性行動はたとえ現生動物に関してでもタブーであり、恐竜の交尾行動を事細かに推測する科学者は下品で変態だと思われただろう。ジュラ紀の暑い夜に恐竜が何をしていようと、先史時代の帳(とばり)のうしろに隠された。

　材料も豊富だったわけではない。化石動物の性行動の手がかりは非常に見つけにくい。数少ない例のなかに、交尾中に命を落とした四七〇〇万年前のカメの化石がある。また、もっと古く、三億二〇〇〇万年前のものと考えられるサメが求愛中に急に砂に埋もれた。残念ながら恐竜の骨格化石に行為中の姿で見つかったものはなく、非常に保存状態のよい化石にも生殖器官の痕跡のあるものはない。生殖器以外の臓器もきわめてめずらしく、恐竜の内臓組織と思われたものは別のものだったということがままある。

二〇〇〇年に獣医学者のポール・フィッシャーと古生物学者のデイル・ラッセルらが恐竜の心臓化石を発見したと発表したときもそうだった。その心臓は「ウィロ」の愛称で呼ばれる小型の植物食恐竜テスケロサウルスの胸部に埋もれていて、四つの部屋と一本の大動脈が認められるように見えた。[6] ところが二〇一一年に、別の古生物学者のチームが恐竜の胸部の位置で固化した鉄鉱石の塊だと判断した。化石化した細胞と思われるものもわずかながら見つかり、[7] 凝固物は恐竜の心臓の内容物が露出して鉄分を多く含む堆積物を引きつけてできたことを示唆していたが、その構造そのものは石化した心臓ではなかった。

恐竜の体表の構造が残っていても、性行為を調べるのにはあまり役に立たないだろう。皮膚痕の化石は、全身をおおうような大きいものではないにせよ、小さい部分がよく見つかっているが、そういうものでも内部生殖器が保存されていることはない。それでも僕は、鶏冠（とさか）のあるハドロサウルス類のサウロロフスに軟組織の痕跡が見つかったという二〇一二年の論文を読んで、論文著者のフィリップ・J・カリー恐竜博物館の古生物学者フィル・ベルに恐竜のデリケートな部分の軟組織の痕跡が見つかる可能性はあるかとたずねてみた。なにしろ二〇〇九年に、もっとずっと古い生物学者が、これまでのところ最古のペニスの化石証拠を特定していることを僕は知っていたからだ。——三億八〇〇〇万年前のインキソスクトゥム・リチェイという骨板のある魚[8]——を調べた古生物幸運な古生物学者が恐竜の交接器官が保存されているのを発見して驚く日はきっとくると思いたい（そんな果報が『サイエンス』か『ネイチャー』の表紙を飾るのを僕は見たくてたまらない）。

ところが、ベルは楽観していなかった。軟組織の難点はなんらかの方法で化石として記録される必要があることだという。ベルはコロライト（腸石）を引きあいに出した。これは評判の悪いコプロライト（糞石）とは別物だ。コプロライトは古生物学の教授が新入学生に「なんだと思う？」と言いながら手わたして、じつは化石化した恐竜の糞だと種明かしするといういたずらをよくする。そのコプロライトの未熟なものがコロライトで、ベルは「排泄されていない化石の糞」と表現する。汚いが、これがとても役に立つ。コロライトには恐竜の腸の形と大きさの情報が保存されているのだ。たとえば、イタリアで見つかったスキピオニクスという小型の捕食恐竜がそうだった[9]。また、かわいそうなウィロのように、恐竜の内臓が腐りだしたときに固化物や染みになって残る臓器もあるかもしれない。ベルはこう書いてきた。「内臓に関してわかっていることは、特定の条件下でうまく反応して化石化した、鉱物を多く含む部分（肝臓など）か、もっと化石化しやすい二次情報（コロライトなど）から得られる」

だが、ベルは恐竜の生殖器について重要なことを明かしているめずらしい化石のことにふれた。恐竜類のペニスがどんな形をしていたかは誰にもわからないが――あの体からすれば、奇抜な形にちがいない！――雌の生殖器官についてはもう少しわかっている。中国の白亜紀層から発見された特別な骨盤のおかげだ。

オヴィラプトロサウルス類——羽毛とくちばしと鶏冠のある、飛ばないオウムのような恐竜——の骨盤のなかに二個の卵が残っているのを、カナダ自然博物館の古生物学者、佐藤たまきらが発見した。[10] 妊娠中だったこの恐竜は巣に卵を産む直前に死んだのだ。さらにありがたいのは、そこからこの雌の恐竜が鳥類とワニ類の両方の特徴を備えていたのがわかったことである。同じ発達段階の卵が二個あったということは、恐竜には卵管が二本あったことを示している。これはワニの特徴だ。一方、二個しかなかったのだから、恐竜は鳥類と同じように一本の卵管に一つの卵しか発達させられなかったということになる。それまでにオヴィラプトロサウルス類の巣の化石に認められていた事実、すなわち卵が二個ずつ対になっていたのはそういうわけだった。今回の妊娠中の恐竜がその理由をついに説明したのだ。卵が対になっているのは、そのように産んだからなのである。

このめずらしい標本は、雌の恐竜の内生殖器の機能を垣間見せてくれた。だが残念なことに、ボルトとナットの形状を詳しく教えてはくれなかった。そこを解明するには、恐竜の近縁である鳥類に目をむけなければならない。

普段、僕らが鳥類と恐竜に関係があるとまったく思っていなくても、鳥類は約一億五〇〇〇万年前に進化して今日までつづく恐竜類の特殊な系統である。この鳥類とワニ類——全体としては恐竜類に最も近縁の現生動物であるアリゲーター、ガビアル、クロコダイル——を基準にして、恐竜の形質の特徴を推定できる。理屈は簡単だ。基本的に、鳥類とワニ類の両方に見られる特徴は非鳥類型恐竜にも見られるだろうということである。先史時代の生物を調べるのに、現生種についてわかっているることが利用できるのだ。

例として総排出腔（クロアカ）を取り上げよう。たのしい響きの名のこの穴（「下水道」という意味のラテン語に由来）は、これ一つきりで排尿口と生殖口と直腸の末端を兼ねていて、鳥類とワニ類には雌雄ともこれがある。先ほどの理論にしたがえば、恐竜にも総排出腔があったと推測できる。雄のアパトサウルスがどすんどすんと歩いても、垂れ下がったりぶらぶらしたりするものは見あたらないだろう。恐竜の生殖器は総排出腔のなかにあり、総排出腔は尾の下の切れ目にしか見えないだろう。恐竜の雄と雌の骨格構造に決定的な違いは見出されていないので、生殖口のなかをのぞいてみないかぎり、アロサウルスの雌雄を判別することはできないことになる。

だとしたら、雄の恐竜は総排出腔のなかに何を隠していたのだろうか。僕が恐竜のセックスの話をもち出すたびに――もち出しすぎたかもしれないが――引きつった笑いが返ってくる。そしてすぐに、背中に大きな帆のあるスピノサウルスや巨大なブラキオサウルスなどに関するおそろしい推測がつづく。ステゴサウルスなど、装甲の発達した恐竜はかならずぞっとするようなことを連想させる。動かない骨板とスパイクにおおわれた恐竜は、危険な情事の最中に串刺しにされないようにしなければならないから、何か別のうまい方法があったにちがいない。友人たちはたいてい僕の好奇心をおもしろがって、雄の恐竜は長く伸ばしたファルス〔交尾時に外部に出てくる雄鳥の性器〕を雌に巻きつけて精液を注入できたのではないかとふざけて言う。僕はびっくりして、アニメ仕立ての悪夢が頭をよぎった。残念ながら、そんなおそろしい器官が本当にあったといえるような化石証拠はない。

ヒントを得るには鳥類とワニ類に話をもどさなくてはいけない。鳥類はきわめて多種多様な生物グループで、生殖の手順や戦略もいろいろある。大半の雄はペニスをもたず、総排出腔を雌のそれに押しつけて精液を注入するが――「クロアカのキス」というぎょっとするような名がついている――見事に立派なものをもっているものもいる。南アメリカに生息するコバシオタテガモは、既知の脊椎動物のなかでペニスが体長との比率で最も長い。そのトゲのあるすごいペニスをわざわざ調べた鳥類学者のケヴィン・マクラッケンによると、体長に匹敵する長さだという。[11] ほかのカモも雌雄ともによく目立つ複雑な生殖器をもつことで知られ、それらは鍵穴に差した鍵のように、あるいは迷路のなかを走るやわらかい螺旋(らせん)状のジェットコースターのように、ぴたりとはまる。[12] 雄と雌が性的軍備競争をして進化した結果だ。鳥の雄にかならずペニスがあるのではないが、雄のもちものが立派な血統はみな、鳥類の系統樹の根元近くにある。マサチューセッツ大学アマースト校の鳥類学者パトリシア・ブレナンらが判定したとおり、鳥のペニスはその祖先種が獲得した形質だということである。[13]

カモと同じように、アリゲーター、クロコダイル、ガビアルも雄にペニスがある。[14] ワニ類の生殖器を調べた動物学者のトマス・ツィーグラーとスヴェン・オルボルトは、次のように書いている。「性別を正しく判別するためには、動けないようにした雄のクロコダイルの外性器を探りあてて総排出腔から出し、それから同様にした雌のクリトリスと比較しなくてはならない」。ぞっとしない仕事だ。しかし、ワニ類と鳥類の「挿入器官」を考えあわせれば、恐竜の雄にはまずまちがいなくペニスがあっただろう。その正確な形がどうであれ、ワニ類と巨根の鳥類は交尾のときに精液が通る長い水路が少なくとも一つある器官を一つだけもっていた。

恐竜の場合、この基本構造とどれくらい違っていたかはわからない。僕はすべての恐竜の雄が同じ構造のペニスをもっていたわけではないと思っている。二〇〇六年にスティーヴ・ワンとピーター・ドッドソンが、恐竜には一億五〇〇〇万年以上のあいだに一八五〇を超える属があったと推算した[15]。これだけ多様であれば、ペニスの構造も驚くほどバラエティがあり、雌の生殖器官もそれに匹敵するだけいろいろあったにちがいない（残念なことに、恐竜のクリトリス探しは化石のペニス探しよりも見込みがなさそうだ。永遠に解けない謎もある）。

しかし、恐竜の交尾行動を再現するには、組みあうのに使う器具の構造がだいたいわかるだけでは足りない。どれが雄でどれが雌かを知らなくてはならないし、もっと重要なのは、性別によって体の構造に大きい違いがあるかどうかだ。現生の鳥類とワニ類では、総排出腔が雌雄の区別の鍵になる。古生物学者にその手はもちろん使えない。そこで軟組織はあきらめ、また体内に卵のある、明らかに雌とわかる化石はそう見つかるものではないので、性別を判断できる骨格の特徴を探した。最近まで、鍵は性的二形性にあると考えられていた。性的二形性とは、体の大きさや色や飾りなど、生殖器以外に雌雄で形質の違いがあることだ。

ここには一つだけ問題がある。恐竜に性的二形があったかどうかを判断するには、ある特定の場所と時代に生きていた恐竜の母集団からたくさんのサンプルを集める必要があるのだ。しかも性的二形性のわかるような状態のよいサンプルはめったに手に入らない。最も研究が進んでいるといってよいティラノサウルスに関してさえ、現在の知識は二〇〇〇万年間の約五〇の標本にもとづくものなのである。同じ時代の同じ場所で同じ恐竜が大量に死んだのでないかぎり、僥倖（ぎょうこう）はない。

このような歯がゆい状況でも、古生物学者はあきらめない。しかし、ピーター・ドッドソンの一九七五年の調査は、恐竜の雄と雌を判別することの難しさを浮き彫りにした[16]。それまでの一〇〇年で、古生物学者はカナダのアルバータ州にあるおよそ七六〇〇万年前から七四〇〇万年前のオールドマン層で出土した鶏冠のあるハドロサウルス類を調査し、三つの属と一二の種に分類して命名していた。ところがドッドソンが頭骨の大きさを測ったところ、だいたい同じ年代の同じ場所に生息していたハドロサウルス類はわずか三種だったことがわかった。コリトサウルス・カスアリウス、ランベオサウルス・ランベイ、ランベオサウルス・マグニクリスタトゥスである。これらは体形が似ているが、鶏冠の形状が違う。コリトサウルスは低くて丸みのある鶏冠、ランベオサウルスは手斧のような形のカーブした大きい鶏冠だった。これ以外に別の種と判断されたものは、同種の恐竜の個体差か年齢の違いにすぎなかった。しかしドッドソンは、三種は三種だが、性的二形による違いもあると考えた。たとえばランベオサウルス・マグニクリスタトゥスの場合、片方はポンパドゥールのように盛り上がった鶏冠があり、もう片方には同じ構造でもっと寸詰まりの鶏冠があった。ドッドソンは前者のよく目立つ鶏冠が雄、そこまで立派でないのが雌ではないかと考えた。

ランベオサウルス・ランベイとランベオサウルス・マグニクリスタトゥスも同じ種だと考える古生物学者もいた。鶏冠が大きければ雄、小さければ雌というわけだ。鶏冠はよく目立つ視覚的信号なので、雄は自分の強さと支配力のしるしとして見せびらかしたのだろう。鶏冠が大きいほど雄として好ましい。

しかし、彼らは証拠を読み誤っていた。ドッドソンの調べた化石の一部を分析したカナダの古生物学者デヴィッド・エヴァンズとロバート・ライスは、ランベオサウルス・マグニクリスタトゥスの鶏冠の違いが雄と雌の違いによるのではなく、別の種であることによるのを発見した。[17] 二つは生息した時代が違っただけではなく、ドッドソンが「雌」だと考えた頭骨は壊れていたせいで小さく見えただけだったのである。この恐竜には性的二形は認められなかったのだ。

ティラノサウルス・レックスさえ、性別判断の混乱に悩まされた。一九九〇年代に、雌のティラノサウルス・レックスは卵が通過しやすいように尾の付け根と骨盤のあいだが広いと考えた古生物学者がいた。[18] もしそれが正しければ雌を識別する方法になるが、議論は紛糾した。のちにアリゲーターの雄と雌の解剖学的構造の違いと化石とを調べてわかったとおり、提唱された差はなかった。[19]

ほかの説もうまくいかなかった。性による骨格の違いはさまざまな恐竜についていわれたが、たとえば初期のすらりとした小型獣脚類メガプノサウルスからモンゴルの有名な角竜類プロトケラトプス、背中の骨板の大きい剣竜類のケントロサウルスまで、いずれの恐竜の特徴も性別判断の確実な材料にならないことがわかった。恐竜のサンプル数は少なく、性的二形のケースはいつか見つかるかもしれないが、いまのところ確かな例は見つかっていない。[20]

恐竜の雄と雌の骨格の違いは、もし実際にあったとしてもわかりにくく、僕らが性別を判断できるとすればもっと直接的な証拠からだ。オヴィラプトロサウルス類のめずらしい標本のように、体内に発達中の卵があれば雌だと確実にわかる。だが、方法はもう一つある。

二〇〇〇年に、ティラノサウルス・レックスの特別な標本が雌の正体を暴く方法をとうとうもたらした。[21] ロッキー博物館の古生物学キュレーターを務めるモンタナ州立大学のジャック・ホーナーが率いる同館の調査チームが思いがけない幸運をつかんだ。その夏、モンタナ州のヘルクリーク層を発掘調査中に五体のティラノサウルスの化石が発見され、その一体は発見者であるボブ・ハーモンによって「B・レックス」のニックネームをつけられた。現場は崖の急斜面を六メートルほど登ったところにあり、発掘作業は困難をきわめた。ようやく骨格が掘り出されたとき、ジャケットをかぶせた恐竜の大腿骨(だいたいこつ)は重すぎて、ヘリコプターも飛び立つことができなかった。調査隊はしかたなく大腿骨を二つに分割して輸送した。この決断が災い転じて福となった。

発掘地の厳しい環境のせいで化石を分割したことが、ホーナーの元学生で、ノースカロライナ州で教鞭を執りはじめたメアリ・シュワイザーに幸運を運んだ。シュワイザーは恐竜の組織の調査が専門で、B・レックスが発見された当時、古生物学者が野外で化石をつなぎあわせるのに使うポリ酢酸ビニルや膠(にかわ)などの接着剤が塗布されていない化石を探していた。掘り出したばかりで手を加えられていない化石の表面は、恐竜の生理機能の一面を明かしてくれる可能性があるからだ。ホーナーが分割したばかりの大腿骨から落ちた破片を運のよい贈り物としてシュワイザーにまわしてくれた。これで彼女は不純物のついていないティラノサウルス・レックスの化石骨を慎重に分析することができた。

シュワイザーは発見したものに驚いた。Ｂ・レックスは死んだときに妊娠していた[22]。大腿骨中のある骨組織がそれを暴露したのだ。どういうことかというと、ある種の鳥では雌の体内で卵が育っているときに、後肢の中空になった長い骨のなかに髄様骨という組織のうすい層が形成される。この組織はカルシウムに富み、卵の殻の原材料の貯蔵庫になる。シュワイザーがＢ・レックスに発見したのはそれだったのである。したがって、妊娠時のこの生理反応はまず非鳥類型恐竜に進化したということになる。ティラノサウルスは初期の鳥類の遠い類縁で、そのことからすると、この特徴は恐竜の進化の早い時期に出現していたと考えられる。しかも、シュワイザーと共同研究者のジェニファー・ウィットマイヤーは、一部の恐竜の雌を特定する神秘的な方法を発見したことにもなったのだ。この方法はすべての雌に適用できるわけではないが――そうでなければ、恐竜類の雌はみな妊娠してこの組織を形成していなくてはならない――それでも髄様骨から、古生物学者がたくわえてきた恐竜の膨大なコレクションのうち少なくともいくらかの雌を判別できた。

カリフォルニア大学バークリー校の大学院生アンドルー・リーとサラ・ワーニングは、この発見をさらに推し進めて恐竜の性生活のパターンを調べた[23]。髄様骨は新しい発見だったが、古生物学者は以前から骨の微細構造を通じて恐竜の成長をたどっていた。それまでの研究によると、恐竜の骨には年輪があり、そこから死んだときの年齢が推定できる。この線は成長停止線（LAG）と呼ばれ、水と食べものが少なくなる乾季などのとりわけ厳しい時季に成長速度が遅くなることを表わしていると考えられている。これが古生物学者の役に立つ。成長停止線と骨組織のタイプの調査結果をもとに恐竜の成長カーブを再現したところ、多くの恐竜は若いときには成長が速く、成熟するにしたがって成長がしだいに遅くなることが示された。

B・レックスの調査に加えて、リーとワーニングはほかにも二種の恐竜に髄様骨の痕跡があるのを発見した。白亜紀初期のくちばしのある植物食恐竜テノントサウルスと、ジュラ紀の肉食恐竜アロサウルスである。これらの恐竜はみな若い母親だった。リーとワーニングはテノントサウルスの死亡時の推定年齢を八歳、アロサウルスが十歳、ティラノサウルスは十八歳と算出した。いずれも死んだときはまだ成長中だった。骨格がまだ充分に成熟していなかったのだ。これらの発見からすると、概して恐竜はかなり早くから生殖活動をはじめるようだった。調査した各恐竜の髄様骨の事例が示しているのは、その恐竜が最後に妊娠した時期にすぎない。

恐竜は成長が速く、若くして死んだ。リーとワーニングは、急速な成長と早くにはじまる生殖活動は恐竜の生活が困難で危険だったことのしるしではないか、だからこそ若いうちから交尾して遺伝子を次世代に受け継がせる必要があったのではないかと考えた。とくに大型恐竜にはそれが重要だった。アパトサウルスのように体長が二四メートルもある恐竜が性的に成熟するまでに数十年もかかっていたら、子を生んで育てるものはごく少なかっただろう。だから体が最大に成長するずっと前から、おそらく十九歳になるまでには交尾するようになっていただろうとリーとワーニングは推測した。恐竜も人間も、ティーンエイジャーはティーンエイジャーだ。

古生物学者は恐竜の性についておおまかなところを描きはじめている。だが、交尾行動は謎のままだ。恐竜はどうやって交尾の相手を選び、自分をアピールしたのだろうか。派手な色をしたケラトサウルスは女の子のいるクラブでジョン・トラヴォルタのように気どって歩いただろうか。アパトサウルスのカップルはムードを盛り上げるために首に鼻をすり寄せあっただろうか。古生物学者は古生物の生活を手探りで想像するとき、この話題でそれなりにたのしんでいる。故エドウィン・コルバートは、子供むけの『恐竜はどう暮らしていたか』でブロントサウルスの求愛行動を説明するときに通り一遍のことにしかふれず、「欲求が頂点に達すると交尾する」と淡々と書いている。[24] ムードもへったくれもない。だが、アーティストのウィリアム・スタウトがイラストに腕をふるったウィリアム・サーヴィスの『恐竜の世界』では、著者はパラサウロロフスの子づくりの場面にもう少し色を加え、雄が湿地帯の棲(す)みかに雌を呼び寄せようとして「どんな動物よりも深くやわらかい」響きの声で啼(な)くのを思い描いた。[25]

恐竜が甘噛(あまが)みをしたり寄り添ったりしたかどうかは、時の彼方(かなた)に永遠に失われた謎だ。それでも古生物学者は、恐竜の奇異な特徴の多くが性行動に関係してはいないかと考えている。恐竜の体の飾りと交尾行動の関係は、チャールズ・ダーウィンの非常に重要な理論、すなわち性選択の例だというのである。生物は生きようとするだけでなく、繁殖しようともすることにダーウィンは気づいた。ある種の生物は、繁殖力のある雌に接近するために同じ種の雄同士が争う。雌にも雄とは別の関心がある。雌はとくに繁殖成功の責任を多く負っているからである。雄はわずかな精子を提供するだけだが、雌は胚を発育させるためにそれよりはるかに多くの資源を投資しなければならない。したがって、雌と雄のあいだにも衝突があるのはいうまでもない。同性間、異性間の争いにより、複雑な合図やはったりが生まれる。たとえばニワシドリの雄は雌の気を引くために巣を飾るし、アメリカアリゲーター（ミシシッピワニ）は繁殖期になると大きなうなり声で力強さを誇示する。みな交尾のためだ。もし子を増やすことができなければ、いくら生き残るために最適な特徴を数々もっていても意味がないのである。

非鳥類型恐竜の行動は直接観察できず、その性生活について知るには骨格しか材料がない。鶏冠、スパイク、骨板、角、羽毛はみな目立つディスプレイになり、健康状態と優位を示すものとしてはたらいたのだろう。人気の子供番組「ダイナソー・トレイン」のホストを務める古生物学者のスコット・サンプソンが示唆しているが、恐竜の奇妙な飾りはくらくらしてくるほどすばらしく、僕らでさえときめいてしまう。僕らを魅了する魅力的な構造が恋の相手を求める恐竜を引きつけないわけがない。[26]

そうはいっても、化石記録から性選択の結果をひろい出すのは途轍（とてつ）もなく難しく、とくにその最も典型的なしるしである性的二形が恐竜になければお手上げだ。最近は竜脚類のアパトサウルスやブラキオサウルスやその仲間のエレガントな長い首が議論の中心になり、彼らの不思議な形態に性選択の影響が表われているのではないかといわれている。キリンがこの仮説のヒントになった。

キリンの首が長くなった理由については、ライバルよりも高い枝にとどくように頸椎（けいつい）がだんだん伸びたからだというのがかつての定説である。しかし一九九六年に、動物学者のロバート・シモンズとルー・シーパーズが別の説を提唱した。[27] 雄のキリンは闘うときに「ネッキング」という行動をする。これは言葉から想像するほど穏やかなものではない。闘う雄は長い首をふり、硬い角のある頭を相手の首に打ちつけあう。この闘いでどちらが優位かが決まる。優位な雄はテリトリーを支配し、敗者よりも交尾の機会をより多くもつことになる（敗者が命を落とさずにすんだ場合には）。だからこのような雄同士の闘いがキリンの首の進化をうながしたとシモンズとシーパーズは主張した。祖先は首が比較的短かったが、少し首が長く、その首を強く打ちつけられる雄が闘いに勝ち、交尾の機会を多く得た。こうして長い首が選択され、キリンは現在のような姿になった。これが「交尾のための首」説として知られるようになった。

一〇年後、ファイエットビル州立大学の古生物学者フィル・センターは、同じ考え方を竜脚類にあてはめた。[28] 竜脚類は長い首のおかげで高いところにとどくようになったのではなく、地面に生えた植物を食べやすくなったにすぎないとセンターは論じた。さらに、捕食者に対して無防備にもなったかもしれない。アロサウルスにしろトルヴォサウルスにしろ、捕食恐竜が新鮮な肉をたっぷりとろうと思えば、アパトサウルスのむき出しの首に食らいつけばよい。竜脚類の長い首は生き抜くためにはあまり役立ちそうになく、むしろ大きな犠牲を強いたかもしれないため、何世代も交尾を繰り返してできた視覚的な信号だろうとセンターは結論した。

ところが、竜脚類を専門とするマイク・テイラー、デイヴ・ホーン、マシュー・ウェデル、ダレン・ネイシュはセンターの性選択説に異を唱えた。[29] おそらく竜脚類はほぼいつも首を高く上げ、高い木の葉を食べるのに有利になったというのが彼らの主張だった。アパトサウルスは立ったままそこから動かずとも、上下左右に首をふって植物を食べられる（キリンも食べるときに長い首を役立てているのが観察でき、「性選択」説が覆される）[30]。靭帯（じんたい）と腱（けん）と骨で支えられている竜脚類の優雅な首は実際には非常に頑丈で、アロサウルスが攻撃しようとしても食らいつくのは大変だっただろう。四人の古生物学者はセンターの見解とは逆に、竜脚類の首は大型恐竜の繁栄に不可欠な頑丈な器官だったと論じた。

それでも、アパトサウルスとその近縁の恐竜の首が生殖と無関係だったというわけではない。竜脚類の首はさまざまな食物にとどくように進化したかもしれないが、生殖目的にも利用された可能性はありそうだ。あの長い首は繁殖期に巨大な肉の広告塔として、個体の適応度をふれまわったのかもしれない。最大級の巨獣に対し、捕食者がねらうのは若いものか小さいものだっただろうから、大型の竜脚類の多くは身を隠す心配がいらず、カムフラージュの手間がなかっただろう。ブラキオサウルスのような恐竜の首は繁殖期に色がとくにあざやかになり、目を引く模様で体を飾って交尾相手の注意を引いただろうか。そして、そのあたりの恐竜では自分が一番健康で望ましい相手だと見せびらかしただろうか。こういうことを考えると、古生物学者は夜も眠れない。

ほかの恐竜も黙ってはいなかっただろう。トゲトゲのケントロサウルスは異性のスパイクと骨板に興奮を覚えたかもしれないし、竜脚類のアマルガサウルスの雌は首の突起が一番長い雄を探したかもしれない。確実なところはわからないが、そのような目立つ視覚的信号は生殖戦略でなんらかの役割があっただろう。

飾りは看板に偽りがないかどうかを見破る方法になりうる。飾りが大きく立派であるためにはエネルギーを消費し、それを得々と見せびらかす個体はそれだけの余裕があるはずだ。好ましい相手は健康的でとくに派手に見えるだろう。中生代には、恐竜がたがいにアピールしあって力強い足どりで歩き、咆え、誇示したことだろう。だが、このことは僕らをいつまでも解消しない恐竜の交尾の謎に立ち返らせるだけだ。強そうにふるまい、見せびらかしたとして、そのあと彼らはどうやったのだろう？

雄の恐竜は怪物のようなペニスをもっていなかったと仮定しよう（雄のT・レックス諸君には申し訳ないが）。相手を見つけた恐竜が交尾するには、総排出腔を密着させなくてはならなかった。具体的にどうしたかはあの体で何ができたかによるわけで、そこは推測するしかない。一九九三年に、アメリカ自然史博物館はびっくりするようなジュラ紀のワンシーンを公開した。バロサウルスの母親が捕食者のアロサウルスから子を守ろうとして、うしろ足で立ち上がっている姿だ。博物館はこれが推測であることを断わっている。恐竜がそうしたと確実にわかっていることではなく、そうできたかもしれないことの想像図というわけだが、再現されたこの場面は古生物学者のあいだで物議をかもした。これほど巨大な生物が、爪楊枝のような後肢を折らずにどうやって立ち上がれただろう？　心臓は頭に充分な血液を送れたのか。新奇なものに対して慎重な者がこの展示は受けをねらったでたらめな推測だと非難する一方、恐竜を敏捷（びんしょう）で活発な生きものと考える者は新しい恐竜像の完璧な一例だと考えた。

僕がラトガーズ大学の古生物学基礎講座に参加したときもこの有名な展示のことが話に出た。講座の担当教授は竜脚類にはまさにこのような体勢で立ち上がったものがいたはずだと言った。そうでなければ、雄はどうやって雌と交尾できただろう？　生物の運動機能を研究するR・マクニール・アレグザンダーもそこを指摘した。[31] 彼は、恐竜は現生のゾウやサイと同じように交尾すると想像した。つまり雌はマウンティングする雄の体重に耐えなければならない。ゾウやサイとの大きい違いは、あの太くて比較的硬い尾があることだろう。恐竜の雄が雌の背に前肢をかけるとすれば、雄の体重が雌の後半身にかかっただろうとアレグザンダーは指摘した。これはそうとうな荷重だっただろうが、そのストレスは歩くときと変わらないことに彼は気づいた。一歩進むとき、一本の脚は空を蹴っているので、体重は残る一本の後肢のみで支えられているからだ。アレグザンダーはこう書いている。「恐竜が自分の体重を支えて歩けるなら、交尾のときも支えられた。どちらもできるくらい頑健だったと考えられる」

いずれにせよ、恐竜のセックスハウツー本にどんな体位が載っていたかは推測の域を出ない。僕は妻のトレイシーにこのことを話してみた。さいわい恐竜の性生活について考えるのを不思議ともなんとも思わない彼女は、こう言った。「雌の生殖器がもっと都合のよいところにあったと考えればいいのよ。たとえばわき腹とか。ガソリンタンクみたいね」

ともかく、恐竜がどんなふうにしていたとしても、雄はなんらかのかたちで雌にマウンティングしなくてはならない[32]。古生物学者のビヴァリー・ハルステッドが恐竜の交尾について勿体顔（もったいがお）で聴衆に語ったときの考え方が大体それだった（古生物学者のあいだでは、ハルステッドは中生代の性愛論書（カーマスートラ）をひも解いて恐竜の体位についてレクチャーするときに、奥さんを連れてくることで有名だ）。恐竜は現在のトカゲやワニと同じように交尾すると彼は考えた。雄は前肢で雌をつかむか雌にのしかかり、片方の後肢を雌の背中にかけたのではないか。そうすると雄の腰が雌の尾の下に押し込まれ、総排出腔を雌のそれに密着させられるだろう。尾の長い種はヘビが体をくねらせるように尾をたがいにからみあわせたかもしれない。ハルステッドの考える恐竜の体位のバリエーションは、人気の仮説になった。

これが恐竜の交尾の標準的な説明になっているが、僕は満足したことがない。恐竜の交尾を二次元で考えるのはやさしいが、伝統的な体位ができるほど脚と尾をまげられたかどうかはわからないのだ。また、剣竜類の交尾のしかたは想像力を寄せつけない。ケントロサウルスがどうやっていたかを考えただけで、僕は頭が痛くなる。有名なステゴサウルスの類縁であるこの恐竜は、小さい骨板を首と背の上部に備えていたが、それが尾のほうへいくにしたがって長い対のスパイクになり、腰のあたりをおおう大きな武器になっている。脚を背中にかける体位はうまくいかなかった。僕は

ジュラ紀の剣竜類ケントロサウルスの復元骨格。この恐竜はスパイクで交尾相手の気を引いたのだろうか。そうでなかったとしたら、どうやって？（写真：H.Zell, http://en.wikipedia.org/wiki/File:Kentrosaurus_aethiopicus_01.jpg）

友人の古生物学者ハインリッヒ・マリソンに確認してもらったから知っている。

　マリソンは以前にベルリン自然史博物館（通称フンボルト博物館）のケントロサウルスの標本を使って恐竜の骨格をスキャンし、スパイクだらけのこの植物食恐竜の体がどれだけ柔軟かを調べていた。いろいろ発見したなかでとくに注目したいのは、ケントロサウルスが推定秒速一〇メートルの速さで尾を七五度の角度にふることができた点だった。[33]「この速さでふりまわせば、スパイクが軟組織や肋骨のあいだに深く突き刺さり、骨を砕くこともできただろう」と彼は書いている。恐竜だけは怒らせたくないものだ。しかし、僕はマリソンの論文を読んで、ケントロサウルスの暮らしのもっと愛情あふれるひとときのことを考えた。マリソンが応用の利く恐竜のコンピューターモデルをつくってくれていれば、恐竜の交尾の体位を三次元でテストするのに使えただろう。

　友人である研究者が真剣につくった恐竜のコンピューターモデルで交尾を再現してみないかと本人にもちかけるのは慎

重さを要することだったが、さいわいマリソンは大いに乗り気になってくれた。結果として、これまで考えられていた体位はうまくいかなかった。ケントロサウルスの雄がかがんだ雌の背に脚をのせようとしたら、雌の鋭いスパイクで自分を去勢してしまっただろう。とくに腰のスパイクの一本は、求愛する雄を震え上がらせる位置についていたようだ。それに、そもそもの話、ケントロサウルスの尾と腰は動かせる程度がかぎられているから、彼らが恐竜の正常位をとるのは無理なのだ。トゲトゲの恐竜は別のやり方をしていたにちがいなく、バーチャルの恐竜にいろいろ遊んでみさせれば、運よく疑問が解けるかもしれない。

恐竜の生活の重要な一面は、いまも謎の帳のなかにひっそりと隠されている。それでもケントロサウルスとその近縁種は、確かにその答えを見つけたからこそ子孫を残したのだ。事実、彼らの結合による産物——卵と子——は、恐竜が成長するにつれて劇的に姿を変えたことを古生物学者に見せてくれる。

第4章　新種か、成長か

そのむかし、僕は小学校の理科の授業でヒヨコが殻をつついて外に出てくるところを両親と一緒に見た。恐竜が生まれてくるところを見たのだとは、そのころの僕にはわからなかった。鳥と恐竜は系統樹のまったく別の枝にあるものだった。いまはもう少しわかっている。思えばあのヒヨコは、獣脚類の遺産を継いだ小さい恐竜だった。なんでもいいから好きな恐竜を挙げてみてほしい。そのどれもみな、子供のころは愛らしく、卵の殻を破ってこの世界に跳び出したのだ。

恐竜は卵生だったという単純な事実が確認されるまで、何十年もかかった。最初に恐竜が発見されてからまる一世紀ものあいだ、古生物学者はこの生きものが次の世代をどうやって誕生させたかがわからずにいた。たとえばウィリアム・ディラー・マシューのように、恐竜が出産すると考えた者もいた。妊娠した雌はゾウと同じように一度に一匹の子をおなかに宿しただろう。また、現生の爬虫類（はちゅうるい）のように卵で巣をいっぱいにしたと考える者もいた。恐竜の赤ん坊が念入りに準備された巣で卵から孵（かえ）ると立証されたのは、ようやく一九二〇年代になってからだった。アメリカ自然史博物館のモンゴル調査隊がまぎれもない恐竜の卵をアメリカにもち帰ったのだ。これによって次の疑問が生まれた。恐竜のチビは生まれたときからおとなとそっくりの姿をし、親に世話してもらったのだろうか。この疑問は、つづいて恐竜の卵と巣と赤ん坊、さらに卵を抱いたまま化石になったおとなが発見されてもつきまとっている。こうした謎を呼ぶ標本を丹念に調べることで、古生物学者は思いがけないことを発見した。恐竜は見た目が奇怪なだけではなかった。成長のしかたも特異だったのだ。

実際のところ、アメリカ自然史博物館の調査隊がモンゴルで発見した卵は、当時の古生物学者が思っていたよりもはるかに重要な証拠だった。楕円（だえん）形の卵は恐竜が巣をつくったことを裏づけただけではなかった。この卵とのちの偶然の発見とを考えあわせることで、恐竜の赤ん坊がどのように生まれ育つかが明かされたのである。しかしその陰で、ある恐竜が不名誉な名を背負わされることになった。

アメリカ自然史博物館の調査隊がゴビ砂漠で卵を採集したとき、古生物学者は近くで発見したプロトケラトプスという小型の角竜類のものだと考えた。だが、調査隊は巣に関係する白亜紀の別の恐竜も発見した。歯のないくちばしをもつ、鳥に似た優雅な獣脚類だった。ヘンリー・フェアフィールド・オズボーンは一九二四年にその恐竜を記載し、角竜を好む卵泥棒という意味のオヴィラプトル・フィロケラトプスと命名した。というのも、この恐竜の頭骨は卵の真上で見つかったからだ。

オヴィラプトル（イラスト：川崎悟司）

巣とオヴィラプトルは近接していたので、オズボーンは「巣から卵を盗ろうとしているときに砂嵐に襲われたのではないかと考えられる」と書いている。悪事をはたらいたという汚名は、その名に刻まれてしまった。

ところが、オヴィラプトルは卵泥棒ではなかった。そうとわかったのは、発見からずいぶんあとの一九九四年に美しい恐竜の赤ん坊が見つかったおかげだ。アメリカ自然史博物館の古生物学者マーク・ノレルのチームは、ゴビ砂漠にある化石の豊富な別の発掘地であっと驚く小さい化石を発見して記載した。[1] 化石化した卵のなかにまるまったオヴィラプトル類の恐竜の胚が入っていたのである。かわいそうな赤ん坊は堆積物にうずもれたときかなり発育していて、もうすぐ卵から孵るところだったと推定された。この赤ん坊を包んでいた卵を調べたところ、最初のモンゴル調査隊がずっと前に採集し、プロトケラトプスのものとされていた卵と同じものだった。驚いたことに、あの卵はプロトケラトプスのものではなくオヴィラプトルのもので、オズボーンのオヴィラプトルは自分の巣を守っていたのだ。だが分類学の規則によって名前は変えられず、オヴィラプトルは「卵泥棒」の汚名を着せられたままだろう。

初め、オヴィラプトルが子育てをするという見方は卵を証拠にしていた。しかし、卵に入った子が見つかってまもなく、ノレルらは巣の上で卵を抱くオヴィラプトル類の骨格が見つかったと報告した。豪華な羽飾りにおおわれたこの恐竜は、羽のある腕を卵の上に広げていたのである。

卵に入った子を見張っていたのはオヴィラプトルだけではない。実際には、それ以前の別の大陸での大発見から、恐竜が巣の世話をし、子が卵から孵ったあとも面倒をみていたと推測されていた。一九七〇年代に、化石ハンターのマリオン・ブランドヴォルドの助言にしたがって、古生物学者のジャック・ホーナーとボブ・マケラがモンタナ州で彼らが「エッグマウンテン」と呼ぶハドロサウルス類の大きい営巣地を発見した。これが大あたりだった。巣、卵、幼体から成体までの恐竜が同時に見つかったのだ。さらに、最も若い幼体は少し前に孵化（ふか）したばかりで、巣立ちできるほど成長していないことを示していた。このことから、ハドロサウルス類の赤ん坊は少なくともしばらくは巣で暮らしていたにちがいなく、親が餌をあたえていたのだろうとホーナーらは推測した。発見したハドロサウルス類に二人がマイアサウラと命名したのもうなずける。「よい母親トカゲ」という意味なのである。

マケラとホーナーがエッグマウンテンを発見したのと同じころ、別の大陸にも営巣地が見つかり、マイアサウラだけがたまたま子育てをしていたのではないことがわかった。一九七六年に、古生物学者のジェイムズ・キッチングが南アフリカのゴールデンゲートハイランズ国立公園で、およそ一億九〇〇〇万年前の地層に恐竜の卵の隠し場を発見した。キッチングはその卵がマッソスポンディルスのものではないかと考えた。マッソスポンディルスは長い首に小さい頭、大きい鉤爪（かぎづめ）のついた短い手のほっそりした二足歩行の恐竜で、同時代の地層から見つかっていた（これを原型としてのちに竜脚類が進化する）。キッチングは気づかなかったが、このときの卵は子の入った希少なものだった。二〇一〇年に、卵のクリーニングとプレパレーションがすっかり終わったあとになって、ロバート・ライスのチームが二つの卵に竜脚形類の小さい骨が入っているのを発見したのである。[2] これから生まれようとしていた恐竜は不恰好（ぶかっこう）でちっぽけだった。短い首にずんぐりした小さい脚、目ばかりがぎょろりと大きく、ずうずうしいほど愛らしかった。そして、体の構造はおとなと違っていたが、キッチングが提唱したとおり、マッソスポンディルスの赤ん坊だった。

卵はさらにあった。[3] ライスらが別の場所を掘ってみたところ、彼らは卵だけでなく、いくつもの地層にわたって残る巣と足跡も発見した。そこはマッソスポンディルスの母親が毎年子育ての時期にもどってくる場所だったのだ。また、恐竜の赤ん坊の足跡が認められたことからすると、子は卵から孵っても少なくとも二倍の大きさになるまでは巣に残っていたと考えられた。赤ん坊が巣にいるなら、親も片方か両方が巣にとどまって子の世話をした可能性が大いにある。鳥は巣を防衛するし、現生のワニ類は孵った子をしばらく守ってやる。だからマッソスポンディルスも同じだったと考えても、少しもおかしくない（前章で現生の二種に共通する特徴から共通祖先の形質を推定したのを覚えておいでだろうか）。

恐竜は巣の場所を選ばなかったわけではない。とくに条件のよい場所を探した種さえいた。これまでに見つかったすばらしい営巣地の一つは、アルゼンチンの白亜期初期の地層で発見されたもので、温泉などがある地熱地帯のくぼみである。[4] 地熱で卵を温められる場所に竜脚類が巣をつくったのだ。先史時代のイエローストーンともいうべき別世界のような間欠泉地帯を、首の長い巨獣が歩いているところを想像してみてほしい。この恐竜が卵の世話をしたのか、それとも温かい巣に放置して卵を孵したのかはわからない。一部の古生物学者は「産みっぱなし」戦略をとったのではないかと考えている。巨大な恐竜は地面を掘って巣をつくり、そこに卵を入れて用を足しにいったのだろう。

恐竜がどれだけ子育てに力を割いたかは、種によって違ったようだ。竜脚類以外の恐竜については、親と子がかなり長く一緒にいたと思われる、興味深い手がかりがある。たとえばモンタナ州南部では、オリクトドロメウス——くちばしのある二足歩行の小型鳥盤目恐竜——の掘った穴が見つかっている。[5] この恐竜のものだとわかるのは穴のなかに骨格が見つかっているからで、一匹の成体と二匹の幼体が大きい穴ぐらに保存されていた例もある。この不運な恐竜たちは同じときに埋まっているので、成長の速い恐竜の子は孵化したあと数カ月から数年も親と一緒にいたと考えられる。

ほかの生きものと同様、恐竜も遅かれ早かれ親元を巣立っていった。オリクトドロメウスの巣を調査し、恐竜全般の生活史を推測しようとしているモンタナ州立大学のデヴィッド・ヴァリッキオによれば、年齢のほぼ同じ幼体が多数眠る恐竜のボーンベッドがトリケラトプスや竜脚類のアラモサウルス、ダチョウに似た獣脚類のシノルニトミムスまで、複数の種について見つかったことから、若い恐竜は巣立ったあと一緒に行動していたと考えられるという。[6] 成熟前の恐竜は自分でやっていかれるくらいに成長していたが、単独行動をしなかったか、自分よりも少し年長の個体と合流した。多くの若い恐竜はおとなのもとを離れても、まだ不器用なティーンエイジャーのようだったのだ。

胚、赤ん坊、幼体の調査を通じて、古生物学者は非鳥類型恐竜の系統に共通する法則を発見した。恐竜の赤ん坊は親のミニチュアのような姿かたちではなかったということだ。マイアサウラの赤ん坊は目がギョロリと大きく、吻（ふん）も短く、今日の世界で生きていれば、かわいい動物の写真を集めた「キュート・オーバーロード（かわいすぎ）」のサイトで見られただろう。また、よつんばいで営巣地をよたよた歩く一五センチのマッソスポンディルスの赤ん坊は、二本の脚で歩く六メートルの親に少しも似ていなかった。体の構造がどんどん変わり、不恰好な赤ん坊が堂々たるおとなに変身した。変化が非常に大きいために、既知の恐竜の幼体が新種とまちがえられてしまうことがよくある。

この問題は古生物学者のあいだでますます熱い議論の的になっている。恐竜界きっての大衆への親善大使であるトリケラトプスほどそのことを体現している恐竜はない。

二〇一〇年、ジャック・ホーナーと博士課程を修了したジョン・スキャネラがトリケラトプスを廃棄恐竜にしたと嘆く誤報が出まわった。デイノドンやトラコドンなど、お払い箱になったたくさんの恐竜と同じにされたというわけだ。嘆かわしいことに、一部のジャーナリストが情報を取り違え、多くの恐竜が複雑な成長の過程を経ることを見落としたのだった。

ことはその年の七月にはじまった。[7] スキャネラとホーナーが、トリケラトプスの外見が年をとるにつれてどのように変わるかを論じた論文を発表したのが発端だった。ホーナーと共同研究者のマーク・グッドウィンによるその前の発見と調査で、トリケラトプスの角とフリル(襟飾り)が子供からおとなになるにつれて変化することが報告されていたが、スキャネラとホーナーはまた別のことを発見した。成体だと思っていたトリケラトプスの標本――頭が大きく、前方に突き出た角と穴のあいていないフリルがある――がまだ成長過程にあることに気づいたのである。体が大きくてもこれらはいずれも本当は成熟前で、別の種だと勘違いされていた標本が完全に成長したおとなのトリケラトプスだったのだ。

恐竜の生態と、恐竜を分類し命名しようとする人間の努力の食い違いは、古生物学のはじまりからあった。トリケラトプスはその典型的な例だ。この恐竜のイメージは一八八七年に博物学者が部分骨格を発見したときから絶えず変わってきた。[8] 当時は古生物学者のエドワード・ドリンカー・コープとオスニエル・チャールズ・マーシュが火花を散らす化石発見競争（ボーン・ウォー）の真っ盛りだった。高校教師でアマチュア地質学者のジョージ・キャノンがコロラド州デンバー近くの露頭（ろとう）で一対の巨大な角と頭骨上部を発見した。キャノンはこの角とさらに発見されたいくつかの骨の破片をイェール大学にいるマーシュに送り、マーシュはそれらを調べてこの武器が大きい植物食動物のものだと判断した。それはアメリカ西部の伝統的な象徴であるバイソンの角に似ているように見え、そこでマーシュは謎の動物をビソン・アルティコルニスと呼ぶことにした。

ところが、マーシュのバイソンはどこかおかしかった。キャノンはこの角と同じ地層からまぎれもない恐竜の骨格を発見していた。白亜紀の同じ地層からなぜバイソンが見つかるのか。ようやくその謎が解けたのは、一八八九年に別の化石ハンターから恐竜の部分頭骨をマーシュが受けとったときだった。この新しい恐竜の角は「ビソン」の巨大な角に似ていたので、マーシュはキャノンの発見した生きものも恐竜だったにちがいないと考えた。新しい情報を手にしたマーシュはその年に「ビソン」をトリケラトプス・ホリドゥスと名づけ直し、一八九〇年には別の標本をもとに第二の種を命名して、トリケラトプス・プロルススと呼んだ。

さて、ブロントサウルスの一件で見たとおり、マーシュにはすでに記載された恐竜の化石とほんのわずかしか違わない部分骨格を新しい種として命名する癖があった。角のカーブのしかたが違うとか、装甲板の角度がずれているとか、それだけでマーシュは新しい種か属を設ける必要があると

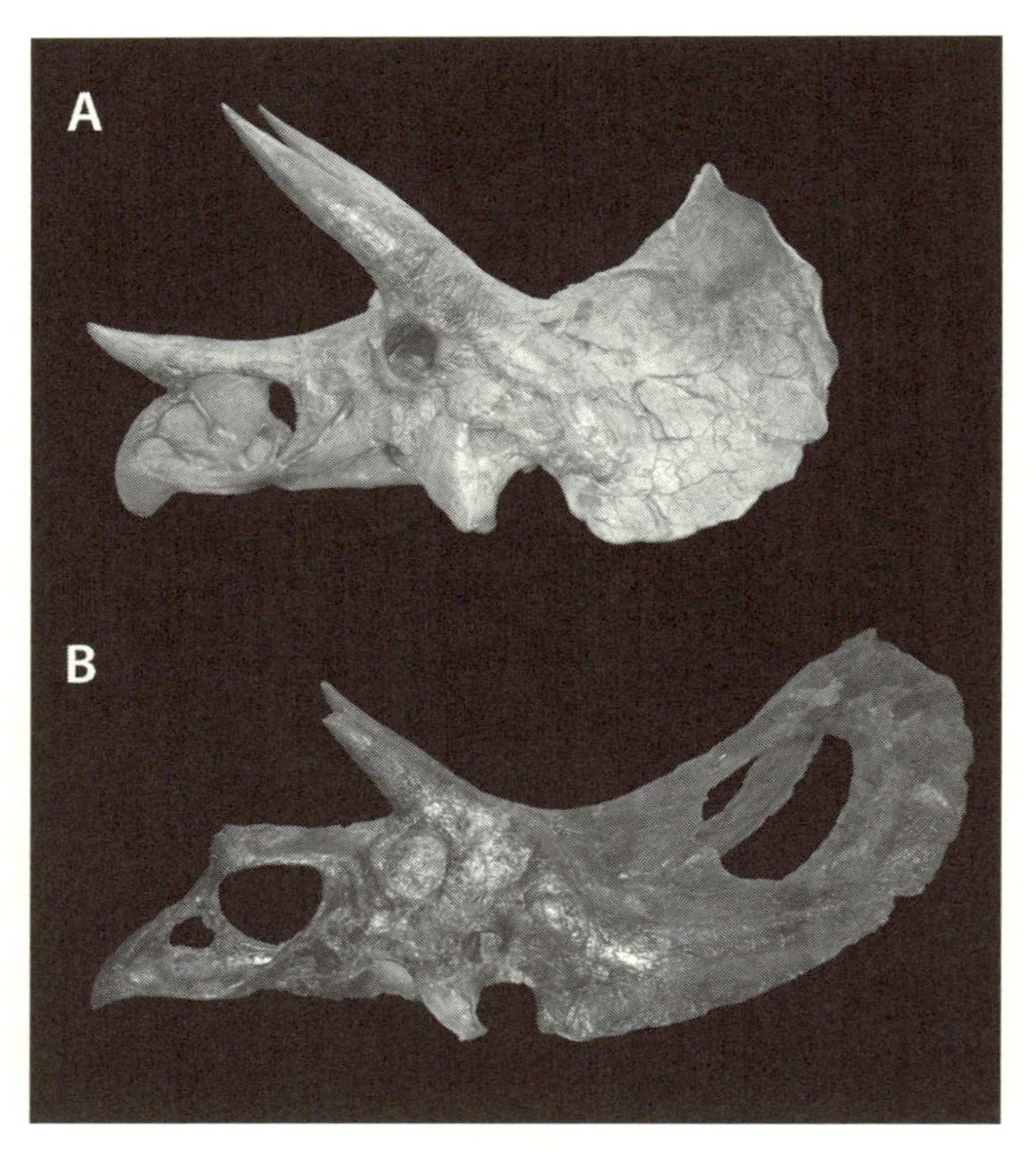

トリケラトプス（A）とトロサウルス（B）の頭骨。二つは別の種類の恐竜なのか、それともトロサウルスは完全に成熟したトリケラトプスなのだろうか。（図：http://www.plosone.org/article/info%3Adoi%2F10.1371%2Fjournal.pone.0032623）

考えた。当然ながら、助手のジョン・ベル・ハッチャーが一八九一年にトリケラトプスの多く見つかるワイオミング州の地層で不思議な頭骨の一部を発掘したときも、マーシュは角竜類の新しい属だと考え、トロサウルスとして記載した。トロサウルスもトリケラトプスに似て三本の角があったが、頭の大きいこの植物食恐竜はフリルが長大で、頭頂骨に大きな丸い穴が二つあいていた。

それから一世紀以上、古生物学者はマーシュの決定にしたがっていた。しかし、スキャネラとホーナーがこれらの角竜類を再度調べたところ、トロサウルスは別の恐竜ではなかったことがわかった。マーシュのトロサウルス・ラトゥスはトリケラトプスと同時期に同じ場所に生息し、ほかの古生物学者はわずかな頭骨の特徴でしか見分けられないことに気づいていた。そしてその二つの事実によって、トロサウルスが固有の特徴をもつ別の恐竜なのではなく、トリケラトプスが完全に成長したものであることが明らかになった。この段階になるとトリケラトプスはフリルが大きくなって頭頂骨に大きい穴があき、フリルの縁の三角形の飾り（縁後頭骨）も角（かど）がとれてたいらになったとスキャネラとホーナーは論じた。

頭骨がこのように大きく変化していく様子は、モンタナ州ボーズマンのロッキー博物館が展示している。僕は二〇一一年の夏に野外調査を切り上げてそこを訪れた。徘徊するティラノサウルスの「ビッグ・マイク」が入り口で出迎えてくれる古生物エリアでは、本物の化石や像やキャストがうす暗い通路にそれぞれ居場所を見つけている。そこをぶらぶら歩きながら、僕は「ビッグ・アル」という名をもらったアロサウルスの頭骨に見入り、個々の骨に分解されたガラスケースのなかのテノントサウルスの頭骨に大興奮する。そのそばでは、植物食恐竜の実物大の復元模型が羽毛恐竜デイノニクスに飛び出しナイフのような爪でつかまれている。どちらの恐竜も半身に肉がつき、あとの半身は骨だけだ。

　最後の部屋の巨大な角竜類のトリケラトプスも同じように体が二分割されている。頭を低く下げ、角を突き出した巨大な恐竜は、半分しか肉をまとっていない。体の片側には皮膚があるが、もう片側はX線で透視したようだ。フリルにぽっかり穴があいているから、僕はこの恐竜をトロサウルスと呼びたいが、この老齢の恐竜の標本はトリケラトプスの標本群の最後尾にいて、そのとなりにいくつかの標本が成長段階順にならんでいる。子供から老年までのトリケラトプスの生涯を記録した本物の化石とキャストの列である。ずらりとならんだ頭骨がトリケラトプスのほぼ一生を表わしている。パレードの先頭にいるフリルの短い小さな子供は、角もまだこぶ程度の状態だ。つづいて頭骨がだんだん大きくなり、いったんうしろにカーブした上眼窩骨（じょうがんかこつ）の角は年をとるにつれてもう一度前方に突き出す。この標本群のなかで最大の頭骨をすえられた全身模型は、列の正しい場所にうまくはまっているようだ。短い鼻骨の角、前にカーブした上眼窩骨の角、小さい縁後頭骨、そしてフリルに二つの穴をもつこの生きものが、なかなか正体のわからなかったトリケラトプスの最終形態のようだ。僕はこの展示のことをずっと考えつづけている。トリケラトプスは美しいが、一生のあいだになぜこんなに変わったのだろう？　それに、フリルに穴のないタイプと穴のあるタイプのあいだの最後の重要な変化が見られる標本はどこにあるのか。僕はカリフォルニア大学バークリー校の古生物学者マーク・グッドウィンを訪ねることにした。グッドウィンはトリケラトプスの赤ん坊がどのようにしてどっしりしたおとなに成長するかをホーナーと一緒に記述した人物だ。[9]

グッドウィンが勤務するバークリー校のバレー・ライフサイエンス・ビルディングにはこの大学の博物館がある。ここは一般むけの展示ギャラリーというよりも研究機関としての性格が強いが、廊下にいくつか復元模型がならんでいる。先史時代の僕らの祖先である「ルーシー」はバークリー校の人類学者ティム・ホワイトが記載した有名なアウストラロピテクス・アファレンシスの化石人骨で、そのルーシーのキャストが横たわった下の墓石には「安らかに眠れ。ルーシー。三二〇万歳」と書かれている。また、図書館に通じる階段の踊り場では、「ワンケル・レックス」の愛称で呼ばれるティラノサウルスの見事なキャストが前を通る学生に咆えかかる。

図書館へ行けば、二つのトリケラトプスの頭骨が出迎えてくれる。長い吻に三本の角、穴なしフリルの大きいほうはいかにもトリケラトプスらしいが、スタンドに載せてある小さいほうの標本は僕の頭蓋骨と大きさが変わらない。このキャストは唯一知られている赤ん坊のトリケラトプスを復元したもので、ロッキー博物館の年齢順パレードのスタートを切るものと同じだ。僕は赤ん坊のト

© 2013 Tim Evanson

赤ん坊トリケラトプスの頭骨キャスト（写真：Tim Evanson）

リケラトプスを不細工だとか醜いなどとは言いたくない。醜いというのとは違うのだ。小さい三本角の恐竜は普通とは違ったかわいらしさがある。ブスかわいいといえばよいか、要するにマナティとかシャーペイのかわいさだ。博物館の副館長であるグッドウィンは地下の保管キャビネットにオリジナルをしまっている。

グッドウィンのオフィスはいかにも古生物学者の仕事場といった感じだ。蛍光灯のちらちらする光に照らされたくすんだ白い壁を、雑誌の切り抜きやキャスト、本、化石標本などが飾っている。グッドウィンはたまたま机の上に出していた関節のはずれたトリケラトプスの部分頭骨を取り上げ、僕はそれを子供じみた興奮を抑えつつ見ていた。それは上眼窩骨だったが、図書館の頭骨を飾っているものとはまったく似ていない。わずかに後方にそっている。グッドウィンとホーナーはこれを未成熟であることを示す特徴と判断した。

グッドウィンはトリケラトプスの頭骨に似通ったものは二つとないと説明する。仮にすべてのトリケラトプスの頭骨を一カ所に集めたら、フリルの形と角のそり具合が一つずつ異なるのがわかるだろう。このバリエーションが長年、古生物学者を惑わせた。記載者によってトリケラトプスに都合一二の種が命名されたことからもそれがわかる。だが一九八〇年代から一九九〇年代に、その多くの種が無効であることが解明された。[10] 構造の違いは個体差だったり成長段階の違いだったりしたのだ。最終的には今日知られている二種にしぼられた。マーシュが最初に命名したトリケラトプス・ホリドゥスとトリケラトプス・プロルススである。トリケラトプスは成長につれて大きく姿を変える。マーク・グッドウィンのオフィスにあった赤ん坊の頭骨を見て、僕はあっと驚く大変身だったにちがいないという思いを強くした。

グッドウィンは机をぐるりとまわって僕の背後の壁の前に置いてある金属のキャビネットにむかった。目的の引き出しを開けると、よくわからないものが見えた。スポンジを敷いた箱のなかにしまわれていたのは茶色く変色したさまざまな骨で、その多くはばらばらの破片を組みあわせたもののようだった。だが、真ん中の大きい三つからその正体がわかった。右と左の長くて少しそった骨は小さいフリルの両サイド、中央はフリルの真ん中の部分だ。このばらばらの骨が、僕が上階で見たトリケラトプスの復元頭骨のオリジナルなのである。

目の前にトリケラトプスの赤ん坊がすわっていることにすぐに気づかなかったのがちょっと恥ずかしい。けれどもそれは僕だけではなかった。グッドウィンは、初めはこの骨が同じころに北アメリカを歩きまわっていたパキケファロサウルスという頭骨の分厚い、二足歩行の恐竜のものだと思われていたと説明する。本当のもち主にグッドウィンらがようやく気づいたのは二〇〇六年だった。[11]僕は頭頂骨――フリルの中央部分にあたる小さい矢の形の飾りがついた骨――を手にとってみたかったが、遠慮してたずねられない。大切な標本を落としてしまった夢を見たことがあるので、そっとしておくのがよいのかもしれない。

僕が勇気を奮い起こしてたずねる前に、グッドウィンは僕をもう一度図書館に連れていった。展示してある本物のトリケラトプスの頭骨に、見せたいところがあるという。充分に大きくて、構造も成熟しているように見えるのに、大きいほうのトリケラトプスの頭骨はまだ変化しそうな気配がある。手がかりはフリルだ。フリルは穴なしだったが、グッドウィンは中央の稜(りょう)の両側に切れ込みが二つあると指摘する。スキャネラとホーナーが正しければ、これはフリルが厚みを増して、トロサウルスのそれに見られた穴があく場所なのだ。そこの部分は骨が急速に吸収され、見た目がまったく違っていた。

このような成年になってから変化するのはひどく奇妙だ。バークリー校の大学院生のサラ・ワーニングとアンドルー・リーの調査研究が示したように、恐竜が早くから生殖行動をはじめるなら、なぜそんな遅くになって「おい、見ろよ!」とばかりに派手な飾りを発達させるのだろう? 性的に成熟し、優位であることをアピールするのに有効なものは、もっとさっさと発達させればよいではないか。僕はグッドウィンに、現生の動物にも遅くに飾りを発達させるものがいるかとたずねた。「サイチョウとヒクイドリだね」と彼は答えた。どちらも頭の鶏冠(とさか)が非常に目立つ鳥だ。たぶんこの鳥たちのように、トリケラトプスの飾りも一生変化しつづけたのだろう。

実際、別の博物館にある別の標本は、トリケラトプスは変わりつづけたというスキャネラとホーナーの説をさらに裏づけるかもしれない[12]。スミソニアンの国立自然史博物館のガラスケースのなかに、ネドケラトプスという恐竜の頭骨が収められている。この頭骨は多かれ少なかれトリケラトプスに似ているが、重要なところがいくつか違う。鼻骨の角がなく、フリルにいくつか穴があり、頭頂骨の一つにカッコ形の窓がある。これは病気のためのものか、同種の仲間と区別する、個体に固有の特徴として扱われることが多いが、スキャネラとホーナーによれば、この特徴の一部は頭骨の大きな変容を表わしている。たとえば、トリケラトプスの幼体の穴なしフリルから成体の穴あきフリルのへの移行段階とも考えられるのだ。

スキャネラとホーナーが正しいなら、カリフォルニア大学のトリケラトプスとスミソニアンのネドケラトプスは、典型的なトリケラトプスの頭骨がこれまでトロサウルスと呼ばれてきた恐竜の頭骨に変わっていく中間過程を示す貴重な標本ということになる。二人は二〇一〇年の論文で、トリケラトプスは生まれてから生殖を開始するまでのみならず、そのあともほぼ死ぬまで変化しつづけたと結論した。

この発見のことで見当違いに騒ぎ立てるのはニュースネタにまかせておこう。スキャネラとホーナーは、トロサウルスとネドケラトプスが消滅し、そう呼ばれてきた標本がトリケラトプスになると主張しているのに、多くのジャーナリストが当惑してその逆だと思い込み、騒ぎ立てたのだ。恐竜の名前騒ぎは二人の研究の本筋からそれたものだった。混乱が生じたのは成長の順番が逆だったせいだ。スキャネラとホーナーはトロサウルスが完全に成熟したおとなで、最大のトリケラトプスの標本は若い個体としたため、一部のジャーナリストは完全な成体の名が正しい名のはずだから、トリケラトプスのほうが廃止されると思い込んだのである。「トリケラトプスは存在しなかった」とブログサイト「ギズモード」は嘆き、CBSニュースから『サンフランシスコ・クロニクル』まで、さまざまなニュースメディアも勘違いを報道した。

恐竜の象徴であるトリケラトプスの消滅は、ナショナル・パブリック・ラジオのクイズ番組「ウエイト・ウェイト……ドント・テル・ミー！（ちょっと待って、いま答えるから！）」の問題にもなった。[13] トリケラトプスのファンはもちろん激怒した。フェイスブックの「トリケラトプスを救え」グループは的はずれな抗議をし、多くのウェブサイトが子供時代の思い出を科学に奪われまいとするアマチュア恐竜博士たちの書き込みで大荒れになった。僕がおもしろいと思った反対運動は、トリケラトプスが元惑星の冥王星と一緒に描かれたTシャツだ。トリケラトプスは由緒正しい恐竜で、子供のときに最初に覚える恐竜だと彼らは訴えた。恐竜の好きな多くの人にとって、ブロントサウルス事件の再来のような気がしたのだ。

気を揉んでいた恐竜ファンも、トリケラトプスは消えはしないのだとやっと理解した。スキャネラとホーナーの研究が指摘したとおり、先に命名されたトリケラトプスのほうが優先される。心を痛める理由があったのは（僕のような）トロサウルスのファンだけだったのだ（ネドケラトプスのことを気にする者はほとんどいなかった）。

いうまでもないが、新しい見解が発表されたからといって、科学者がそろってそれに同意しなければならないことはない。スキャネラとホーナーの論文は、事実ではなく現在知られているデータにもとづいた仮説を発表したものだった。角竜類を専門とするアンドルー・ファルケは逆の見方を示し、フリルに穴のないトリケラトプスの頭骨が穴のあるトロサウルスの頭骨になるのが必然であるような途中の段階を示す証拠はいまだに報告されていないと指摘した。謎の多いネドケラトプスはわきに置くとして、古生物学者はトリケラトプスがどのようにトロサウルスに変身したかを示す決定的な頭骨を発見していない。そのうえ、イェール大学ピーボディ博物館のトロサウルスの標本がトロサウルスの若い個体である可能性があることにファルケは注目している[14]。もしこの頭骨が本当にトロサウルスの幼体か亜成体のものなら、この恐竜はトリケラトプスと同時期に生息していためずらしい種にちがいないということになる。

トリケラトプスに関する議論はほんの肩慣らしで、これも恐竜がどのように成長するかを立証しようとする努力の一部にすぎない。恐竜が成長し老いていく未知の段階と新種の発見とがこの数十年にからまりもつれ、恐竜の生態に関して議論が紛糾したのが原因だった。恐竜が一生のあいだに劇的に姿を変えることがわかってくるにつれて、分類した者も立場を変えざるをえず、新種としたもののたんに年齢の違いだとわかったものを既知の種に統合した。

ブロントサウルスが消えた恐竜で最も有名なのはまぎれもないが、姿を消した恐竜はほかにもたくさんいる。たとえば、ピーター・ドッドソンは一九七五年に鶏冠のあるハドロサウルス類の多様性を調べていたとき、プロケネオサウルスが別のハドロサウルス類の幼体であることを発見した。[15]成体に見られる特徴、とくに立派な鶏冠が幼体では未発達だった。形態の違いは成長段階の違いのためで、別の種だからではないとドッドソンは気づいた。同じことがブラキケラトプスにもあてはまった。[16]これももっと大きく成長するルベオサウルスのような別の角竜類の幼体である。多くの小さい恐竜の骨格構造を調べることで、以前は小型種と考えられていた恐竜がじつはもっと大型の恐竜の若い個体であることが発見されている。

近年、古生物学者はさらに別の方面からの証拠——恐竜の骨の内部——に目をむけ、恐竜がどのように年をとっていったかを調べている。骨が癒合しているかいないかで標本の成長段階を推定できるし、多くの化石骨の内部にある黒いすじ、すなわち成長停止線はその恐竜が死んだときのおよその年齢を見極めるたすけになる。このはっきりした年輪は恐竜の成長速度が遅くなったときに形成される。ほとんどは食べものが乏しくなる厳しい冬季か乾季に形成され、このパターンから恐竜のおよその年齢を推定できるのだ。同様に、成長停止線のあいだの組織を調べることで、その恐竜は死んだときにまだ急速に成長していたか、それとも成熟して成長のペースが鈍っていたかを判断できる。骨の微小構造は恐竜がどのように成長したかを教えてくれるのだ。古生物学者はそれを糸口にして、急速に大変身する恐竜がトリケラトプスだけではなかったことを発見している。

トリケラトプスの論争が起こる数年前、グッドウィンとホーナーはスパイクのあるドーム型の頭頂部をもつ二種の恐竜、ドラコレックスとスティギモロクが本当はパキケファロサウルスの幼体だったと論じた。この三種は同時期に同じ地域に生息していた。幼体の頭骨のスパイクは成熟するにつれて吸収され、頭頂がドームのようにまるく大きくなることを証拠が示していた。ほら、これもそうだ！　これも三種と思われていた化石骨が成長過程の異なる一種の恐竜のものだったのである。また、くちばしの幅広いハドロサウルス類のエドモントサウルスはモンタナ州とその周辺の白亜紀後期の地層からよく発見されるが、この恐竜はもっと大きくそれにふさわしい名のアナトティタン（「巨大なアヒル」の意）と同時期に生息していたと考えられていた。ところが、ニコラス・カンピオネとデヴィッド・エヴァンズによれば、アナトティタンは成熟した大型のエドモントサウルスだという。[17]

暴君と呼ばれる恐竜の王でさえ、恐竜の成長に関するかまびすしい議論を引っかきまわしている。

若い恐竜はおとなとまったく同じ姿をしているのではない。ロサンゼルス自然史博物館に展示されているこのティラノサウルス・レックスの幼体の復元骨格を見ると、子供のティラノサウルスが成長するにつれて大きく変化することがよくわかる。（写真は著者撮影）

一九四六年に、チャールズ・ギルモアがモンタナ州で見つかった奇妙なティラノサウルス類の頭部骨格を記載した[18]。この頭骨は小さく、横から見ると長くて高さが低く、ギルモアはゴルゴサウルスの新種を発見したと思い、ゴルゴサウルス・ランケンシスと命名した。ゴルゴサウルスはティラノサウルス・レックスよりもやや細身で敏捷なティラノサウルス類である。ところがその四〇年後、この頭骨はティラノサウルスと同じ生息環境を走りまわっていた「小型の暴君」のものということになり、ギルモアの採集した頭部骨格を基準標本としてナノティラヌスと新しい名がつけられた。この決定がきっかけで、ティラノサウルス類は成長するにつれてどれだけ大きく変わるのか、ナノティラヌスはティラノサウルスの子供ではないのかといった議論がはじまった。

トリケラトプスの場合と同様に、脚がひょろ長く、細身で、頭骨もおとなほどの噛む力をもたない若いティラノサウルス類を、古生物学者は独立した属ないし種だとしばしば見誤った。[19] ナノティラヌスに加えて少なくとも四つの小型のティラノサウルス類が命名され、そのなかには最近発表されたラプトレックスもあったが、これらは不完全な小さい標本にもとづいていることが多かった。これらはみな廃止された。トマス・カーら専門家が発見したとおり、最後期のティラノサウルス類の種は成長段階の早い時期に頭骨が長く低いものが多く、これは初期のティラノサウルス類にいくらか似ていた。[20] しかし、成長するにつれて頭骨は高くなり、歯も切り裂くのに適した刃から骨を砕くのに適した大釘に変わり、それとともに歯の数が減った。「ティラノサウルス類に関しては冷静に考えられない人もいるんだ」とカーは僕に話した。そういう人々は幼体のティラノサウルス類に見出せる特徴を新種のものと思い違いをする。ティラノサウルスが好きすぎて成長段階や個体による違いを見落とし、暴君の新種という冠を戴かせるのだという。現在のところ、北アメリカの最も新しい白亜紀層から発見された暴君恐竜は一種しかなく、それもまた僕らが愛してやまないティラノサウルス・レックスなのである。

変身著しく、侃侃諤諤の議論を呼び起こしているヘルクリーク層の恐竜たちが、僕はおもしろくてしかたがない。トリケラトプス、エドモントサウルス、パキケファロサウルス、ティラノサウルスはみな、最後期の非鳥類型恐竜だった。このことは白亜紀末の大量絶滅がどれほどの規模だったかを左右する。もしトリケラトプス、トロサウルス、ドラコレックス、スティギモロク、パキケファロサウルス、エドモントサウルス、アナトティタン、ナノティラヌス、そしてティラノサウルスのすべてが同時期に生きていたとしたら、恐竜は最後まで多様性を保っていたことになる。だが、もし成長段階の違いにすぎないという主張が正しければ、この多様性はあっけなく半減し、白亜紀後期の世界はもっと寂しいものになるだろう。

北アメリカの白亜紀後期の恐竜がこれまでのところ最も詳しく調査されているが、議論はすべての恐竜におよぶ。恐竜が生涯のうちにいかに姿を変えたかがわかったいま、僕らは野外でも博物館のコレクションでも、恐竜の幼体を見分けるだけの知識を備えている。巣づくりと成長への新しい関心は、恐竜の一生の軌跡をたどることばかりにあるのではない。恐竜がどのように生まれ、そのちどのように変わっていったかを語るときには、社会的行動から生理機能まで、恐竜の生態のさまざまな糸が織り込まれる。事実、恐竜の成長過程は古生物学の最大の謎に重要なヒントを示してもいる。その謎とは、アパトサウルスのような恐竜はなぜ巨大化したのか、だ。

第5章　雷鳴とどろくジュラ紀

僕はアメリカ自然史博物館の化石の展示ホールを駆けまわっていた子供のころから、この博物館の所蔵する恐竜がしまわれている倉庫に入ってみたかった。頭骨の化石はホールにどっさりあり、まだ正体が明らかになっていない選りすぐりの恐竜まで見られたが、それでもまだ足りなかった。展示されていないたくさんの恐竜が僕は見たかった。骨は大きければ大きいほどよかった。

恐竜は公開されている場所で生きている。精巧につくられた金属の骨組みに骨とガラス繊維と石膏をまとわせて復元された中生代の名士たちが、熱心なファンの前でポーズをとる。しかし、所有するものすべてを展示している博物館はないし、所蔵品のなかで最も魅力的な化石さえ公開されない。博物館が化石コレクションを全部展示したら、来館者は哺乳類の歯だのカメの甲羅だの化石骨の破片だのの前を長い行列をつくってぞろぞろ通過しなければ、見せるに足るだけ骨のそろった数少ない恐竜の展示にたどりつけないだろう。いうまでもないが、骨格が台座の上でポーズをとって固定されていたら、その構造を複雑で細かい部分にまでわたって調べたりできない。恐竜の生活の秘密を引き出すつもりなら、古生物学者は次々に見つかっては博物館の保管室にしまわれる骨の宝をすぐに調べられなくてはならない。展示ホールは古生物学者の研究成果を見せてくれるが、僕らが先史時代の生物について知ったことの多くは、たくさんの化石を積んでずらりとならぶ金属の棚と、壊れやすい標本をそっと抱いている引き出しが土台になっているのだ。

僕の夢は二〇一一年春のひんやりした晩にとうとうかなった。アメリカ自然史博物館は「世界最大の恐竜展」の準備にとりかかっており、僕のような恐竜ブロガーやツイッター中毒者を招待して内見させてくれたのである。ニューヨーク地下鉄C号線の、ペンシルベニア駅から博物館の駅までのわずか数駅がなかなか着かない。アメリカ自然史博物館の今回の企画は新しい展示をいち早く見せてくれるほかにも、化石保管室を案内してくれることになっていた。二〇年も待ったすえに、ついに僕は博物館の大切な恐竜の保管庫をぽかんと口をあけて歩きまわるチャンスを手にしたのだ。

集合場所の四階の竜盤目展示ホールに到着したとき、僕は予定どおり最初期コレクションの見学ツアーにすかさず申し込んだ。竜盤目ホールのゴルゴサウルスとアパトサウルスはきっとわかってくれる。彼らは博物館のギャラリーで週末の長い午後をすごしたときからの古い友だちだ。今日は彼らの解体された仲間が見られるチャンスだった。エレベーターにちょっと乗って博物館の地下へ行くと、上級科学アシスタントのカール・メーリングが僕らを迎えてくれた。カールは親しみやすいガイドで、僕がニワトリのように卵を抱えたオヴィラプトル類の鎖骨をよく見ようとして、関節のある美しい骨格のほうに身を乗り出して少し彼を心配させてもにこやかにしていた。その骨格はモンゴルの白亜紀の地層から二つ出土した片方の、よだれの垂れそうな標本だった。クリーム色の骨が周囲の岩の錆色によく映えて、飛び出して見えた。

だが、保管庫はだいたいが竜脚類の骨のねぐらになっていた。一つひとつ目録に記載され、スポンジのベッドに寝かせられた脊椎骨が、まるで一つの部屋にどれだけ竜脚類を詰め込めるかのゲームをしていたかのようにびっしり棚にならんでいた。古生物のテトリスだ。どの骨も進化の美しい記念塔だった。一つの棚に、体長二四メートルを超えるほっそりした大型恐竜バロサウルスの頸椎が一つ載っていた。僕の短い首の骨の連なりにくらべると、この恐竜は骨一個が自然の生んだ傑作だ。椎体の中央部は空洞が優美に彫られ、背側は翼のような形の突起で飾られている。

僕は棚の下段を見ていて古い友にも会った。雑多な骨とキャストのなかに埋もれていたのは時代遅れになったブロントサウルスの頭部の模型だった。昔むかしは僕の頭よりも信じられないくらい高いところについていただろう、ニヤっと笑った小さい頭を模したものだ。擦り切れて埃にまみれたカードが模型についていて、この頭骨が一世紀前に博物館のプレパレーションの専門家アダム・ハーマンがつくった「水陸両生の大きい恐竜」のものであることを立証していた。展示からはずされていても、僕はなつかしい友にまた会えたのがうれしかった。

ところで僕には、見たくてたまらない恐竜発見史の一コマを象徴する化石がもう一つあった。古生物学者は数多くの竜脚類を発見しているが、アメリカ自然史博物館は大型恐竜のなかでも最大のものを所有しているはずだった。ならぶもののない究極の恐竜だ。僕が手伝って見つけられるものなら、メーリングにその化石を探し出せるかとたずねただろうが、それはハーマンがブロントサウルスの頭骨をつくったころに紛失されていた。僕の探していたのはアンフィコエリアス・フラギリムス、地球上で最大の生物だったかもしれない恐竜である。

ごちゃごちゃと化石のならぶ埃の積もった棚にアンフィコエリアスがまぎれ込んでいたとしても、その威容を感じとれはしなかっただろう。一・三メートルの高さがありながら、たんに奇妙なだけの骨の塊なのだ。長らく行方不明になっているこの化石もアパトサウルスやトリケラトプスによく似た運命で、化石発見競争（ボーン・ウォー）に巻き込まれた恐竜だったが、この生きものはエドワード・ドリンカー・コープの逸品の一つだった。だが、十九世紀に初めて発見された多くの恐竜がそうだったように、アンフィコエリアスにも複雑な経歴がある。

一八七八年、オスニエル・チャールズ・マーシュとの激しい化石発見争いが頂点に達したころ、コープは途轍（とてつ）もなく巨大な恐竜と思われるものを発見したと発表した。彼は四ページの論文「コロラド州ダコタで出土したトカゲの一属、アンフィコエリアスについて」で発見物を詳述した。その短い文書は、一騎打ちを繰り広げる二人の古生物学者がわずかな部分化石からいかにすばやく新種の恐竜をつくり出したかをよく表わしている一例だった。一個の大腿骨（だいたいこつ）、数個の尾椎、骨盤の一部というたった数個の骨をもとに、コープはアンフィコエリアスの二つの種を区別できると考え、読みにくくないようにアンフィコエリアス・アルトゥスおよびアンフィコエリアス・ラトゥスと命名した。どちらもそれ以前に発見されていたアパトサウルスなどの竜脚類に似ていたが、アンフィコエリアスはそれよりも相当に大きかった。Ａ・アルトゥスの大腿骨は一・九メートルの長さがあったのだ。まちがいなく、巨獣中の巨獣だった。

もう一つの別のアンフィコエリアスの標本はもっと大きかった。同年八月の速報で、コープはこう書いている。「ねばり強い友人のＯ・Ｗ・ルーカスが最近送ってきてくれたのは、私の見たことのあるなかで最大のトカゲ類の脊椎のほぼ完全な神経弓である」。それはほんのかけら――脊椎骨のうち背側にとび出している突起状の部位の先端部分――だったが、かけらはかけらでも大きいかけらだった。コープはこの骨がアンフィコエリアスの新種――アンフィコエリアス・フラギリムス――の脊柱の真ん中の部分だと考えた。完全な形では少なくとも一・八メートルはあったかもしれず、コープがほかの恐竜の骨格に照らしてざっと計算したところ、この恐竜の大腿骨は三・六メートル超との結果になった。これほど大きい恐竜はほかになく、コープは「この生物が深い海のなかを歩き、岸壁の下の海岸で植物を食べていたかもしれない」と推測を広げ、その証拠としてこの脊柱の一部分が深海魚の背骨におおよそ似ていると述べた。腹立たしいほど砕けてしまった断片が証拠だったが、これでコープはマーシュとの競争において自分こそが最大の恐竜を発見したと主張することができた。一年もしないうちにマーシュはディプロドクスとブロントサウルスを急いで記載したが、これらさしもの巨獣もアンフィコエリアス・フラギリムスの巨大さにはかなわなかった。

実際、コープが正しければアンフィコエリアス・フラギリムスは最大の恐竜だった（A・アルトゥスとA・ラトゥスの化石はディプロドクスの骨だとわかり、今日ではA・フラギリムスのみが認められている）。古生物学者のケネス・カーペンターはアパトサウルスやバロサウルスなどとの比率から、アンフィコエリアス・フラギリムスがなんと全長五八メートルもあったと見積もった。第二位の大型恐竜とくらべて、その二倍近くにもなるということだ。もし人間がこの恐竜の鼻先に立ち、鞭（むち）のような尾の先端まで普通の速度で歩いていったら、三〇秒かかるだろう。

この恐竜が存在していたことを示す唯一の証拠は、ずいぶんむかしに行方不明になってしまった。一八九七年にコープが他界したあと、彼の採集した化石の多くはアメリカ自然史博物館に勤めていた友人で教え子のヘンリー・フェアフィールド・オズボーンが引きとった。だが、古い発見を再調査するために、オズボーンと同僚のチャールズ・ムックが一九二一年にコープのコレクションを選り分けたとき、アンフィコエリアスは消えていた。棚のどこかに隠れているのかもしれないし、誰かが壊してしまったか、あるいは保存技術がまだ発達していなかったころに、くずれて修復不能になってしまったのかもしれない。誰も知る者はいない。化石ハンターがアメリカ西部のジュラ紀のバッドランドを調査した一三〇年間に、新しい標本を発見した者はいなかった。最初に発見された採掘場からも出土していない。一九九四年にカーペンターがアンフィコエリアスの採掘現場を突き止めようとしたが、この恐竜の痕跡はどこにもなかった。一八七七年にO・W・ルーカスがボーンベッドを発見したころには、骨格のほとんどがばらばらになって消失してしまっていたのだろう。唯一残ったのが神経弓だったのだ。これほど巨大な恐竜がどうすればすっかり消えてしまうのだろうか。

そういうことなら、ほかの大型恐竜もそうだ。竜脚類の化石は悔しいほど不ぞろいで、どれが史上最大の恐竜かという疑問を解くのは途方もなく難しい。そこで当然、大型恐竜が次々と発見されるたびに、これこそが巨獣中の巨獣だと主張されている。

姿をくらましたアンフィコエリアスのことを知る以前、僕は全長二六メートル、体重二〇トンのブラキオサウルスよりも大きい恐竜はいないと教えられた[1]。タイムライフ社の子供むけ図鑑シリーズは、この恐竜はとても大きかったのでジュラ紀の湖に棲むようになったと教えていた。ブラキオサウルスとその近縁種が陸生だったと知ったのはあとになってからだ。彼らは骨格に格納された気嚢のおかげで、巨体のわりには驚くほど浮力がある。けれども、もしなんとか鼻まで水に浸かって立っていられたとしても、水圧で胸が圧迫されて死んでしまっただろう。信じがたいようでも、竜脚類はその巨大な体を乾いた陸地で動かしていたのである。

時代遅れの本で彼らのことを知ってからそうたたないうちに、僕は「腕トカゲ」という意味のブラキオサウルスから最大恐竜のタイトルを奪う三種の竜脚類が発見されたことを耳にした。そのうち二つはユタ州リーハイの古代生物博物館に立っている。ソルトレイクシティから南へ車で三〇分ほどのところにあるこの博物館が誇るのは、膨大なキャストを配して再現した古代の不気味なジオラマだ。骨格のワニ類が倒れたステゴサウルスを引きちぎり、二匹のティラノサウルスが獲物を奪いあってうなっている。骨格はただポーズをとっているだけではない。いまにも台座から跳び出して、三流ホラー映画さながらに見学客をわしづかみにしてむしゃむしゃ食べそうだ。ただし、中生代の野生の殺戮(さつりく)を表わした場面ばかりではない。目を瞠(みは)っている見学客にむかってたんにポーズをとる恐竜もいる。そのなかで最大のものは、最初の恐竜展示ホールの二匹の竜脚類だ。次の展示ホールへの通路にぬっと立っているのは、かつてウルトラサウルスの名で知られていた恐竜である。

一九七〇年代末に、ブリガムヤング大学の古生物学者ジェイムズ・ジェンセンがコロラド州ドライメサでこの恐竜の部分化石をいくつか発掘した。ウルトラサウルスは、まだ正式に記載されてもいないうちから最大の恐竜として報道された。ウォルター・クロンカイトがホストを務めたドキュメンタリー番組「ダイナソー!」に小学三年生の僕がチャンネルを合わせたとき、番組は安っぽい特殊効果を使ってブリガムヤング大学のアメフトのスタジアムに恐竜を出現させ、逃げ惑うチアリーダーたちと大きさを対比させたものだ。博物館で化石を見てみれば、なるほど巨大というしかない。複製の恐竜の下に、ジェンセンが大騒ぎした肩甲骨が組み立てられている。ひび割れだらけのこの骨一つで、ジェンセンの身長ほどの長さがあった。むこうの壁にはジェンセンがドライメサで発見したもう一つの化石がある。長さ三〇メートルのスーパーサウルスの骨格だ。成長しすぎたディプロドクスのようなこの巨大恐竜は、展示室の奥行きのほぼいっぱいを占めている。

古生物学者のデヴィッド・ジレットが一九九一年にもう一匹の対抗馬を巨大恐竜競争に加えた。

ディプロドクス・カルネギイイの復元図。この24メートルの恐竜は史上最大級だったが、さらに大きい巨大恐竜がいた。（図：Scott Hartman）

鼻から尾の先端までが五〇メートルを超すといわれるほっそりした竜脚類である。これがセイスモサウルスだった。僕はこの恐竜とそのライバルの名を言うのが大好きだった。ウルトラサウルス、スーパーサウルス、セイスモサウルス——その名を口にするだけで、実物がやってきそうにズシンととどろく。だが、今日も残っているのはスーパーサウルスだけである。骨格のわずかな一部分だけで命名されたこの三種の恐竜は分類された経緯が複雑怪奇で、そういう面倒なことは専門誌にまかせておこう。要するに、三つが記載され、残ったのは一つだけだったということなのだ。ウルトラサウルスの巨大な肩甲骨はブラキオサウルスのもので、ジェンセンが思ったほど大きくなかった。また、ジレットのセイスモサウルスは特徴ある長い尾をいっぱいに伸ばしても、最大で三十数メートルのディプロドクスだとわかった。スーパーサウルスだけが専門的な分類の修正をまぬがれた。

困るのは、恐竜がどこまで大きく成長するかがわからないことだ。スーパーサウルスとジレットの大きいディプロドクスが首位を争うが、それでも本当の大きさは誰にもわからない。古生物学者がよく最大の恐竜として言及するのは全長約三〇メートルから三六メートルのアルゼンチノサウルスだが、これでさえ部分的にしかわかっていない。古生物学者はもっとよくわかっている近縁種と比較して最大級の恐竜の大きさを推定するしかない。最大といわれた恐竜たちはごくわずかな骨の断片から命名された。完全な骨格がないのには、もっともなわけがある。小さく華奢(きゃしゃ)な恐竜なら全身がすぐに堆積物におおわれる。水の染み込んだ泥か濡れた砂が少しあればよい。しかし、体長三〇メートル、体重六〇トン超の巨獣となると、話は違ってくる。洪水などの天災で大量の堆積物が押し流されでもしなければ、巨大な生物を埋葬することはできないし、その埋葬に腐肉食動物が参加したのはいうまでもない(巨大恐竜が一匹死ねば、多くの肉食動物の生活がうるおった)。化石記録に残った巨大な竜脚類は全体のごく一部にすぎず、化石になったものでも、保存条件のよい環境で死んだものはほとんどいないのである。スーパーサウルスやアルゼンチノサウルス、またアンフィコエリアスでも、完全に近い骨格がもしあったとしても、誰も発見していない。

全体として考えると、最大級の恐竜はどれも約三〇メートルか、もう少し大きかったようだ(アンフィコエリアスだけはそれよりかなり大きかったと推定されている)。多くがそのくらいの大きさだったとすれば、恐竜が自重でつぶれることなく大きくなる限界がそのくらいだったのだろう。

また、竜脚類がみな大きかったわけではない。実際のところ、大半の種は上限の三〇メートルに遠くおよばず、先史時代の島に孤立してわずか六メートル程度に小型化したものさえいた。竜脚類が竜脚類であるのはその大きさゆえではなく、解剖学的構造ゆえである。そして彼らは不自然な恐竜だった。コープやマーシュら、初期の研究者が発見した系統は、その後に次々と新種の恐竜が見つかるにしたがって平凡に見えるようになったが、それでも僕は竜脚類が一番奇っ怪な恐竜だと思っている。

アパトサウルスのことを考えてほしい。「恐竜」という言葉を聞いたことのある者なら誰にでもおなじみの、雲衝くようなこの植物食恐竜はどことい って特徴がなさそうに見えるかもしれない。スパイクもなければ角もなく、装甲板も鶏冠(とさか)も、そのほか奇妙な飾りらしいものは何もない。装甲で体をおおったアンキロサウルス類(40頁参照)の奇抜さはまったくないし、鎌のような爪と羽毛をもつデイノニコサウルス類ほど個性的でもないだろう。しかし、なじみがあると思わせておいて、僕らはこの恐竜がどのように生まれ、どのように生きたのかをろくに知らないのである。竜脚類が驚くべき恐竜なのは彼らがただ大きいからではなく、さまざまな点で奇想天外な生きものであるからだ。竜脚類の生態のほぼすべてが謎に満ちている。なかでも一番の独特な特徴であるあの長い首はその最たるものだ。

竜脚類の長い首は、進化のばかばかしい結果を表わす典型的な例である。彼らが高い木の枝から葉をむしりとり、シダの茂るサバンナに首をひとふりして植物を次々とほおばるのを見たら、キリンはさぞかしうらやましがるだろう。また、あの首は進化にその場しのぎの性質があることを見事に示していると同時に、神のような知性ある何者かが意図的に生物を設計したと考えるのが誤りであることを証明している。マシュー・ウェデルが最近の論文で述べているとおり、竜脚類の首は堂々たる「非効率性の記念碑」なのである。[2]

進化は非の打ち所のない世界をつくりながら進んだわけではない。古生物学者のスティーヴン・ジェイ・グールドがパンダの「親指」――白黒のクマが竹をつかむのに都合のよいように変形した手首の骨――について書いた有名なエッセイで述べているとおり、「奇妙な配置やおかしな解決方法は進化の証しである――分別ある神なら決してとることのない道、歴史に拘束された自然のプロセスがやむをえずたどる道なのだ」[3]。竜脚類の反回神経もまた美しくも複雑なまわり道の解決方法の一例だ。ただし、この不恰好(ぶかっこう)な神経は巨大な恐竜だけのものではなく、四足の脊椎動物すべてが共通の祖先から受け継いだ特徴である。

三億七五〇〇万年以上前に生きていた平べったい「四肢魚」のティクターリクのような生物から放散して、目を瞠るほど多様な四肢動物が進化した。初期の両生類から恐竜、二次的に四肢を失った脊椎動物――たとえばヘビやクジラ――まで、四肢動物は生物のなかでも幅広く変化に富んだグループである。そして、そこに属するすべての生物に反回神経がある。このニューロン（神経細胞）は脳から頸部につながり、喉頭の感覚や、発声や嚥下(えんげ)にともなう動きをつかさどっている。初めは、デボン紀の泥のなかを這(は)いずっていた初期の四肢のある魚において、頭と心臓を密につなげるはたらきをした。しかし、四肢動物が繁栄し、長い首を進化させたので、反回神経も長く伸びざるをえなくなった。喉頭のはたらきを制御するようになっても、心臓にむかうのをやめなかったからだ。脳から胸腔へ経路を伸ばし、そこで大動脈弓という太い血管をぐるりとくぐってまた首の長さだけもどっていく。引き伸ばしたUの字のような形になり、ニューロンは首の二倍の長さになっ

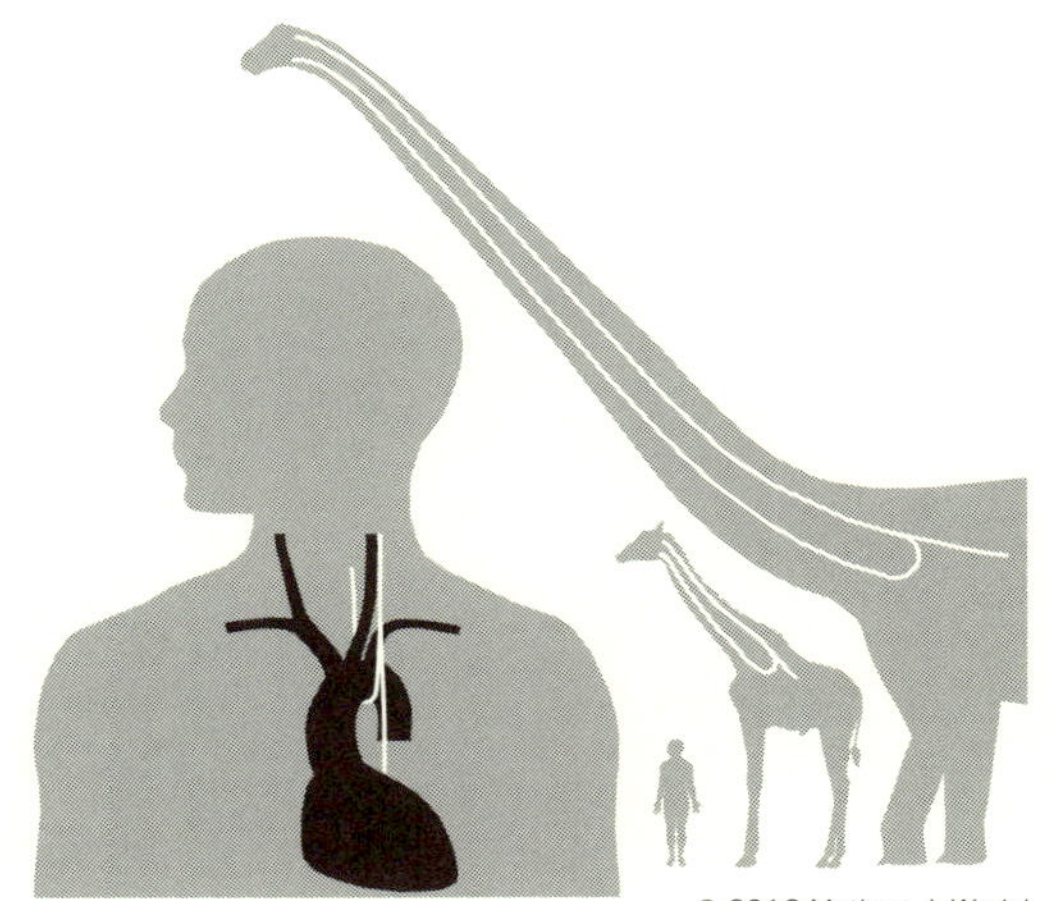

左迷走神経と左反回神経。大動脈の大きくまがった部分（大動脈弓）をくぐって頭部にもどっているのが反回神経。図には示していないが、右反回神経は右鎖骨下動脈の下をくぐって頭部にもどる。（図：Mathew J. Wedel, doi.org/10.4202/app.2011.0019）

た。これは体が巨大でなく、脳が心臓から遠くない生物なら問題にならなかったが、極端に首の長い四肢動物ではとんでもないことになる。二メートル半の首をもつキリンは反回神経が五メートル近くにもなるのだ。このばかばかしいほど非効率的な「設計」が進化の得意技、つまりすでにあるものを改造して新しい形態に利用するという間に合わせの技なのである。

なかでも竜脚類は唖然とするほどどこの経路の効率が悪かった。首が長いほど神経もそれだけ長く伸びなくてはならず、竜脚類はまちがいなく首の長さが最長の生物だった。ウェデルの計算によると、おとなのスーパーサウルスは首の長さが約一四メートルもあり、したがって反回神経は体長とほぼ同じの二八メートルになった。「スーパーサウルスの反回神経に二八メートルのニューロンが存在したことは現実離れして見えるかもしれないが、四肢動物の発生と進化についてわかっていることからすると、それは不可避だったようだ」とウェデルは書いている。

ウェデルはまた、竜脚類がもっと長いニューロンをもっていたと考えられることを指摘する。竜脚類の尾の先端の神経のことを考えてみてほしい。尾の先に何かが触れたら、神経はその信号を脳幹まで伝えなくてはならない。だとしたら、現生で最大の生物であるクジラがおよそ二七メートルのニューロンをもち、それより少し大きい竜脚類はもっと長いニューロンが必要だったことになるとウェデルは言う。このような細胞を実際に見たことのある者はいないが、ウェデルが仮定するとおり、非現実的なほど長いニューロンは存在するだろう。スーパーサウルスのような恐竜では史上最長になったかもしれず、もち主にとっては厄介だっただろう。もしアンフィコエリアスが実在した恐竜で、本当に全長四八メートルを超していたなら、秒速一〇〇メートルの神経インパルスでも脳に達するまでに十分の数秒かかるとウェデルは指摘する。だからといって、気づかないうちに捕食恐竜に尾を食いちぎられるほど鈍かったというわけではないが、外界からの信号への反応に遅れはあったにちがいない。ウェデルの言うとおり、これは最大の恐竜が大きくなれる限界に達していたことを暗示しているのかもしれない。

また、竜脚類はその巨大さのわりに、頭は呆れるほど小さかった。わが家の居間にはアパトサウルスの頭骨のレプリカがある。「もう恐竜と名のつくものをうちにもってこないでちょうだい」と妻に宣告されても、僕はユタ州の古生物学者ジェイムズ・マドセンの遺品処分セールに行ってしまい、アパトサウルスの実物大のレプリカを見て我慢ができなかった。本物そっくりの頭骨は全長二四メートルを超す生きもののものだが、僕はそれを苦もなく両手でかかえてうきうきしながら車に運ぶことができた。あれだけ巨大な生物のものにしては小粒だ。しかも、それがものを噛むのに適していなかったというのも解せない。同じ時代の近縁のディプロドクスやほかの竜脚類もそうだが、アパトサウルスは角ばった口吻にエンピツ型の歯がちょろっとならんでいるだけだった。巨体を保つに足りるだけの食物をどうやって食べていたのだろう？　僕は進化に臆面もなく肩をもつが、自然はなぜこうも難しい謎を突きつけるのだろうと思うことがある。

僕らは哺乳類なので、恐竜を理解しようとするときにどうしても先入観に邪魔されてしまう。僕らはものを噛んで食べるから、恐竜もそうだと思い込む。しかし、そうではなかった。恐竜の顎は植物をむしりとり、切り、裂き、食いちぎるが、彼らはそれをすぐにがふがぶと飲み込んだ。竜脚類はその最たるものだったにちがいない。アパトサウルスはジュラ紀の氾濫原に立ち、シダや針葉樹の枝をウシか何かのようにモグモグやってすりつぶしたわけではない。ろくに噛みもせずに行儀悪くがっついて食べたおかげで、生きるのに必要なみずみずしい植物を大量に取ることができた。ただし、アパトサウルスや同程度の大きさの恐竜が正確にどれだけの量の食物を必要としたかは生理学の問題で、これがまた恐竜の謎のなかでもとくにもどかしい疑問だ。

僕が初めて恐竜に出会ったころは恐竜ルネサンスがまだ進行中で、恐竜の概念に新風が吹き込まれていた。テレビ番組や部屋にある本で見る中生代ののっそりした愚鈍なやつらがしだいにカラフルで賢い恐竜にとって代わられ、新しい恐竜は古代の原野で側転でもしそうなくらいに敏捷に見えた。ポピュラーサイエンスのドキュメンタリー番組は、典型的な冷血の爬虫類（はちゅうるい）だった恐竜が前にもあとにも類のない温血（ホットブラディド）動物になったと説明した。古生物学者はそれまでの理解よりもずっと複雑な生物だったという恐竜の新しいイメージにおおむね賛成したが、しかし恐竜の生態の細かい点については猛烈に反対した。

恋愛小説ではあるまいし、「ホットブラディド（情熱的）」という言葉はいただけない。これでは恐竜の生態について何ひとつ伝わらない。約三七℃の体温がほぼ一定に保たれている僕は疑いもなく温血性だが、陽のあたる場所に長い時間いるトカゲでも、体が温まれば活発に活動できる温血の状態になるだろう。生物の生理機能の特徴は体温にあるのではない。体温をどのように保つかに関わるさまざまな体のメカニズムに、各生物の特徴の違いがある。恐竜の場合、体熱を自分で産生していたかどうか、体温を一定に保っていたかどうか、代謝率は高かったのか低かったのかを調べなくてはならないということだ。この三つの点が生物の生理機能のおおよそを決定するのであり、古生物学者は恐竜に関してそこを解き明かそうとしている。

タイムマシンと体温計がなければ、恐竜の体温を直接測ることはできない。だが、なくてよかっただろう。古生物学者のエドウィン・コルバートらは恐竜の生理機能戦略の概要を調べるつもりでアメリカアリゲーター（ミシシッピワニ）の体温を測ろうとし、大変な苦労をした。[4] 恐竜の体温に関する議論が盛んになる三〇年前、コルバートらはフロリダへ行き、小型のアメリカアリゲーターを日向に出したり引っ込めたりしてさまざまな状態での体温を――総排出腔で――測った。ワニは外温動物で、体温調節を周囲の環境に依存しているため、もっと大きい恐竜がどれくらい日光浴をしたかを推測する方法として、ワニが体温の上げ下げに要する時間を知ろうとしたのだ。さらに木で小さい（拷問具のように見える）装甲までつくり、それを小さいアリゲーターにくくりつけて恐竜らしい姿勢をさせ、姿勢による違いがあるかどうかまで調べた。論文に掲載されたイラストは、アリゲーターを磔（はりつけ）にしたかのようだった。

実験は想定どおりにいかなかった。長い時間太陽にさらされたアリゲーターは二匹が死んでしまった。日光浴を好むはずのワニでもひどくオーバーヒートしたためだ。また、当然だろうが、体温の上げ下げに要する時間は体の大きさで変わった。小さいアリゲーターは小さい分、大きいアリゲーターよりも体温変化に要する時間が短かった（昨夜の残り物をオーブンで温めるのと、感謝祭用のまるまるした七面鳥を温めるのとでは時間のかかり方が違うのと同じこと）。この実験結果からでは恐竜の謎はまったく解けなかった。コルバートはこのパターンを恐竜の大きさにあてはめてみたが、そうするとアパトサウルス級の竜脚類は一日中日向にいなければ体温が充分に上昇しない。体温を下げる場合も同じで、もしアパトサウルスがオーバーヒートしだせば、余分な熱をなかなか放出できずにアリゲーターのように死んでしまったかもしれない。日光浴に依存する外温動物のパターンは大型恐竜ではうまくいかず、また小型恐竜は体が軽く敏捷に動けるので、体温上昇のために時間をとる必要はなさそうだった。古生物学者やイラストレーターやアニメーターがまだ竜脚類には生きるために温かい湖が必要だと考えていても、増えてゆく証拠は別の新しい見方が必要なことを示していた。

竜脚類とそのさまざまな近縁種の生理機能が本当にわかってきたのは、恐竜のイメージが変わってからだ。古生物学者のロバート・T・バッカーがとくに指摘したのは、恐竜は成長が速く、体の下に脚がまっすぐについていて活発に動きまわれたこと、また集団構造が爬虫類よりも哺乳類に似ていたことである。これらはみな、恐竜が体熱を産生する内温動物だったかもしれないことを暗示している。まったく妥当な推論だ。まだある。多くの恐竜が保温効果のある羽毛でおおわれ、極地に近い環境に棲んで繁栄した。当然、雪に閉ざされた長い冬の夜を経験したはずなのだ。さまざまなことがわかってくればくるほど、恐竜は体温を高く保つ体内メカニズムをもっていたことが明白になる。恐竜はディズニー映画『ファンタジア』やルドルフ・ザリンガーによるイェール大学ピーボディ自然史博物館の壁画「爬虫類の時代」で描かれたような、中生代の蒸し暑い夏のみに活動を限定されたのろまな外温動物ではなかった。

哺乳類でも恐竜の生理機能の研究に役立つ。二〇一二年に哺乳類の骨についての重要な研究が発表された。[5] 反芻(はんすう)動物——四肢の先端に偶数に分かれた蹄(ひづめ)をもつ草食動物——の骨に成長の鈍ったことを表わす線が残っているのがわかったという。この線は季節によって成長のペースが遅くなったしるしで、むかしの博物学者はワニのように環境によって生理機能が変動する外温動物にのみ現われるものだと考えていた。恐竜にもこの線があったため、恐竜は哺乳類や鳥類よりも爬虫類に近いと考える古生物学者もいたが、新しい研究によってこの線をめぐる議論は打ち止めになった。古生物学者のケヴィン・パディアンはこの研究への意見記事で、恐竜は「まったく爬虫類ではない」ことが示されたと述べた。[6] 現在、哺乳類にも環境のあまり厳しくないときは成長が速く、食べものの乏しい乾季や寒い時季に成長速度が鈍るものがいることがわかっている。

これらの証拠を総合すると、恐竜は高い代謝率を備えた成長の速い活発な生きものだったことが強く示唆される。古生物学者のスティーヴン・ブルサットはこれまでに集まった証拠を再検討してこう書いている。「明らかだと思えるのは……恐竜の生理機能と代謝は現在の爬虫類よりも鳥類や哺乳類に似ていることである」[7]。恐竜の生理機能の多くについてはいまも盛んな議論がつづいているが、過去二億三〇〇〇万年にわたって繁栄した恐竜は適応力の高い生理機能をもっていたにちがいない。

もちろん、すべての恐竜にあてはまる生理的特徴があったわけではない。恐竜は多種多様で、たとえばスーパーサウルス、小さい毛玉のようなシノサウロプテリクス、装甲でしっかり防御していたケントロサウルスの三種を取り上げても、大きさも形態もまるで違い、系統は現生の哺乳類のように驚くほど変化に富んでいた（たとえばコウモリとイルカとゾウ）。なかでも竜脚類はとくに厄介だった。竜脚類の子供は、代謝率とおそらく体温も高くなければまず無理だったにちがいないと思うほどのものすごい速さで成長する。ただしそれは、体を大きくするという犠牲を払って得た能力だ。

慣性恒温性の完璧な例として竜脚類に注目する古生物学者がいる。慣性恒温性とは、代謝よりも体の大きさによって体温をほぼ一定に保つ戦略である。アパトサウルスくらい大きい恐竜は体温を上げるのも下げるのも大変だっただろうが、もし恐竜が外温動物で、体熱を産出するのではなく維持するのだったら、大型恐竜は生理的に少し余裕ができてオーバーヒートせずにすんだだろう。ここから引き出せる結論として、竜脚類は歩く堆肥の山だという考え方がある。内部で植物を分解して熱を保つのだ。しかし、この考え方でいくと、竜脚類は他に例のない独特な生物ではなく、ただの巨大な爬虫類ということになってしまう。脊椎骨に穴や空洞が見られることから、竜脚類には頸椎を中心とした脊柱の内部にエアポケットのシステムが備わっていたのがわかっている。今日の鳥類に見られる呼吸器系の気嚢に似たものだ。空気が満たされたこの構造は骨格を軽量化するだけでなく、鳥の場合と同じようにある種の空調システムとしてはたらいて、活動中の過剰な熱をうまく処理できるようにしていたのかもしれない。

竜脚類の生理機能と生態に関しては、恐竜研究のなかでも目まぐるしく変わる部分であることは認めざるをえない[8]。しかし、これだけははっきりしている。つまり竜脚類がどうしていたのであろうと、それでうまくいっていたのだ。進化のまぐれあたりなどではなく、進化を重ねて巨大化し、ついに史上最大の脊椎動物になったグループなのである。

竜脚類はどうやって巨大化したのだろうと考えるとき、なんのためにそうなったのかという同じくらい気の遠くなるような疑問が浮かぶ。専門家や権威が長年にわたってさまざまな考え方を提唱してきた。大きくなったのは捕食者から身を守るためだったとか、中生代の大気は酸素濃度が高く、効率的に呼吸できたからだとか、過去の地球は重力がさほど大きくなかったというものまであった。しかし、これらの環境要因はよく調査してみれば成り立たない。竜脚類の巨大さの本当の秘密は意外なところにあった。じつは、小さく生まれたからこそあれだけ大きくなれたのである。

『リトルフットの大冒険——謎の恐竜大陸』や、いまひとつ知られていない『恐竜伝説ベイビー』に出てくる恐竜の親の愛情あふれる物語とは対照的に、竜脚類は一匹の子を慈しんで育てたのではない。本当のところをいえば、リトルフットのお母さんはほかにも子をたくさん産み、ろくろく世話をしなかった。卵と巣の化石からわかるのは、アパトサウルス、スーパーサウルス、アルゼンチノサウルスの母親が一度に一〇から二〇以上のわりあい小さい卵を産んだということである。

僕は竜脚類の赤ん坊がどれくらい小さかったかがよくわからなかったのだが、一般公開されたアメリカ自然史博物館の「世界最大の恐竜展」を見て知った。恐竜の巨大な器官とマメンチサウルスの実物大の模型がこの展覧会の主役だったが、最大の恐竜の特徴を見せる展示のうしろに竜脚類の巣の小さい展示があった。卵はグレープフルーツくらいの大きさで、赤ん坊は僕の手のなかにまるまって収まったただろう。チビの恐竜は、通りかかった獣脚類や営巣地を這いまわるヘビのおやつにされただろう。インドで発見された恐竜の巣と卵とヘビのきれいな化石から、その様子がわかる。

竜脚類は、小さい幼体からスタートすることで哺乳類の体の大きさを制限する生物学的制約から解放された。今日アパトサウルス大の哺乳類がいない理由はこの制約で説明できる。一九九〇年に、ブラウン大学の古生物学者クリスティーン・ジャニスとマシュー・カラーノが化石哺乳類の専門家ビョルン・クルテンが発見した化石を手がかりに、最大の恐竜と陸上最大の哺乳類の生殖システムの違いを調べた[9]。竜脚類は比較的小さい卵を数多く産み、世話をするにしてもほどほどの期間だった一方、ゾウやキリンなどの大型哺乳類は少なく産んで――普通は一頭――長く世話する。そして哺乳類の赤ん坊は乳を飲み、世話してもらうことで、生まれたあとも母親からエネルギー源を奪う。しかも哺乳類は妊娠期間が長く、それだけその間にまちがいも起こりやすい。子を産み、育てるには長いあいだにわたって大量のエネルギーが必要になるのである。このような生殖戦略の特徴のせいで、哺乳類には恐竜にない制約がある。

二〇一一年に、ヤン・ヴェルナーとエヴァ＝マリア・グリーベラーがジャニスとカラーノの説を再調査した。二人は生殖において恐竜が有利だったことを発見した。恐竜は卵を産み、成長の速い子を放置するので、哺乳類のようにエネルギーの負担が大きくなく、したがって陸生生物の大きさの限界と思われる大きさに適応できる柔軟さがあった。生殖と生活史のこの違いで、恐竜には大型のものが数多くいるが、哺乳類には少なかった理由が説明できるかもしれない。どんなに大きかろうと、恐竜はたくさんの卵を頻繁に産むことができたが、大型哺乳類は数年に一度、一頭ずつしか子を産まないだろう。親の資源の投資が大きい哺乳類の場合、生殖サイクルが長く、したがって子の数が少ないのは、赤ん坊の大きさの代償である。恐竜にはそのような大きさの代償がない。産卵数が多く、親の投資が少なくても、巨大化する必要はないが、次の世代の送り出し方によって巨大恐竜の進化が可能になったのである。

だが、竜脚類が仰天するほど巨大に成長するためには、生まれたばかりの子は生き延びなくてはならない。親のたすけはあまりあてにできなかっただろう。すでに見てきたとおり、恐竜の営巣地と鳥類およびワニ類の行動から、恐竜の親も巣の面倒を見て、卵から孵った子の世話をしたことがうかがえる。それでも恐竜の赤ん坊は巣を離れれば自力でやっていき、成獣になっても単独で生きただろう。

頭骨の形がそれを物語っている。ダイナソー国定公園で見つかったディプロドクスの幼体の頭骨は、おとなのそれとは口吻の形が違っている[10]。成熟したディプロドクスは低いところに生えている植物を刈り取るのに適した角ばった口吻をしていたが、幼体の口は丸みをおび、植物をむしるのにむいていた。若い竜脚類は食べるものを選ばなくてはならず、短期間で成長するための燃料になる栄養価の高い植物をむしりとった。必要とするものも、食べるものも、習性も、おとなとは違っていた。この数年で、幼体だけしかいないボーンベッドが発見されている。トリケラトプスから竜脚類のアラモサウルスまで、若い恐竜は初めは出身集団と一緒にいて、のちに繁殖集団に加わるか単独になったようだ。恐竜の一生には何段階もあり、その段階によって誰といつ関わるかが違ったのだろう。その社会生活は岩石の記録にかすかに残っている。

第6章　足跡を追って

クリーブランド・ロイド発掘地はうっかりすると見落としやすい。国道6号線のユタ州プライスと同州モアブを結ぶカラカラに乾燥した一帯は——西部劇でおなじみの転がり草を僕はここで初めて見た——行き交う車もほとんどなく、この一一〇キロの区間を一時間ほど走っていると、僕のような恐竜ファンが泥道へ入るところの茶色の標識をうっかりすっ飛ばしてしまうこともめずらしくない。そのわき道が農場と露出した地層のあいだを抜けて赤と灰と緑の荒涼としたバッドランドにつづく道なのだ。いや、美しい景色に気をとられた僕が悪いのだろう。発掘地はユタ州とコロラド州にまたがる風光明媚（ふうこうめいび）な「恐竜三角地帯」にあり、そこへの裏道につづくハイウェイは両側に殺風景な岩肌が広がっている。ハイウェイを縁どる地層の小山が地質年代をあらわにした景色に変わるころ、夕暮れの太陽が真横からそれを赤く照らす。この雄大な景観は久遠の時の真実を耳元でそっと語りはしない。叫んでいる。このパノラマが数年でできたなど、どこをどうしたらそう思えるのだろう？　こっくりした虹の色に染まった地層にははるか遠い時間が凝縮されている。洪水の一度や二度ではこうまでならない。長い長い年月のうえにまた年月が重なり、西部の陽射しを裸で浴びている。時間の流れはどこを見てもまぎれもない。

　非力な小さい赤のセダンを転がして岩層のあいだを通過し、ガタガタ道を越えたとき、発掘地の入り口からちょうど一マイルのところでくたびれた黄色いゲートに迎えられた。辺鄙（へんぴ）な場所なので、土地管理局は夏季をのぞいて週末しかビジターセンターを開けないらしい。そうとわかったのは、訪れたのが夏の開館期間がはじまるちょうど前日だったからだ。僕はおのれのばかさかげんを呪いつつ、また三時間かけてソルトレイクシティへもどった。

　翌週、今度こそ恐竜の骨が見たくてもう一度行った。今度は連れがいた。妻が長いドライブにつきあってくれたのだ。トレイシーは僕みたいに恐竜のことが頭から離れないというわけではないが、植物には興味をもっていて、ユタ州の景色をたのしめるならいつでも出かける気になってくれた。二〇〇九年に初めてユタを訪れ、西部に引っ越そうと決心して以来、僕らの旅はこの土地の自然を満喫することと、もちろんこの近くで見られる恐竜を見に、まわり道をすることのどちらかになった。ありがたいめぐりあわせだった。ユタ州に転居したことで、トレイシーはそれまで知らなかった自然の動植物に夢中になり、僕は僕で、ずっと見たいと思っていた恐竜に会いに行ける。僕らは化石がごろごろ埋まっている美しい風景のなかで夢をかなえることができた。最初にユタへ行った夏はクリーブランド・ロイド発掘地を訪れるチャンスを見つけられなかったが、このとても重要な恐竜の発掘地はぜひとも来シーズン早々には見なくてはならないと思っていた。

さいわい、再度の挑戦ではすんなり現地に到着できた。郊外のプライスから舗装道路で田舎町のエルモ近郊のリャマと牛のいる牧場のあたりまで行けば、公園はもうまもなくだった。泥道をあと数キロ走らなくてはならないが、壊れたエアコンのかわりに窓を開けて風を入れると、細かい砂埃が舞って車が粉を吹いたようになった。土地管理局の標識にしたがって採掘場を目ざしながら、僕はずっと時計に目をやって閉館時間までの残り時間を確認した。恐竜の墓参をするために、一秒たりとも無駄にしたくなかった。

＊　＊　＊

意外にも、ガラスと石の奥行きのある低い建物を訪れている客は僕と妻だけだった。まわりのピクニックエリアのベンチにも誰もいない。恐竜の化石がどっさりあって、鋭い歯をもつ獣脚類がいくつか最初に発見された発掘地なのに、知る人ぞ知る秘密の場所のようだ。ハイウェイわきの標識には発掘地の名前しか書かれていず、「恐竜」という言葉がなければどうということのない名前だった。「アロサウルスの死の落とし穴はこちら！」とでも書かれていれば、州間道路で車を止める観光客がもっと増えるだろうに。

クリーブランド・ロイド発掘地には、頭を抱えてしまうようなジュラ紀の謎の一つがある。謎の主人公は発掘地のビジターセンターに口をグワッとあけて立っている。僕は車で三時間かけて（二度も！）見にきたこの恐竜の方へさっそく急ぐ。真っ黒い頭骨のならぶガラスケースがここで発見されたスター級の恐竜を目立つように展示し、そのむこうに大きなアロサウルスが丸い柵にかこわれている。この復元模型のことは聞いたことがあって、僕にはこれがつぎはぎの骨格だとすぐにわかった。体はここで発見された骨格をもとに復元されているが、頭部はここから数時間のダイナソー国定公園のアロサウルスはクリーブランド・ロイドの化石をもとにした復元模型なのだ！　すばらしい二カ所のボーンベッドを合わせれば、ジュラ紀にたくさんいた捕食恐竜の生活と時代がおおよそわかる。

アロサウルスはよくティラノサウルスのもう少し弱い祖先の役割をふられてきた。だが、それは公正ではない。というよりも、正確ではない。一九九〇年代までは、肉を切り裂く大型の恐竜は「カルノサウルス類」として一つのグループにまとめられていた。この分類体系では、ジュラ紀の北アメリカ大陸で頂点にいたこの捕食動物たちが次の白亜紀に出現するもっと大きいハンターの前身だった。しかしその後、カルノサウルス類とするのではさまざまな超強力肉食動物の系統に属する恐竜がみな一緒くたになっていることに古生物学者は気づいた。アロサウルスは大型の竜脚類を狩るグループ――アロサウルス類――の代表だっただけではなく、その標本のなかでも希少なものは彼らがティラノサウルスと同じくらいの大きさになったことをうかがわせてもいるのである。アロサウルスは先史時代の最も有名な暴君のおとなしい祖先だったのではなく、ぎょっとするような大きさと様相をした俊敏な捕食者だったのだ。クリーブランド・ロイドの化石から、一部の古生物学者はアパトサウルスを餌食にしたこの恐竜が群れで狩りをしていたのではないかと推測している。

　クリーブランド・ロイドのジュラ紀の墓場が一九二七年に調査されはじめて以来、四六体以上のアロサウルスの標本が見つかっている。この先史時代の生物の寄せ集まった山で見つかったアロサウルスは、ほとんどがばらばらの骨のかけらになって入り混じっていた。砕けた骨のいくつかは、死んで骨になった仲間をほかの恐竜が踏みつぶしたことを示している。ここで見つかった大腿骨（だいたいこつ）の数からアロサウルスの最少個体数を古生物学者が計算したが、ここに埋まったアロサウルスのすべてがボーンベッドに骨を献上してくれたわけではない。そのうえ、掘り返されたのはボーンベッドのおよそ三分の一でしかない。ここには掘りつくせないほどのアロサウルスがいるようだ。

　同じ採掘場からほかにもナイフのような歯をもつもっと大きい肉食恐竜トルヴォサウルスや、とくに大型のケラトサウルスなどの捕食恐竜が出土しており、またステゴサウルスや優雅な巨体のバロサウルス、丸みのある頭部の竜脚類カマラサウルスも発見されている。初期のティラノサウルス類のストケソサウルスと、どこに分類すればよいのかわかっていない獣脚類のマーショサウルスもここで最初に見つかった。だが、数ではアロサウルスが群を抜いており、ほかの恐竜を全部合わせたよりも多い。

　クリーブランド・ロイドのビジターセンターで口をぱくっとあけているアロサウルスは、ここで死んだたくさんの生物を代表する合成骨格だ。ぼろぼろの黒い化石はアロサウルスの標準的なイメ

アロサウルスはジュラ紀後期のユタでありふれた大型捕食恐竜だった。1億5000万年前の氾濫原になぜそんなに数多くの肉食獣がのし歩いていたかを古生物学者は解き明かそうとしている。（写真：ユタ自然史博物館で著者撮影）

ージにもなっている。ユタ州で最初の州所属の古生物学者だったジェイムズ・マドセンは、クリーブランド・ロイドの化石を用いてアロサウルスの骨格を一つ残らず重要な学術論文に記述した。この採掘場の骨にもとづいたアロサウルスの復元骨格は世界中の博物館で見ることができる。僕が右腕に入れるアロサウルスのタトゥをデザインしてほしいとアーティストのグレンドン・メロウに頼んだとき、彼はインスピレーションを得るためにロイヤル・オンタリオ博物館まで行ってくれたのだが、そこに古くから立っているアロサウルスの骨格もクリーブランド・ロイドの化石をもとに制作されたものだ。もしどこかの博物館でアロサウルスを見たら、それはユタ州の山中にポツンとあるこの採掘場から出た骨格の複製である確率が高い。

ボーンベッドの露出部分を保護している建物は、ビジターセンターから少し歩いたところにある。ここはダイナソー国定公園ではないが、土地管理局がいくらか化石をそこに残し、炭色のキャストを配して厚いボーンベッドのイメージを再現した。ここは恐竜類のるつぼだ。露出した岩一面に、部分頭骨、肋骨(ろっこつ)、脊椎骨、ばらばらの四肢の骨が散乱している。クリーブランド・ロイド発掘地は化石のカオスなのである。

ボーンベッドがどのようにしてできたのか、なぜアロサウルスがまちがいなくここで幅を利かせているのかは誰にもわからない。この肉食恐竜の圧倒的な数と密度はここが捕食者の落ちやすい罠(わな)だったことを示唆している。サーベルタイガーとダイアウルフが数多くはまったカリフォルニア州ロサンゼルスのラ・ブレア・タールピットのようだ。クリーブランド・ロイドの歴史をマドセンのような古生物学者が描いた古典的なシナリオは次のようなものである。ジュラ紀の厳しい日照りの時季に、水に飢えたステゴサウルスやカマラサウルスが焼けつく大地にわずかに残った池を見つけた。これらの植物食恐竜が頭を池に突っ込んで水を飲んでいるとき、その円柱のような脚がひび割れた地面にめり込んで泥のなかに吸い込まれ、最後の生きる望みも費えて凶運に襲われる。逃れるすべはもうない。断末魔の叫びがアロサウルスの耳にとどかなくても、息絶えて腐ったその体が漂わせる異臭が何も気づいていなかった肉食恐竜を遠くからおびき寄せる。だが、ご馳走（ちそう）にむしゃぶりついたとき、アロサウルスにも同じ運命が訪れる。すてられたタコツボのように、悪臭を放つ池は毎年同じ季節に罠にはまった動物を殺しつづける。当時はアロサウルスが非常に多かったこと、また肉食恐竜の化石が圧倒的に多いことから、集まった骨に偏りがある理由はこのようなシナリオで説明できる。

この採掘場が捕食動物の死の罠だったとする説は、満場一致で支持されているわけではない。地質学的な背景はどのようにも解釈できる。泥沼に足をすくわれたというのもあるだろうが、旱魃（かんばつ）で死んだ恐竜の死骸が蓄積したとも考えられるし、どこか別の場所から流されてきた骨だということもありうる。この採掘場を調査した者は一億五〇〇〇万年前のここでの出来事についてそれぞれに意見がある。また、このシナリオのなかにもまだ疑問がある。この場所がかつて捕食者の落ちる罠だったとしたら、アロサウルスがとくに多く、ほかの大型捕食恐竜がごく少ないのはなぜなのか。アロサウルスは本当に生息数が多かったのか、それとも何か別の要因で偏ったのか。

一つ考えられるのは、クリーブランド・ロイドのアロサウルスが一人旅をしなかったということだ。ここが一匹狼のハンターではなく家族や社会的集団の集まった場所だったとしたらどうだろう？　クリーブランド・ロイドのコレクションの多くを収蔵しているユタ自然史博物館は、二〇一一年に新しい古生物ホールを開館したときにこの概念を展示で再現した。ジュラ紀の泥沼にはまった不運なバロサウルスの骨格が長大な首をふり上げ、この巨獣をアロサウルスの家族がいたぶっている。一匹のこらえ性のない小さいアロサウルスがその背中に飛び乗り、そこにはない肉に爪を食い込ませている。この一コマがジュラ紀の食事風景だ。

クリーブランド・ロイドにアロサウルスが多く見つかっていることは、彼らが協力して大きい獲物を倒したと考える糸口になるかもしれない。だが、これも確かめる手立てはない。ボーンベッドは数週間、いや数年かかってできた。数十頭のアロサウルスがこの一つの場所に埋もれているのは事実だが、なぜここに集まっているかは誰にも解けない謎だ。恐竜が一緒に埋まっているからといって、彼らが貪欲な群れとして一緒に生活していたとは言い切れない。この場合、この採掘場がアロサウルスの群れを表わしているのか、あるいは多くの単独生活者の眠る墓場なのかを見分けることはできない。クリーブランド・ロイドは中生代の迷宮入り事件なのである。

それはユタ州東部のこの発掘地にかぎった話ではない。世界中で発掘されている恐竜のボーンベッドは、一部の恐竜が一緒に暮らして一緒に死んだ社会的な動物だった可能性を示してはいる。共同墓地の不思議の縮図ともいえる恐竜がいるとしたら、それはデイノニクスである。その理由を知りたければ、映画『ジュラシック・パーク』を思い出すだけでよい。

壁をぶち破り、柵を踏み砕くティラノサウルスが凶暴さの化身なら、ヴェロキラプトルはずる賢さと忍び寄り戦略がそのまま恐竜の形になったものだ。しかし、僕ら観客がヴェロキラプトルだと思っているものは、本当はデイノニクスだった。名前が違うのは、スピルバーグの特殊効果の恐竜がスクリーン狭しと大暴れする五年前に出版された本のせいだった。古生物イラストレーターのグレゴリー・S・ポールは一九八八年に出版した『肉食恐竜事典』で、独自の恐竜の命名体系を採用した。鎌のような鉤爪(かぎづめ)をもつデイノニクスはモンタナ州で部分骨格が発見されて一九六九年にジョン・オストロムが命名した捕食恐竜、一方のヴェロキラプトルはそれに似ているが小さい殺し屋で、モンゴルで発見された骨格からヘンリー・フェアフィールド・オズボーンが一九二四年に命名したものだったが、ポールは二つを一緒にすることにした。そしてヴェロキラプトルのほうが先に命名されていたので、より大きい別の種のデイノニクスをヴェロキラプトルとして分類しなおした。古生物学者は名前の変更に反対したが、なんとマイケル・クライトンは『ジュラシック・パーク』を書いたときにポールの本を参考にし、よりずんぐりして凶暴なデイノニクスの名を小説中でヴェロキラプトルに変えたのである。実際のヴェロキラプトルはそれほど脅威にならなかっただろう。この捕食恐竜は恐ろしい武器を備えていたが、大きさは七面鳥くらいだったから、人間のおとなを餌にしようとするには小さすぎた。

クライトンが小説ゆえに誇張したのは、ヴェロキラプトルの知能だった。ティラノサウルスはた

デイノニクス（イラスト：川崎悟司）

ヴェロキラプトル（イラスト：川崎悟司）

だひたすら殺そうとするだけだが、ヴェロキラプトルは牽制（けんせい）したり裏をかいたりして相手を罠にはめる。この見方はデイノニクスが最初に見つかった場所[1]に関して古生物学者のジョン・オストロムが立てた仮説からきている。モンタナ州中部にひっそりとあるこの発掘地は、テノントサウルスの骨格とデイノニクス数匹の部分骨格を出土した。不運な植物食恐竜のテノントサウルスは鳥盤目の一属で、有名なイグアノドンの仲間だが、スパイクも骨板も、その他の飾りもいっさいなかった。この平凡な恐竜はくちばしと長い尾があり、二足でも四足でも歩いた。できるだけ無防備な餌をねらう捕食動物にとっては絶好の餌食だったようだ。格納式の鉤爪を獲物の肉に食い込ませる、筋肉質のほっそりした肉食恐竜デイノニクスの数匹の部分骨格をオストロムらが同じ場所で発見したので、捕食者が群れでテノントサウルスを襲ったかのように見えた。そのときに命を落としたものもあれば、脂たっぷりの戦利品を手に入れたものもいた。テノントサウルスを切り裂いているときに抜け落ちたデイノニクスの歯がたくさん見つかったことが、惨劇での肉食恐竜の勝利を物語っていた。

デイノニクスは、協力する能力によってたちまち特別な存在になった。それ以前は、捕食恐竜は自分で獲物を捕らえて自分だけで貪る単独生活者だと考えられていた。しかし、このラプトルは違った［ラプトルとはラテン語で「猛禽（もうきん）」「掠奪者」を意味する。恐竜の名称に多く用いられ、たんに「ラプトル」という場合はデイノニクスやヴェロキラプトルなどの小型肉食恐竜を指すことが多い］。スピルバーグのヴェロキラプトルは、この恐竜が闘いの戦略に長けていたことを一般に知らしめた。ヴェロキラプトルにやられたパークの恐竜監視員ロバート・マルドゥーンの――おそらく食われる直前の――最後の言葉は「利口なやつだ」だ。

それでもオストロムの記載した発掘地が教えてくれたのは、恐竜の部分骨格がまとまって埋まっているということだけである。[2] 二〇〇七年にイェール大学ピーボディ自然史博物館の古生物学者ブライアン・ローチとダニエル・ブリンクマンが手に入った証拠をもう一度調べ、デイノニクスが群れで狩りをしたという主張は確実だとはいえないと結論した。二人は、デイノニクスは協力したのではなく争ったのであり、ここで見つかったのは肉のたっぷりついたテノントサウルスを奪いあって殺された個体だったとの説を提唱した。現生のコモドオオトカゲ（コモドドラゴン）に同様の行動が観察されている。一つの死骸に複数が集まることがあっても、個々のコモドオオトカゲは自分の関心のみから行動している。要するに、デイノニクスは肉をひとかじりしようとして争ったがために命を落としたのであって、協力して大物を落とそうとしてヘマをやらかしたからではなかったのだろう。アロサウルスのボーンベッドやそのほか捕食恐竜の骨格が数多く埋まっている場所と同じように、このデイノニクスの墓場も彼らを団結して行動する兵団だったとする動かしがたい証拠にはなりえない。

アロサウルスとデイノニクスの発掘地で何があったのかを読み解くのは難しいが、恐竜の社会的行動が現われているボーンベッドが少なくとも一つはある。そこはカナダの州立恐竜公園内にあり、数十匹もの恐竜が一度に死んだおそろしい出来事が記録されている。[3] 犠牲になったのはセントロサウルス、およそ七五〇〇万年前に白亜紀のアルバータ州を歩きまわっていた角のある恐竜だ。セントロサウルスは角のある恐竜というとすぐに思い浮かぶような典型的な角竜類で、太い体にがっしりした四肢で四足歩行した。だが、この恐竜を目立たせていたのは頭の飾りである。鼻の上にわずかにそった長い角があり、上眼窩(じょうがんか)には角はなく、フリルにトゲ状の装飾(ホーンレット)と鉤状の突起(フック)がついていた。

集まった骨から推算すると、数は最低でも五七匹になるが、もっとずっとたくさんいたのはまちがいない。骨の数そのものからすれば、数百匹いたかもしれない。古生物学者の発見した骨格のほとんどは成体のものと考えられるが、亜成体と幼体も惨事に巻き込まれていた。大小の骨片の数から、先史時代で最も息を呑(の)む光景の一つだったにちがいないものが浮かびあがる。セントロサウルスの大群だ。一カ所にこれだけいたなら、恐竜が群れで移動したとする考えは否定しきれない。この場所はセントロサウルスがひっそりと死にに行った秘密の墓所ではない。これは災害の現場なのだ。

恐竜がうずもれていたのはボーンベッドのみで、このことはこれらのセントロサウルスがたがいに近い距離で死んだことを示唆している。最も支持されている説は、セントロサウルスの群れが今日のカリブーやヌーといった草食哺乳類と同じように川を渡ろうとしているところを想定する。そのとき何かが起こった。水かさが増していたとか、パニックを起こしたということかもしれないが、直接の原因がなんであれ、群れの大半が溺れた。すぐに土に埋もれたわけではない。腐った死骸は浮いたり沈んだりして川岸に打ち上げられ、腐肉食動物が食べきれないほどの量の肉になった。その一帯に生息していたティラノサウルス類のゴルゴサウルスが食べたいだけ食べたあと、こぼれた歯を証拠として残した。セントロサウルスのいくつかの骨についた小さい歯の跡も、小さい哺乳類がたなぼたにあずかったしるしだった。最後に洪水が骨をまとめて押し流し、最後の永眠の場所まで川底を転がしていった。このボーンベッドは何シーズンもかかってできたのではないし、食べものをめぐって争った跡だと解釈することもできない。この場所は一緒に移動していた動物の大群があっという間に死んだことを記録している——恐竜が一緒に暮らして一緒に死んだという、なかなか立証できないシナリオだ。

ボーンベッドは、古生物学者が恐竜の社会性を調べるのに利用する証拠のうちの一つである。恐竜の生活についての有効な手がかりはほかにもある。足跡だ。もっとも、足跡が骨格ほど胸躍るものではないのは認めざるをえない。僕は子供のときにニュージャージーを歩きまわっていた恐竜の残した足跡を見て、とてもがっかりしたのを覚えている。両親がモリス博物館の近くの「ダイナソー・デン（恐竜の棲みか）」に連れていってくれた。狭く暗い通路に大きいステゴサウルス——僕の育った州とはなんの関係もない、装甲した巨獣——と、いくつかのキャストがあったが、正真正銘のこの土地の化石は赤茶色の岩盤に残された三つ指の足跡だけだった。それは大きい鳥の足跡にしか見えなかった。恐竜骨格の発見にくらべたら少しもおもしろくないので、コネティカットバレーの足跡は通称「七面鳥の足跡」と呼ばれていた。アマースト大学の地質学者エドワード・ヒッチコックは、絶滅したモアのような鳥の足跡だと考えた。僕は足跡を見てもちっとも想像力をかき立てられなかった。本物の恐竜の骨格でなければダメだ。本物を見て、そのおそるべき力に想像をめぐらせたかった。

恐竜の足跡がどんなものなのか、僕はわかっていなかった。それは恐竜の行動が化石になったものなのだ。角竜が先史時代の湖の泥岸を歩いていると考えてほしい。たとえばスティラコサウルスだとしよう。角を立たせたこの植物食恐竜がどすんどすんと歩くとき、ひと足ごとに硬い土に足跡が刻印され、どのような動きだったかが——詳しく——記録される。もちろん、足跡がどの恐竜のものかがかならずわかるわけではない。化石の保存は気まぐれで、残っているのはある場所では足跡だったり別の場所では骨格だったりし、足跡のところで恐竜が死んでいるのを見つけでもしないかぎり、足跡の主については考えうるだけの候補を挙げるしかできない。シンデレラの物語のように、化石の「靴」にぴったり合う足を見つけるのはとても難しいのだ。それでも恐竜の足跡は特徴がよく表われるので、古生物学者は候補の幅を狭めることができる。世界中の数多くの発掘地に、恐竜が歩き、走り、一緒に移動までしたことを示すパターンを見せている恐竜ハイウェイが残っている。例のコネティカットバレーで見つかった足跡のいくつかは、同じ方向にむかって平行についていた。数匹の恐竜が肩をならべて歩いていた証拠だ。ここの足跡は小型と中型の恐竜がつけたものので、その大半が獣脚類だった。

ほかの場所のめずらしい足跡は、大型恐竜もみなで一緒にのんびり歩くことがあったのを教えている。古生物学者のローランド・T・バードが自分の発見ではないその発掘地に同業者の目をむけさせた。[4] テキサス州グレンローズとその周辺に住む人々は一九三八年にバードがどかどかと町にやってきたとき、すでに恐竜の足跡のことを知っていた。というよりも、大きな恐竜の足跡があるといううわさを聞きつけてバードがやってきたのだ。アメリカ自然史博物館のブロントサウルスの骨格が背後に残した足跡を探していたバードがまずパラクシー川付近にきたとき、恐竜の足跡をこともあろうに庭の飾りにするために採掘するのが町の小さな産業になっていた。いうまでもなくニセ物をつくる商売人もいて、彼らは同じ岩に人間の足跡のようなものをつけ、だまされやすい人々に人間と恐竜が一緒に歩いていたと信じ込ませてよろこんでいた。

パラクシー川付近は足跡に事欠かなかった。単独生活者の歩いた跡らしきものもあれば、複数の恐竜の動きが残した特別なへこみも少しあった。バードは初めてこの地にきたとき、まずダベンポート一家の牧場に残る肉食恐竜の足跡の先端あたりを調べた。大型の捕食動物――おそらく背中に帆のあるアクロカントサウルスというアロサウルスの近縁種――の残した足跡が本当にあったが、竜脚類恐竜がつくったくぼみが一面に広がっている場所もあった。バードはそれらを掘り出そうと考えたが、当時の日誌に書いているように、「ダベンポート夫人が発掘作業の何よりも難物だとわかった」。夫人は東海岸の学者がいきなりやってきて、自分の土地のものをさらっていくのが気に入らなかったのだ。そうしたいと申し出たのはバードが最初ではなく、地元のコレクターたちもダベンポート夫妻にうるさくつきまとっていた。夫人は頑として譲らなかった。「彼女の知るかぎり、ダベンポート家の地所から足跡をもっていくことができた者はいず、権威あるニューヨークのアメリカ自然史博物館でさえできそうになったこともなければ、この先できることもなかった。博物館の担当者がどんなに甘い言葉を弄してかき口説いても、訴えは砂漠の空に消えた」とバードは書いている。バードは発掘許可を得るための最後の手段として、足跡の主がどんな生きものだったが気になるダベンポート夫妻の好奇心に訴えてみたが、そこまでだった。ニューヨークに宝をもち帰る許しは得られずじまいだった。

バードと助手はそれでもなんとかしようとし、竜脚類の足跡が地面から消えたあたりの石灰岩の表面をはがすようにして少しずつ地層を削っていった。驚いたことに、その下には大きく広がる恐竜の足跡が隠れていた。「見つけても見つけても、まだどんどん出てきた……竜脚類の足跡の数も、行列の長さも限りがないように見えた」。バードは自分の目を疑った。

パラクシー川で見つけたような一つの足跡ではなかった。ここは巨獣の群れが一団となって踏みしだいたり移動したりした跡なのだ。正確な数をかぞえようとしたが無理だった。まず六メートルおきに七匹の恐竜の足跡があり、このしっかり跡の残った場所の少し先で足跡が入り乱れていた。何より目立つことが一つある。恐竜は同じ方向をむき、おそらくは同じときに移動したのだ。

足跡は全部が同じ大きさでもなかった。大きいものと小さいものがあり、子供とおとなが一緒に歩いていたことをバードに語っていた。また、尾の跡がなかったが、これらの大型恐竜は沼地でのんびり暮らしていたと当時は考えられていたことから、浅い水のなかをバシャバシャ動いていたためだとバードは解釈した。彼の推測では、ひとつづきの足跡が長く引きずったようになっていて、だとすればこの個体が特別に大きいか、疲れていたか、あるいは「尾で署名を残そうとした」のかだった（恐竜の足跡と一緒に尾の跡がない理由について、バードは解剖学的構造が将来正確に復元できるようになれば、「そのころの科学者がきっと解明できるだろう」と書いている。彼はたんに当時の研究者だったために不可思議に思っていたが、この謎は少しも謎ではない。恐竜は尾を引きずらなかったのだ。「私の発見した恐竜の大半は尾を高く上げていた」というバードの観察には、彼が足跡を発掘した当時は認められていなかった真実が表われている）。

ダベンポート牧場の足跡の分厚い層は、バードのあとも長く古生物学者を引きつけた。同じ方向をむいた竜脚類の足跡はみな、群れで移動する恐竜がいたことを示す揺るがぬ証拠だった。古生物学者のロバート・T・バッカーの考えでは、小さい恐竜は群れの中ほどにいて捕食者から守られていた。

しかし、竜脚類はそんなふうに警戒怠りなく細やかに子の面倒をみる親ではなかっただろう。足跡の困った点は、複数の生きものが一つの集団になって移動していたとしても、おたがいに足跡を踏み消してしまうことだ。ダベンポートの群れの場合、少なくとも二三匹の恐竜が集団になっていたが、小さい足跡の上に大きい足跡が重なっており、足跡を専門に研究しているマーティン・ロックリーによれば、非力な幼い恐竜を守れるような特別な隊形をつくってはいなかった。小さい恐竜は守られもせず、ただ大きいものについていったのだ。恐竜は隘路（あいろ）のようなところも通ったので、群れは広がらずに一列になって通過した。

竜脚類が群れをなすのが一般的だったかどうかは知りようがない。体のつくりは同じでも、竜脚類のグループは多種多様で、長い時代にわたって生息した。そのようないろいろな種のいた生きものがみな同じように行動したと考えるのはばかげている。単独で行動するものも、集団を形成するものもいただろう。足跡はテキサスで見つかったもののように、少なくともある時期は集団になった竜脚類がいたことを示しているが、その社会構造の詳細はほとんどわかっていない。集団性の竜脚類がいたことはいたが、岩石記録が僕らに語ってくれるのはそこまでだ。

足跡は恐竜の社会性を知る糸口として、僕らの手にあるもののなかで最も直接的な証拠である。たとえば、デイノニクスなどのラプトルが群れで狩りをしたという見方がそもそも根拠薄弱だったとしても、その独特な足跡はこれらのデイノニコサウルス類がときどき一緒に移動したことを示している。デイノニクスの特徴ある足は彼らを見分ける鍵になる。獣脚類はほとんどが三本の足指で体を支えたが、デイノニコサウルス類は例外で、現生のダチョウと同じように二本指で立った。出し入れできる大きな鉤爪のついた真ん中の第二趾（し）を地面から離していたので、足跡がそれとすぐわかるのだ。そして、ある足跡の列は同じ方向にむかう数匹の個体の動きを示している。[5] 足跡と足跡のあいだが体の幅と同じくらいであることから、彼らが社会的集団だったことがうかがえる。また、ニジェールで発見された別の足跡は、一匹のラプトルが動いたことで別のラプトルが経路を変えているのが見てとれる。白亜紀前期のなんでもない一コマだが、これがこの恐竜たちの関わり方のヒントになる。ラプトルの群れが階層のある高度な組織だったという見方は、科学的事実というよりも大胆すぎる想像の産物だが、鋭い爪をもつこの捕食恐竜の少なくとも一部には連れ立ってのし歩いた種がいたのだ。

足跡とボーンベッドの証拠は、子供だった僕が夢中になった恐竜の古典的なイメージをくつがえす。僕が最初に出会った恐竜は険しい顔をした孤独な生きものだった。ステゴサウルスとブロントサウルスは背中の骨板と大きい体が身を守ってくれると信じてひとりでやわらかい葉をむしゃむしゃ食べていた一方、アロサウルスやティラノサウルスのような肉食恐竜は隣の木の陰にかならずひそんでいるならず者だった。そのころは、本でも映画でも博物館の展示でも、集団でいるのはトリケラトプスとデイノニクスだけだった。前者は防衛のために、後者は獲物を威嚇するために。

州立恐竜公園のセントロサウルスのボーンベッド、パラクシー川の足跡、またその他の発掘地は、多くの恐竜に集団性があったことを示している。だが、恐竜同士の交わりが平和なものだったとはかぎらない。恐竜と聞くと、僕らはたがいに引き裂きあっているところを想像したくなる。古生物学者も、その攻撃と防衛の圧倒的な力のことをしみじみ考えずに恐竜を記載できたためしはない。博物学者のウィリアム・バックランドは自然における神の力の顕れについて論じた一八三八年の論文で、彼が巨大な肉食トカゲと考えていたおそるべきメガロサウルスを神の創った殺戮マシンであるかのように書いた。そのうえ、メガロサウルスは非常に殺しに適し、捕食者として効率よく獲物を仕留めたので「動物をあまり苦しませなかった」とバックランドは主張した。「たちどころに相手の息の根を止めるのに適した歯と顎は、そのような好ましい最期を迎えさせる大きなたすけになった[6]」

植物食恐竜でさえ凶暴な野獣として復元された。聖書を題材にした終末的な画風で有名な画家のジョン・マーティンが描いた初期の絵では、ヘビに似たイグアノドンが抵抗するメガロサウルスに、ギザギザの歯のならんだ口でがぶりと食いついている。このような絵画は科学的な復元とはいえず、伝説のドラゴンの戦闘場面とたいして変わらない。聖ゲオルギオスがドラゴン退治をするはるか前の話だが。

ジョン・マーティンの絵ほど黙示録的ではないが、ユタ州立大学イースタン先史博物館の所蔵する一つの骨は、アロサウルスとステゴサウルスの傷だらけの闘いを記録している。この小さい博物館は、クリーブランド・ロイド発掘地からそう遠くないプライスの町のメインストリートに面している。羽毛のないブロンズのユタラプトルが駐車場の入り口で脚を高く蹴り上げて来館者を迎え、玄関ホールでは同じくユタラプトルの骨格模型がニンジュツのまねをしている。僕が最近ここを訪問したのは近くの恐竜のボーンベッドを訪ねようとして失敗した帰り道だった。たくさんの骨格が展示からはずされ、体の構造について二十一世紀になってわかってきた事実に合うように尾をもち上げたり背骨を調整されたりする予定になっていた。それでも展示ホールには見るものがたくさんあって、たとえばアロサウルスの脊柱にステゴサウルスのスパイクが刺さっているものが見られる。

この化石は、実際にはこのようなかたちで見つかったのではなかった。[7] クリーブランド・ロイドで発掘されたアロサウルスの尾の骨には、片側にとても奇妙なC字形の穴がならんでいた。ケネス・カーペンター館長らによれば、ステゴサウルスのスパイクがこの傷にぴったり合うのだという（カーペンターはギャリー・ラーソンの漫画『ファー・サイド』から思いついて、ステゴサウルスの尾のスパイクを「サゴマイザー」と名づけた〔ラーソンの漫画は原始人がレクチャーを受けている場面を描いたもので、講師の原始人がステゴサウルスのスパイクで命を落としたサゴ・サイモンズという名の原始人にちなんでサゴマイザーと命名されたと説明している〕）。この傷痕はジュラ紀の闘いの痕跡で、ステゴサウルスは自分自身の一部も残している。アロサウルスの骨は完全に治っていなかった。これは、ステゴサウルスのスパイクの先端が折れて肉食恐竜の体にめり込んだままになったことを示唆している。こういうことはスパイクのあるステゴサウルスとそれを襲うものの両方によくある災難だったのかもしれない。ステゴサウルスの尾のスパイクは約一割が先端に傷の治った跡がある。研究者らは、スパイクは食おうとする側にざっくり深い傷をたびたび負わせたが、肉食恐竜がある角度から近づいた場合には、スパイクが折れて刺さったままになったのではないかと想像している。実際にあったことは時の彼方(かなた)に失われても、アロサウルスとステゴサウルスが対決した事実は骨に残っている。

恐竜は同じ種同士でも闘うことがあった。イリノイ州のバーピー自然史博物館が所蔵するティラノサウルスの幼体「ジェーン」のように、傷の治癒した跡のある頭骨は、ティラノサウルス類同士で噛(か)みつきあって闘ったことを示している。そして同種間の闘いは肉食恐竜の専売特許ではなかった。トリケラトプスも頭骨に闘いの傷がある。


二〇一一年の秋、僕はカリフォルニア州クレアモントを車で通過したときに、レイモンド・M・アルフ古生物学博物館に寄って友人の古生物学者アンドルー・ファルケを訪ねた。おもな目的はこの博物館の新しい古生物ホールを見ることだったが、ファルケのトリケラトプスの模型を見てみたいというのもあった。ファルケは数年前に、二つの模型を使ってこの有名な角竜類がどのように角をからみあわせたかを実際に目で見られるようにした。[8] オフィスへ案内してもらいながら、僕は彼のインスピレーションのもとになった樹脂製の模型を見せてもらえないかとたずねた。ファルケは棚にあったそれを快くとって手わたしてくれた。本物の約一五パーセントの大きさの精巧なトリケラトプスの頭骨模型だ。そっくり同じ模型を二つ組みあわせて、ファルケはトリケラトプスがどのように闘ったかを再現してくれた。

恐竜に関する無数の専門書で説明されているとおり、トリケラトプスには目の上の二本の長い角と鼻の上の短い角、そして穴のない大きいフリルがある（仮説にしたがうなら、少なくとも一生のほとんどの期間はフリルに穴がない）。代々の古生物学者も、砂場で遊ぶニュージャージーの子供たちも、このような襟飾りは闘いに備えて研いである武器だと思っていた。イェール大学の古生物学者リチャード・スワン・ラルは病気のトリケラトプスの標本——もし別の属とわかればネドケラトプスと呼ばれるかもしれない——を記載したときに、こう書いている。「上眼窩骨の角はもっぱら攻撃用の武器で、大きく広がったフリルは敵の角による攻撃を見事に防ぐものだった。槍と盾を構えたむかしの騎士とまさしく同じ構造である[9]」。ティラノサウルスを突くにせよ、ライバルの攻撃を防ぐにせよ、トリケラトプスはこの武器を使って相手に一撃を食らわせ、身を守り、攻撃をかわした。

トリケラトプスの防衛能力を詳しく調べた者はいなかった。防衛能力の高さは自明に思えたのだ。だが、ファルケはトリケラトプスがどのように一騎打ちをしたのだろうかと考えた。二つの模型を動かしてトリケラトプスの闘いを再現してみたところ、角をからませられる体勢はわずかしかありえなかった。頭をある角度に曲げると両者がそれぞれ片方の角だけをからみあわせられる。もっと頭を低くして傾ければ、目の上の二本の角をからませられる。また首を横に倒せば上眼窩骨の角をからませ、鼻骨の角でフリルを突くことができる。

ファルケはおもちゃで遊んでいたわけではない。角をからませられる体勢を見つけることで、トリケラトプスの頭骨が本当に闘った証拠になることを確かめようとしたのだ。もしこの恐竜がファ

コスモケラトプス（イラスト：川崎悟司）

ルケの考えたとおりに闘ったとしたら、角があたった頭骨の部分に傷がつく。[10] ファルケは二〇〇九年の論文「トリケラトプスの闘いの証拠」で、同僚のユアン・ウルフとダレン・タンケとともに自分の説をさらに確かめている。彼らは頭骨のさまざまな部分を調べ、闘いが繰り返されたことを示す明らかなしるしがないかどうかを見た。模型で予想されていたとおり、トリケラトプスの頭骨は側頭部の下のほうの骨――側頭鱗骨と頬骨――に傷が最も多かった。

　頭骨の傷はトリケラトプスがしばしば角をからませたとする見方と一致し、傷痕の数は遠い類縁であるセントロサウルスよりもずっと多かった。セントロサウルス――トリケラトプスとは逆に鼻骨の角が長く、上眼窩骨の角は短い――のサンプルにも、頬骨に傷のある個体が少しあったが、傷のパターンは同じではなかった。セントロサウルスの闘い方が違っていたのは明らかだった。なにしろ彼らはからみあわせる角がない。そこでファルケらは、争うときの視覚的ディスプレイとして利用していたのではないかと推測した。これは実際に、角竜類の通則だったかもしれない。角竜類は角とフリルの形状がバラエティに富み、その多くは相手がライバルでも捕食者でも闘いに不向きに見える。一例として、最近記載されたコスモケラトプスの場合、短いフリルの先端に短い角がずらりとならんで前に垂れ下がっている。顔の飾りは二本の横をむいた短い角と、こぶのような鼻骨なのだ。これで頭を突きあわせたとしても、いったいどうやっていたかさっぱりわからない。

こうしてみると、多くの恐竜の飾りは防衛のためというよりもディスプレイのためのものだったのだろう。恐竜のファッションはどう見ても突飛なものばかりだ。角、スパイク、骨板、帆といったものが多いが、これらは種によって少しずつ違った。そして長いあいだ、多くの飾りの目的は明らかだと思われていた。つまり、トリケラトプスの角、アンキロサウルスの装甲、パキケファロサウルスのドーム型の頭頂部、ステゴサウルスの骨板は、捕食者に傷を負わせ、おそらくは同種のライバルとの争いに勝つために使われた防御のための構造と考えられていた（40～41頁参照）。しかし、僕らは想像力が乏しいせいで、恐竜の行動を限られた範囲でしか考えられないか、何かをすっぽり見落としてしまう。構造が槍（やり）や棍棒（こんぼう）や鎚矛（つちほこ）に似ているというだけでは、実際にそれらと同じ使われ方をしたとは断言できない。恐竜の武器の特徴を科学者が調べはじめたとき、防衛用の武器とディスプレイのための構造の違いは曖昧だった。

奇妙な構造をもつ恐竜のなかでも、パキケファロサウルス類はとくに奇怪千万だ。彼らは四つ足のがっしりした暴れ者ではなく、頭頂にドーム型の構造と小突起の飾りのある二足歩行の植物食恐竜だった。その頭は正面から走り寄ってぶつけあうのにまったく都合よくできているように見えた。ちょうど現生のオオツノヒツジが社会的集団のなかで順位を決定するのにそうするのと同じだ。

ドーム型の頭で最も有名なのは、その名が属名にもなったパキケファロサウルスである。頭は横から見るとくさびのような形をしていて、鼻には突起がたくさんあり、頭頂のドームのまわりをトゲがぐるりと飾り、後頭部にもトゲ状の骨が突き出している。なぜこんな頭をしているのかは謎だが、エドウィン・コルバートは奇妙な構造は攻撃か防御に使われたという理論にしたがって、頭突きをして争ったと考えた。分厚い頭がほかになんの役に立つだろう？

パキケファロサウルスとヒツジの類似性は大雑把なものだった。オオツノヒツジは角がくるりと巻いていて、面積の広さが衝撃を吸収するのに役立っている。一方、パキケファロサウルスには頑丈で丸いドームがあった。パキケファロサウルス類に詳しいマーク・グッドウィンをバークリーに訪ねたとき、僕はそんな頭骨が接触するのはボウリングのボールがぶつかるようなものではないかと言ってみた。ドームの面が接触する小さい一点に力が集中するのではないか。「そのとおりだよ！」と言ってマークは笑った。二匹の恐竜が走ってきて思いきり頭をぶつけあったら、致命的な怪我を負いかねない。

その欠点に気づいたのは僕が最初ではなかった。古生物学者にもパキケファロサウルス類が頭突きに向いていないと考える人がいたのだ。ジャック・ホーナーとのグッドウィンの研究は頭をぶつけあうにはひどくまずい構造であることを強調している。[11] ほかの恐竜で発見されたように、頭骨は成長するにつれて大きく変化し、衝撃を吸収すると考えられていた骨の構造は移行期の状態であって、完全に成熟するころにはなくなっていたのである。グッドウィンとホーナーの推測では、パキケファロサウルス類の頭のドームは仲間を識別するためのしるしで、繁殖期の交尾相手をめぐる争いと性選択で役割を果たしたのだろう。恐竜の「武器」は、じつは社会的な信号だったのだ。同じ種の仲間を認識するためであれ、交尾相手を引きつけるためであれ、あるいはライバルを威嚇するためであれ、奇抜な飾りは確かに社会生活のなかで備えられたものなのである。もちろん、防御とディスプレイを兼ねている場合もあり――トリケラトプスのように――最近発見された化石はそれがパキケファロサウルスにもあてはまったかもしれないことを示唆している。

パキケファロサウルスの頭突き説に対しては、頭と頭を激突させたら残るであろう頭骨の傷が発見されていないという反対意見がずっとあった。頭を武器として使ったとすれば、頭でわき腹を突いたのだろう。ところが二〇一二年に、ジョゼフ・ピーターソンとクリストファー・ヴィットーレが、外傷性の衝撃で傷を負い、感染症になったパキケファロサウルスの頭骨を確認した。[12] 二人はこの損傷の原因として最もありそうなのは頭突き行動だと結論している。パキケファロサウルスの頭のドームが調べられるたびにまた別の説明がなされ、未解決の飾りの議論が再燃するだろう。

傷ついたフリルや打撲の跡のあるへこんだ頭骨といった異状には、真相のわからない恐竜の交流が記録されているが、飾りが進化したという事実は恐竜の社会生活のなにがしかを僕らに語ってくれる。角、フリル、ドーム、スパイク、骨板などの特徴は複数の役目をもつものだった。闘いに使われ、視覚的信号にもなったのだ。恐竜がたがいに関わりあったことのシンボルであり、ボーンベッドと足跡のように、どのように交わっていたかを知る糸口になる。進化はすでにあるものを転用することでうながされるものであり、ある構造の現在の用途は、その特徴が最初になぜ進化したかをかならずしも教えてはくれない。羽毛がまさしくその例だ。恐竜の飾りの多くは骨質だったけれど、羽毛とその前身のふわふわした糸状のものも非常に多くの恐竜に見られる特徴で、恐竜社会でなんらかの役割をになっていたにちがいない。羽飾りが最終的に一部の恐竜において空を飛ぶためのものになるにせよ、もとはディスプレイと保温材という別の目的で進化した。飛翔の目的はあとになって加わったものだ。幸運な発見があったおかげで、恐竜が体色を、しかも派手でけばけばしい色をどのように利用して自分を誇示したかがわかってきた。

第7章　羽毛が巻き起こす革命

恐竜の骨格のことになると、僕はときどき自己中心的になる。きちんと手を入れて展示されている博物館の恐竜に胸を躍らせているときに、大勢の小学生とベビーカーを押した親たちにどやどやとホールの狭い通路に押しかけてこられるのは迷惑どころの騒ぎじゃない。混雑時に恐竜の展示を見て歩くには、そこらを駆けまわっているうるさいチビどもをうまくよける技が要る。それに、展示の説明書きを読んでいる人が皆無に等しいのはどういうわけだろう？　あいつらにとっては、鋭い歯をもつ捕食恐竜はみなティラノサウルス、大型のなかでも特別大型の恐竜はなんでもかんでもブロントサウルスなのだ。おせっかいながら正しい名前を教えてやりたくなるが、うっかりするとむっとした顔でにらまれるのがオチなのはもうわかっている。さわらぬ神に祟り（たた）なし。ファミリー客は化石になったスーパースターたちの真ん中で勝手に行楽気分になっていればいい。「怒るな、怒るな」。僕は自分に言い聞かせる。「自分だっていい歳をして、恐竜を見ればはしゃいでしまう恐竜マニアじゃないか」

　ユタ自然史博物館の古生物学研究所で、僕はよく作業机から目を上げて前を通り過ぎる来館者を眺める。高いガラス窓のこちら側はまるで科学の金魚鉢のようで、化石が積まれ、先史時代の岩のかけらがちらばったテーブルのあいだでボランティアや技術士や僕が仕事にかかっている。手をつけていない化石から細かい砂岩を削りとる仕事に没頭していると、小型削岩機のうなりのなかで窓ガラスをバンバンとたたく音がする。ガキどもがもっとよく見ようとしてガラスに突進してくるのだ。ワアワア騒いでいる子供たちも、死んだ恐竜のクリーニングはうんざりするような作業だと気づくとぷいと行ってしまう。そう、それは化石骨のまわりの基質をミリ単位で削りとる自分との闘いのような仕事なのだ。

　来館者の流れが途絶えた午後などに、僕は仕事の合間を見て展示ホールを少し歩いてみたりもする。がらんとしたほの暗い部屋の静けさに、初めてニューヨークへ錚錚たる恐竜群を見にいったときのことを思い出す。骨格の展示ホールは僕にとって特別な場所の一つだ。気を散らされること、だいたいいつもスマートフォンをたたくことだけれども、そういう雑事をシャットアウトできる。博物館の巨獣バロサウルスのばかばかしいほど長い首を、数匹のアロサウルスが爪先立ちして凝視している前を歩きながら、僕は心を空っぽにする。恐竜のなかにいるとほっとする。

　そんなとき、僕はこの生きものたちが生きていたときはどんな姿をしていたのだろうと考えずにいられない。恐竜の骨格は美しく、非日常的だ。生きているときはそれが肉を支えている。僕の白昼夢が広がるのはここからだ。恐竜の印象化石〔骨などの実体のない痕跡だけの化石〕はざらざらした皮膚の細部を克明に伝えてくれるが、それはキャンバスにすぎない。恐竜の体色については何も教えてくれないとなると、話はまったく違ってくる。この博物館の角のたくさんあるユタケラトプスにペンキを塗りたくって水玉模様にするのを想像してもよいが、目立ちすぎて現実的ではないだろう。他方、ステレオタイプのくすんだ緑色もどうもさえない。角のある恐竜は現生のアフリカのアンテロープと似た色合いをしていたというのではどうだろう。たとえばボンゴの色は赤褐色の濃淡で、頭部に黒い斑紋があり、腹部に細い白い線が入っている。配色はあとでいくらでも修正できる。

僕が子供の時分には、恐竜の体色はブロントサウルスとその仲間のもどかしい部分だと本と博物館の展示に教えられた。決して知ることができないというのだ。そういわれるとますます興味が湧くもので、僕が聞いたところでは「恐竜はどんな色をしていたか」は、いまも古生物学者がちょくちょくたずねられて適当にさばいている質問だという。答えは長いあいだなかった。だから絵だろうと、初めて見たときに僕をびっくりさせたアニマトロニクスだろうと、アーティストは科学者の報復をおそれることなく好きな色と柄を選べる。

僕も子供恐竜ファンだったころ、そこを逆手にとって古生物学者のピーター・ドッドソンのために恐竜の絵を描いた。父が地元の図書館で開かれるドッドソンの恐竜講座に連れていってやると約束してくれて、僕は待ちきれないほどたのしみにしていた。本物の古生物学者を感心させるチャンス！　目を瞠（みは）るコレクションと化石のいっぱい埋まった発掘地への扉を開けてくれる人だ！　僕は半日かけて恐竜の絵を描いた。角だらけの恐竜スティラコサウルスの絵は、あとで目もあてられないものだとわかったけれど。この恐竜はトリケラトプスと同じ体のつくりをしていたが、頭にかぎってはまるで違っていた。長い鼻骨の角、短い上眼窩骨(じょうがんかこつ)の角、フリルから後方にむかってずらりとならんだおそろしいスパイク。この堂々たる恐竜にとんちんかんな色を塗って、僕は鼻高々になっていた。この角竜類の口のあたりを見るとコンゴウインコを思い出した。だから消防車みたいに真っ赤に塗って、目のまわりを白と黒の縞(しま)にしたのだ。まず目を先に描いたが、すぐに後悔した。なに、誰にわかるものか。その晩、僕はドッドソンに派手な恐竜を見せた。彼が噴き出したりしないでくれたのをいまもありがたく思う。

　恐竜がへんてこな色をしていたかもしれないことは、僕が子供だった一九八〇年代にはわりあい新しい考え方だった。恐竜が思った以上に鳥に似ているということからそういう考えが出てきた。それ以前の恐竜は、重々しいくすんだ色をまとわせられていた。オリーブグリーンと土色が基本の色だ。凶暴で猛烈に強いはずの映画の恐竜でも、鱗(うろこ)におおわれた皮膚はペットショップの爬虫類(はちゅうるい)よりも鈍い色だった。『キング・コング』での噴飯ものの肉食ブロントサウルス(それをいうなら、髑髏(どくろ)島の中生代の動物全部だが)は、週末のテレビ映画劇場で灰色の怪物としてうちのテレビにチラチラ映し出されたが、映画の初期にはモノクロもしかたのないことだった。しかし、カラー時代になっても、恐竜は相変わらず色彩に乏しかった。一九六六年の『恐竜100万年』で特撮のレイ・ハリーハウゼンが再現した時代錯誤なトリケラトプスとケラトサウルスは、制服のような色調の茶色と灰色だし、『恐竜伝説ベイビー』のブロントサウルスの一家はねずみ色だった。『ジュラシック・パーク』(アーティストと科学者が恐竜ルネサンスの色彩レッスンを受け入れた二〇年後の作品)でさえ、恐竜のスターたちはいつもの鈍い色をまとっていた。スティーヴン・スピルバーグは、科学が教える正確な恐竜よりも古典的なハリウッドのモンスターを好んだようだ。超大作の恐竜映画でたびたび監修を務めるジャック・ホーナーから聞いたが、スピルバーグ監督は恐竜の見た目については一歩も引かず、「極彩色の恐竜では観客を怖がらせることができない」と思っていたという。『ジュラシック・パーク』が封切られたころには、くすんだ色の恐竜は時代遅れになっていた。恐竜が敏捷（びんしょう）で鳥に似ている生きものだと認識されたことから、恐竜を再現するアーティストには恐竜に色づけできる世界が開けた。すると、悪びれもせずに古代世界を勝手気ままに描くイラストレーターが現われた。ネオンカラーのひらひらをつけたデイノニクスを想像してみてほしい。まるで白亜紀のシンディ・ローパーだ。それでも、大方のアーティストは恐竜の色のヒントを求めて、日ごろ目にする自然の世界にもどってきた。古生物イラストレーターのグレゴリー・S・ポールは『肉食恐竜事典』で、恐竜の色づけについていくつかのルールを設け、つぎのように書いている。「現生の大型の爬虫類、鳥類、哺乳類が小型の爬虫類と鳥類のような華やかな色をしていることはないから、大型の肉食恐竜も地味な色をしていたと考えられる。また、そのような色をしていればこそ、人間も大型肉食恐竜の大きさと強さに相応な威厳を感じるものだ[1]」。吻（ふん）のまわりの虹色の縞や斑点は許容範囲だが、鈍い色を使うのが最も現実的だとポールは言う。

だが、恐竜の体色はまったくの推測と選択の領域のものではなくなった。豪華な羽毛をまとった化石と同様に、生きている恐竜が先史時代をのぞく新しい窓を開けてくれた。この謎を解く鍵は、恐竜の生活に対する僕らの見方を永遠に変えた単純なうれしい事実にある。端的にいえば、鳥類は恐竜なのである。わが家の窓辺にやってきて、鉢植えの花の蜜を吸う小さいハチドリが現在生き残っている唯一の恐竜の系統だと思うと妙な気がするが、それは確かなことだ。恐竜時代は終わっていない。鳥類は白亜紀末の大量絶滅をたまたまうまく生き延びた恐竜の系統なのである。そのことを科学者が認めるのに一世紀以上かかったが、ここでそれまでの長い議論をふり返り、僕らの大好きな恐竜がどんな姿をしていたかにそれがどう関わっているかを考えてみるのもよいだろう。

古生物学者の鳥類の起源に関する議論にかならず出てくる重要な化石がある。アルカエオプテリクス、すなわち始祖鳥である。ドイツの石灰岩採掘場で発見された羽毛化石と羽毛をもつ部分骨格化石が一八六一年に記載され、爬虫類と鳥類の混ざりあったその特徴から、鳥類の起源についてさまざまな説が提唱された。のちに羽毛をもつ恐竜がたくさん発見されたことで、古生物学者は始祖鳥の正体に疑問を抱くようになった。

始祖鳥が進化の象徴としての地位から引きずりおろされそうになったとき、僕はそのニュースをどこで知ったかをはっきり覚えている。モンタナ州中部のどこかの町でエクソンのサービスステーションにすわり、レンタカーのＳＵＶにガソリンが入るのを待っていた。給油がすめば、田舎町のエカラカ（ここで古生物学者のトマス・カーとスコット・ウィリアムズの一行と一緒に恐竜探しをしたことがある）からワイオミング州サーモポリスまで旅をつづけられる。コンビニに駆け込んで七時間のドライブに必要な食料とカフェインを仕入れてから、旅のあいだに重要な情報を見落としていないかメールをチェックした。新しい恐竜研究が信じられない速さで続々と発表されている。

　メールボックスに一件、また一件とメールがたまっていく。ほとんどはどうでもよいものだ。だがそのとき、頼りになる「ダイナソー・メーリングリスト」からのメールがどっと流れてきた。件名は「グレッグ・ポールは（またしても）正しい――『アーチーは鳥らしくない』」。この件名はずいぶん前にグレゴリー・Ｓ・ポールらが提唱した説のことをいっていた。アーチー、すなわち始祖鳥は知られているなかで最古の鳥類なのではなく、有名なデイノニクスやヴェロキラプトル（169頁参照）に近縁のさまざまな羽毛恐竜の一つだというものだ。この見方はさほど歓迎されないまま検討されてきたが、その日の午後、鳥類の系統樹を揺さぶり、始祖鳥を非鳥類型恐竜の枝へふっ飛ばす論文が『ネイチャー』に発表された。

　いまここでその論文が手に入れられないわが身の不運を呪ったが、ガソリンスタンドには僕ひとりだったので、誰にも遠慮することなく長居して、この件についての情報をくれるニュースサイトをしばらく探してみた。ティラノサウルス・レックスの話よりも記者が飛びつくものがあるとしたら、当然とされていた恐竜相の一部がまちがっていたという話に決まっている。

この研究を大きく取り上げた記事は肩透かしな内容ではなかった。ある記事は「『最古の鳥』始祖鳥はそれに異を唱える新しい研究によって枝から落とされた」と書いていた。別の記事は「新しく発見された恐竜、『最古の鳥』論を反証」とのタイトルで進化論否定者の気を引いていたが、記事そのものは始祖鳥とシャオティンギアと命名された新しい羽毛恐竜についてさわりを紹介していた。

古生物学者の徐星（シュ・シン）らはシャオティンギアの進化系統を分析したのち、シャオティンギアと始祖鳥がどちらもヴェロキラプトルのような羽毛のある非鳥類型恐竜に近縁であることを発見したらしい。この新しい進化系統樹では、エピデクシプテリクス――リボン状の尾羽と傾斜した歯をもつ小型の獣脚類――のような、まだよくわかっていない奇妙な生きものが鳥の祖先に近いという。

このタイミングは、考え方しだいでドンピシャとも最悪ともいえた。温泉地として知られるワイオミング州中部の点のような小さい町サーモポリスへ僕がむかっていたのは、アメリカにある始祖鳥の唯一の標本を見にいくためだったのだ。ニュースが本当なら、ウルヴォゲル（始祖鳥）は僕がその町に着くはずのわずか数時間前に格下げされていたことになる。「冗談キツイな」。エクソンから車を出して長い州間道路のドライブをスタートしながら僕は思った。

さて、現在見つかっている始祖鳥の標本は、一八六一年の命名のもとになった一本の羽毛から二〇一一年に発表された一一番目の標本まで、どれもドイツ南部で出土している。僕が見にいこうとしているのはわりあい新しいものの一つだが、それについてはもう少しあとで話そう。始祖鳥の骨格はみな、石灰の石板に保存されている。そこで出土した石灰岩には一億五〇〇〇万年前ごろのヨーロッパのほとんどをおおっていた古代の海底に沈んだジュラ紀の生物が記録されている。甲殻類、魚類、翼竜、小型の恐竜などの生物が石灰の採掘場に姿を現わしたが、一番ありがたがられたのがアルカエオプテリクス・リトグラフィカの化石だった。細部まで鮮明に残る始祖鳥の化石はこの生きものの骨格構造を記録しているだけでなく、多くの標本が羽毛の痕跡も残していた。だから最初に発見されたときの衝撃が大きかったのだ。

「ロンドン標本」として知られるものは体のつくりがある種の恐竜に似ていたが、明らかに羽毛があった。チャールズ・ダーウィンの『種の起源』が一八五九年に起こした論争に巻き込まれたばかりのヴィクトリア時代の進化論者は、ある種の生物が別のものにかたちを変えることがありうるのを証拠立てる生きものだとひそかによろこんだ。古生物学者のヒュー・ファルコナーは私信で始祖鳥を「ダーウィン流の奇妙なもの」と呼び[2]、リチャード・オーエンは始祖鳥が「知られているなかで最古の羽毛のある脊椎動物化石」であり、最古の鳥であると考えた。

オーエンの野心的な計画によって、この始祖鳥はイギリスのものになった。オーエンは目のくらむような比類ない化石を自分のコレクションに加えたくて、大英博物館（現在のロンドン自然史博物館）を説得して前金を払わせ、ドイツの最初の標本を購入したのである。[3]初期鳥類の重要性が世の中に理解されると、ドイツの古生物学者は自分の国で出土した貴重な化石を外国の科学者にまんまともっていかれたことを嘆いた。二番目の始祖鳥の骨格――あらゆる化石のなかで最も美しい

「ベルリン標本」——も、すんでのところで海を渡ってイェール大学のオスニエル・チャールズ・マーシュに売られるところだったし、一九七〇年まで翼竜とまちがえられていた不可解なハールレム標本はオランダのテイラー博物館が所蔵しているが、イギリスとオランダにある二つをのぞいてあとはドイツのものとしてとどまった。だからアメリカで始祖鳥を見たくても、キャスト、、、を見るのがせいぜい……なのだが、ワイオミング州中部にいれば別だった。

町の外観を見ているだけでは、サーモポリスに始祖鳥のような重要なものがあるとは思えない。少なくなっていくハイウェイの標識にかわって、ワイオミング恐竜センターと「サファリルーム」の看板が目につく（サファリルームは割高な料金のデイズイン・ホテルにある食堂で、ハンティングの獲物の残りものに詰めものをした剥製が飾られている）。恐竜が展示されている場所に近づいたところで、メインストリート沿いの角に、道行く車に咆（ほ）えかかったまま微動だにしない金属製のアロサウルスの骨格模型が目にとまる。

なんの変哲もない通りを走って、博物館の砂利敷きの駐車場に着く。早く陽射しを逃れて、有名な化石の待つ涼しい屋内に入りたい。ワイオミング恐竜センターの外観は僕が小学生のときに出会ったくすんだ恐竜みたいにつまらない。窓も石柱も彫像も、とにかく何もない。灰色の建物は「ワイオミング恐竜センター」とちぐはぐな緑色で書かれ、八月の午後の熱気を全身に浴びている。入場料一〇ドルを払い、やる気のなさそうな若い女性に案内されて入り口の通路に入り、そこから奥の展示にたどり着く。

名称こそ恐竜センターだが、この博物館は恐竜のほかにも先史時代の生物をいろいろ展示している。もちろん目玉は恐竜で、来館者は通路で足を止めることなく無脊椎動物や魚の化石の前を通り過ぎていく。僕は通路左手に大きい石板があるのに気づく。三葉虫というパンケーキ大のカブトガニに似た古代の節足動物の集団が刻印されている。近くの棚にタリーモンスター（トゥリモンストゥルム）というイモムシのような扁平な無脊椎動物（以前はネス湖の怪獣の正体の候補とされた）の復元模型が展示され、小さいアルコーブには初期の四肢動物がならんでいる。これは水陸両生の脊椎動物で、三億七五〇〇万年前に初めて陸に這い上がった。その次が恐竜だ。展示されている化石の一部は本物である。ほかはキャストだが、先史時代の生物の重いばかりでさしたる価値のない骨を組み立てるのは難しいから、それも当然だろう。

僕はファイバーグラスでつくられた恐竜を見にきたのではなかった。午前中いっぱいをかけて見にきたのは本物の恐竜で、それはそこにあった。ガラスケースのなかにあるのは、石灰石板の墓に眠る始祖鳥のサーモポリス標本だ。カラスほどの大きさの骨格は、自転車からのけぞって落ちたような奇妙な格好で化石化していた。脚を大きく広げ、頭をのけぞらせ、腕を横に上げ、全体に羽毛がうっすら刻印されている。ヴェロキラプトルの骸骨が暴れているといった感じだが、羽毛がならんでいるためにどこか違う印象だ。僕はそこに立ってしばらくその化石を見つめ、細い爪先、脚、ねじれた背骨、鳥によく似た肩のあいだに収まった鎖骨と、目でたどっていった。体格のよい男と亜麻色の髪をした息子がそろって贔屓のスポーツチームのロゴ入りシャツを着てゆっくり歩いてきたが、ちっぽけな石板には目もくれずに通り過ぎていく。骨格のモノロフォサウルスが首の長いベルサウルスのわき腹に反った歯を食い込ませている劇的な場面のほうがずっとおもしろく、「おそろしいトカゲ」の名にふさわしい。

この親子は何を見逃しているかちっともわかっていない！　骨格を見て想像をふくらませながら、僕はこの化石がこんな片田舎の町にあるのが不思議でしかたなかった。こういう化石は、ドイツでなくても立派な施設で展示されるのがあたりまえだろう。シカゴのフィールド自然史博物館とか、ニューヨークのアメリカ自然史博物館とか、ピッツバーグのカーネギー自然史博物館とか。始祖鳥はこんなところでいったい何をしているんだ？

この標本が最初にいつどこで採集されたのかはわかっていなかった。[4]一九七〇年代に発見され、二〇〇一年にスイスのコレクターの未亡人がフランクフルトのゼンケンベルク博物館に購入しないかともちかけるまで存在が知られていなかったと伝えられている。ゼンケンベルクは辞退し、二〇〇五年にワイオミング恐竜センターのバルカード・ポールが取り引きして、私設博物館に長期的に貸し出されることになった。ドイツではほとんどの連邦州において文化遺産保護法のもとで化石が保護されているが、始祖鳥の化石が見つかったバイエルン州には保護法がない。だから、始祖鳥がスイスへ、のちにアメリカへ輸出されたのも、故国から遠く離れた場所で見世物にされているのがどんなに心の痛むことでも、完全に合法だった。化石に関しては、規制が緩いせいで先史時代の遺産を不当に失ってしまった国があまりにも多い。

もっと早くにこの博物館を訪れていたら、僕は目の前にあるものについて逡巡（しゅんじゅん）しなかっただろう。一世紀半ものあいだそうみなされてきたとおり、始祖鳥を鳥類の起源の鍵とするのを目下の事実と考えただろう。始祖鳥がのちの鳥類の直接の祖先かどうかは重要ではなかった。最古の鳥として、羽毛のあるこの恐竜はまさに最初の鳥といえる形をしていた。だが、いまとなってはこの生きものの正体を考えないわけにはいかなかった。ガラスケースのなかの始祖鳥は本当に初期の鳥なのか、あるいは美しい羽毛に身を隠した恐竜の一種にすぎないのか。

始祖鳥が鳥類の進化について理解を深めようとするときの論争の場になってきたことも、僕はわかっていた。化石が最初に発見され、リチャード・オーエンが鳥の系統はこのような生きものからはじまったと主張したころでさえ、首をかしげる博物学者はいた。ダーウィンの友人で、進化論の熱烈な擁護者だったトマス・ヘンリー・ハクスリーは、鳥類の起源の問題を解くにはまったく的はずれな珍奇な生物として始祖鳥を考察の中心からはずした。ハクスリーはドイツの生物学者エルンスト・ヘッケルによる遠まわりな反復進化の考え方に影響され、現生の鳥類の起源は三段階を踏み、最初は始祖鳥と同じ化石床で発見された小型の獣脚類、コンプソグナトゥスのような生物だったと提唱した。「コンプソグナトゥスに羽毛があった証拠はないが、もし羽毛があれば、これを爬虫類的な鳥類というべきか、それとも鳥類的な爬虫類と呼ぶべきかは非常に判断しがたい」とハクスリーは書いている。

ハクスリーは自説を擁護するためにしばしば主張したことを曲げて、鳥類が既知のいずれかの恐

コンプソナグトゥス（イラスト：川崎悟司）

竜から直接進化したとはいわず、コンプソグナトゥスが適応してダチョウやエミューに似た飛べない鳥になり、これらの鳥が飛ぶ鳥の祖先だと提唱した。始祖鳥は、鳥類が爬虫類と同じ特徴をもっていたかもしれないことを説明する進化の余興にすぎず、ハクスリーの構想のどこにも居場所がなかった。

科学に論争はつきもので、ハクスリーの説にも誰もが賛成したわけではなかった。サミュエル・ウィリストン、フランツ・ノプシャ、オスニエル・チャールズ・マーシュといった古生物学者は、鳥類の直接の起源は恐竜ではないとしていた。恐竜ならば具体的にどの恐竜なのかが論争で本当に重要なことがらだった。鳥に似た小型獣脚類だという者もいれば、骨盤が鳥類に似ていることからヒプシロフォドンのような鳥盤目の恐竜を鳥類の本当の祖先と考える者もいた。ある恐竜のグループから進化した鳥類もいれば、別のグループの恐竜から進化した鳥類もいたのかもしれなかった。しかし一方で、リチャード・オーエンとハリー・G・シーリーが鳥類は翼竜から進化したと主張した。うすい膜を長く伸びた指で広げて飛ぶ、恐竜とは別のグループの主竜類である。ハクスリーをはじめとする博物学者はこれに反対し、鳥類と翼竜を結ぶ特徴は同じような生活様式だったために似た特徴を別々に進化させた収斂（しゅうれん）の例だとしたが、鳥類がどのように進化したかを正確にわかる者は誰もいなかった。そしてハクスリーは意見が違ったが、始祖鳥が爬虫類から鳥類への移行を理解するためのただ一つの試金石になった。鳥類の起源を説明するどんな説も始祖鳥を考慮しなくてはならなかった。

始祖鳥を最古の鳥とすることに賛成しても、どんな爬虫類から進化したのかという疑問が残った。スコットランドの古生物学者ロバート・ブルームが一九一三年に、恐竜、翼竜、始祖鳥、その他の鳥類になぜ共通の特徴があるのかという疑問に対し解答を出した。翼竜と恐竜が出現する前の時代、すなわち三畳紀の最初期には、ワニに似た主竜類が優勢だった。そのグループの一つであるエウパルケリアは二足歩行をするワニに近い肉食動物で、生息した時代が古いことと固有の特徴が少ないことから恐竜と翼竜と鳥類の共通の祖先と考えられた。いずれもこのような生物――比較的固有の特徴のない系統樹の枝の根元――から進化したのなら、三つの系統がまごつくほど似ている理由が説明できるだろう。

鳥類の起源の問題に決着がついたとみなされてイラストレーターがそれを絵に描きだしたのは、ようやく二十世紀初めになってからだった。ゲルハルト・ハイルマンは有名なイラストレーターで、アマチュアの古生物学者でもあり、デンマーク語で執筆した一連の記事を英語に翻訳してまとめた『鳥類の起源』を一九二六年に出版した。僕はさいわい数年前にそれを見つけ出した。この本は宝物だ。光沢のあるページは鳥類と恐竜の骨格を比較する詳しい絵がいっぱいで、ハイルマンは数種の恐竜が活発に動いているところを描いている。たとえば、二匹のイグアノドンが白亜紀の平原を走っている。ハイルマンの科学的推論はそのイラストと同じようにエレガントだった。鳥に似た恐竜がいるのはよくわかっていたが、彼にしてみれば、鳥類の祖先から恐竜を締め出す特徴が一つあった。それは特徴がないという特徴だ。ハイルマンは鳥類に鎖骨があるのを知っていた。くわしくいえば、左右の鎖骨が融合した暢思骨(ちょうしこつ)と呼ばれるものである。ハイルマンの知るかぎり、恐竜には鎖骨が見つかっていなかったのだ。進化の途中で鎖骨を失ったらしい。そして一度失った特徴がふたたび獲得されることはないので、恐竜が鳥類の祖先であるはずはないとハイルマンは考えた。鎖骨がある次に近いグループにはエウパルケリアとワニに似たその近縁種があり、したがってハイルマンは鳥類と恐竜が多くの共通の特徴をもっているのは共通の祖先からそれぞれ進化したからだと結論づけた。

ハイルマンの論理を古生物学者はもっともだと思った。もっともすぎて、本当は恐竜にも鎖骨があることを見落としてしまったほどだ！　くちばしのある獣脚類のオヴィラプトルが一九二四年に記載されたときの骨格図には鎖骨がはっきり見られ、一九三六年に鳥が眠るときのような姿勢で発見された骨格をもとに記載された小型の獣脚類セギサウルスにも鎖骨が見つかった。しかし、ハイルマンの説は確立されていたため、これらの鎖骨さえなぜか見落とされ、鳥類と恐竜が共通のワニに似た祖先からそれぞれ進化したという見方は相変わらず有力だった——鋭い爪をもつ恐竜がこの議論を引き裂くまでは。

一九六九年、イェール大学の古生物学者ジョン・オストロムは、部分骨格が数多く出土するモンタナ州の採掘場で発見した恐竜にデイノニクス・アンティルロプスと命名した。ものをつかめる手、ピンと伸びた長い尾、そして何よりも目立つのが長く伸ばせる足指で、名前の由来になったこの「おそろしい爪」を獲物に食い込ませる。この恐竜は明らかにすばしこく動きまわる捕食動物だった。湖沼に棲むうすのろな恐竜――オストロム自身が一九六四年のニューヨーク万国博覧会でシンクレアパビリオンの恐竜庭園のために設計に手を貸したような恐竜――という従来のイメージと大きくかけ離れていたが、この恐竜の骨格構造は例を見ないものだった。デイノニクスは非常に鳥に似ていて、オストロムは自分が発見したばかりのこの捕食恐竜と始祖鳥が似ていることにすぐに気づいた。鳥類の祖先を恐竜とする説は、科学界に返り咲いていたのである。

＊　＊　＊

鳥類を恐竜の子孫とする説は、恐竜とはどんな生きものかについての僕らの認識を大きく変えた。現生の鳥が恐竜だとしたら、そして恐竜が鳥に似ているとしたら、恐竜の生態に関する古くからの前提はまちがっていたことになる。カササギのように跳ねまわったり、ダチョウのように優雅に走ったりした恐竜ばかりだったわけではないだろうが、始祖鳥とデイノニクスのつながりは、活発な代謝や内温性、さらには羽毛といった鳥類の特徴が恐竜の系統樹の根元からはじまっていたことを示唆していた。

オストロムの弟子で、恐竜ルネサンスを推し進めたロバート・T・バッカーは一九七五年の科学誌の記事で、羽毛のような鱗と頭頂部の羽飾りの鶏冠（とさか）をもつ三畳紀の恐竜シンタルススの推測にもとづく復元図を修正版の鳥類恐竜起源説への証拠として添えた。この見方は恐竜ファンにとって「格別にうれしい含意」があるとバッカーは述べている。「恐竜は絶滅していない。現生鳥類の変化に富んだすばらしい多様性は、恐竜の基本的生態がいまなおつづいていることの表われなのである[5]」

オストロムとバッカーの見解は、僕が子供のころに夢中になって見たドキュメンタリー番組に浸透していた。僕が好きだったのはPBS（公共放送サービス）の「ザ・ダイナソーズ！」だ（一九八〇年代後半から一九九〇年代に放送された先史時代のスターを紹介するこのドキュメンタリー番組は、「恐竜」という言葉に好き放題にびっくりマークをつけて、「ダイナソーズ！」から「ザ・ダイナソーズ！」、さらに大げさに「ダイナーソーズ！　ダイナーソーズ！　ダイナーソーズ！」というふうに驚異を表わした）。ある年の感謝祭の日、PBSはこの四回シリーズの恐竜番組を一挙に放映し、僕はこの祭日定番の〝恐竜〟の丸焼きが階下のオーブンのなかでジリジリと音をたてているあいだ、先史時代の話題満載の番組でたのしい時間をたっぷりすごした。このシリーズに恐竜と鳥類の重要なつながりを取り上げた回があり、緑色の小さい恐竜――コンプソグナトゥスだと思う――が古代の森を駆けまわっていた。ニワトリのような脚をしたこの獣が丸太に駆けのぼっていくとみるみる羽が生え、自慢げに羽を見せびらかしながら空に飛び立って現生のペリカンに姿を変えた。

ＰＢＳの「インフィニット・ボヤージ」は描写がもう少し細かかった。ふわふわの羽毛に包まれたデイノニクスは透明になって、頭、腕、腰、脚のおもな骨を見せてくれ、それから走っていって始祖鳥に変身し、最後はツルになって空へ飛んだ。現生の鳥とデイノニクスのような生物は、外見はまったく違っているかもしれないが、骨格構造を見るとさほどかけ離れていない。

このように何度も教えられても、僕にはまだ羽毛のある恐竜がばかげて見えた。恐竜はごつくてごわごわしたものだ。羽を生やしたヴェロキラプトルなんか、ただの大きなニワトリでしかない。かわいいぬいぐるみなど、肉を引き裂いて生きる生物らしくない。『ジュラシック・パーク』がオリーブグリーンの鱗におおわれた肉食動物のイメージを僕の心にたたき込んだ。いまだにバカまるだしの羽毛恐竜を見かけることがあって、恥ずかしいとしか言いようがない。最悪なのがラスベガスで見世物になっているやつ、糊で羽を貼っつけたデイノニクスだ。化粧をした白亜紀のロックスターかと言いたくなる。こいつみたいなものは、恐竜の新しいイメージを伝えるのに百害あって一利なしだろう。鱗が羽毛に変わっただけだ。好むと好まざるとにかかわらず、多くの恐竜がほわほわでふわふわの羽毛に包まれていた。

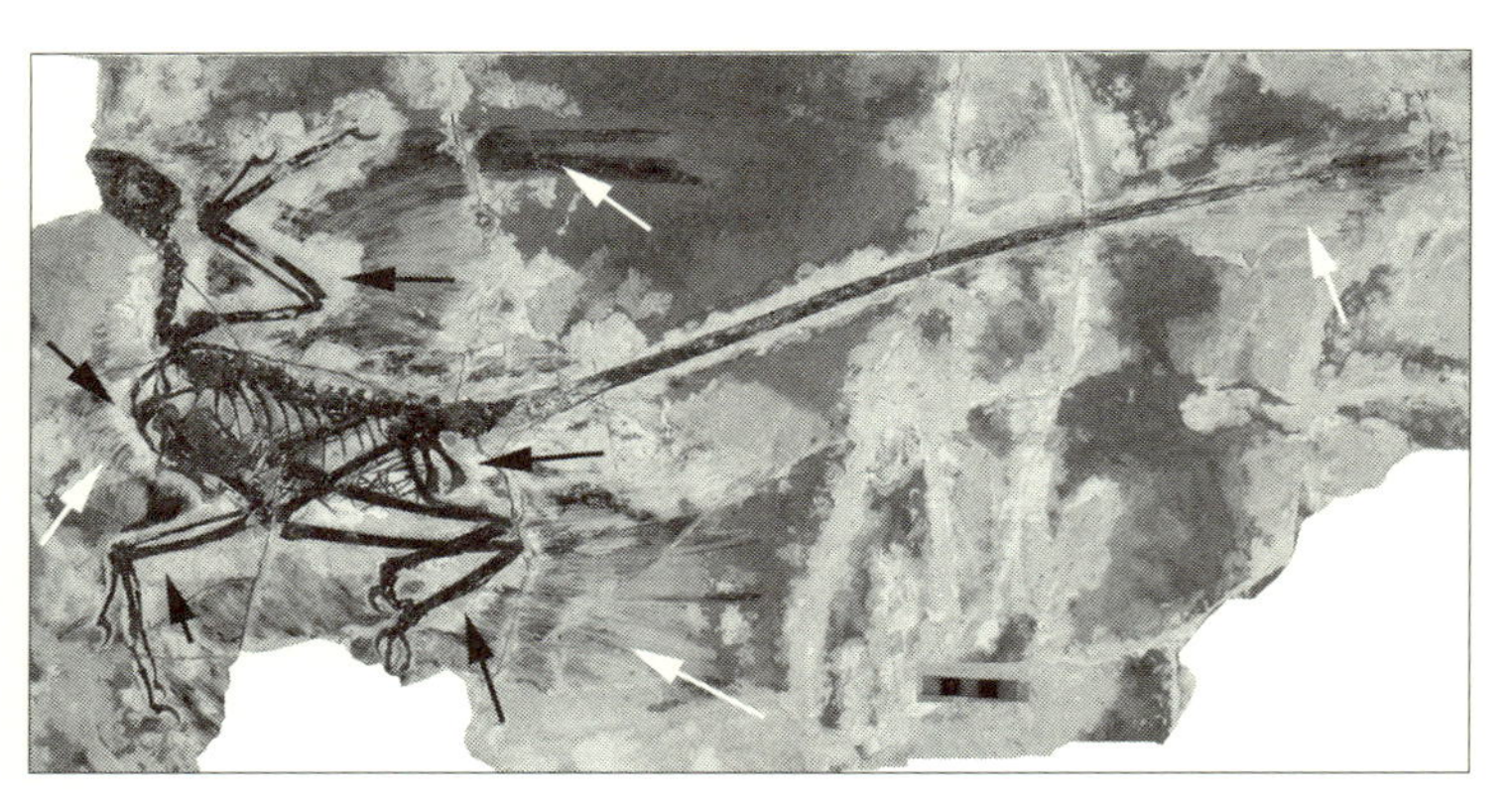

これまでに発見された羽毛のある非鳥類型恐竜の一つミクロラプトル（白い矢印は羽、黒い矢印は紫外線光でしか見えないもっとかすかな羽毛の痕跡）。この羽毛の微細構造を調べることで、ミクロラプトルに黒っぽいつやつやした羽があったことがわかった。生きていたときは、歯をむき出したカラスのようだっただろう。（写真：http://www.plosone.org/article/info%3Adoi%2F10.1371%2Fjournal.pone.0009223）

羽毛には複雑な進化の歴史がある。たどっていけば、その道は最初の鳥よりも遠く、最初の恐竜にまでつづいているかもしれない。この一五年で続々と発見された化石は、全部ではないにしても、大半の恐竜の系統が羽毛に似たなんらかのもので体をおおわれていたことを反論の余地なく示しているのである。

ふわふわした羽をまとった恐竜が最初に発見されたとき、古生物学者は色めき立った。一九九六年の古脊椎動物学会の年会で、恐竜の背中から尾にかけて羽毛があるのを示す小さい化石の写真が回覧された。鳥類は恐竜だという見方を復活させた立役者であるジョン・オストロムは、この知らせを聞いてしばらく「ぼうっとして」しまった。[6] 羽毛のある非鳥類型恐竜がやっとのことで本当に見つかったのだ。その年の専門誌でシノサウロプテリクスとして説明されたこの生きものは、飛翔に適した羽をもっていたのではなかった。体をおおう単純なフィラメント（線維）状の羽毛はせいぜいディスプレイと体温保持のためのものでしかなく、現生鳥類が飛び立つのに使う非対称になった風切り羽根ではなかったのだ。事実、その恐竜はハクスリーの説の羽毛のあるコンプソグナトゥスによく似ていた。新しく発見された恐竜は、羽毛がもとは飛ぶためではなく別の理由から進化し、のちに飛ぶのに使われるようになったとする説を裏づけた。

羽毛の生えた非鳥類型恐竜の発見は、それから少なくとも三〇を数えている。「鳥によく似た」ものもいる。約一億六〇〇〇万年前のハトくらいの大きさの恐竜アンキオルニスは腕と脚に長い羽があり、地上で生きた恐竜と初期の空飛ぶ生きものとの中間だったのではないかと考えられる。飛んだことはないはずの七面鳥くらいの捕食恐竜ヴェロキラプトルでさえ、腕に長い羽を生やしていた。腕の骨に羽の生えていた痕跡とおぼしき突起が残っていたことからそう推測されている。もし『ジュラシック・パーク４』が制作されてヴェロキラプトルがまた登場することがあったら、美しい羽をまとっていなくてはならない。スティーヴン・スピルバーグのセンスが問われるところだ。

鳥類の枝の根元から離れた風変わりな恐竜さえ、羽に似た飾りをもっていた。ベイピアオサウルス・イネクスペクトゥスは長い鉤爪（かぎづめ）と長い首をもつ太鼓腹の恐竜で、くちばしは肉を切り裂くよりも植物を摘みとるのに適していたが、この恐竜も単純で長い二種の羽の層で体が包まれていた。ティラノサウルス類にも羽毛があった。小型のディロング、そしてもっとずっとおそろしげな九メートルのユティランヌスという属もフィラメント状の羽毛のコートをまとっていた。これらの発見から、ティラノサウルス・レックスも巨大な羽毛恐竜だった可能性があると推測できる。[7] 恐竜のイメージがくずれるのを嫌う人はこの説にムカッとするだろう。

羽毛は鳥類とその近縁の非鳥類型恐竜の特徴というだけではなかった。鳥類はコエルロサウルス類という獣脚類のグループの一つの系統にすぎず、コエルロサウルス類に属するどの系統にも、少なくとも一つはフィラメント状羽毛か本格的な羽をもつものがいる。それに加えて、羽に似た飾りが恐竜の共通の特徴だったことがいまではわかっている。鳥類からはるかに遠く離れた二種の恐竜も、単純な羽毛状の構造で体をおおわれていたのである。[8] 角竜にオウムの頭をつけたように見えるプシッタコサウルスは、尾にブラシのような毛が生えていた。体の大部分は鱗におおわれていても、尾のブラシ状の毛は獣脚類に見られるふわふわした羽毛に非常に近いものだった。また、もう一方のティアニュロングにも同様のブラシ状の毛の飾りが背中にあった。これらは鳥盤目の恐竜だ。進化系統樹では鳥類を含むコエルロサウルス類とは別の枝にある。竜盤目と鳥盤目の両方の枝に羽毛か羽毛に似たもので体をおおわれた生きものがいたため、フィラメント状の羽毛とブラシ状の毛は恐竜の特徴で、すべての恐竜の共通の祖先から受け継いだものだったのだろう。二〇一二年にスキウルミムスと命名された羽毛恐竜——獣脚類の系統樹の根元に近く、鳥類から遠い恐竜——の幼体が記載され、羽毛に関する事実がもう一つ積みあげられた。それはプロトフェザー（羽毛の原型）が恐竜のあいだに広まっていたとする見方を支持するものだった。[9] 全部とはいわないまでも、ほとんどの系統にフィラメント状の羽毛があったかもしれず、そこには巨大な竜脚類も含まれていたのである（想像してみてほしい。ふわふわの羽毛を生やした小さいアパトサウルスの幼体はどんなにかわいかっただろう）。

考えられることは二つしかない。単純なフィラメント状の羽毛が何度も進化したか、さもなければそれがすべての恐竜の系統にあった古い特徴だったかである。鱗のティラノサウルスのファンが泣き叫ぶのが聞こえてくるようだ。

これまでに情報の集まった先史時代の羽毛にはさまざまなタイプがあり、そこから羽毛がどのように進化したかがおおよそわかる。この本を執筆している時点では、羽毛はフィラメント状からはじまり、しだいに適応して複雑な構造になっていき、ついに飛ぶ恐竜が現われたというのが古生物学者の認識である。プロトフェザーは単純な一本のフィラメント構造だった。これらはプシッタコサウルス、ティアニュロング、スキウルミムスに見られる。原始的な初期のコエルロサウルス類――フィラメント状羽毛が最初に確認されたシノサウロプテリクスのような敏捷な小型の恐竜――の羽毛はもう少し複雑な構造で、中央のフィラメントから複数の枝が出ていた。これはオヴィラプトロサウルス類――すでに鳥によく似ていた、くちばしのある雑食性恐竜――や初期の本物の鳥類に見られるものと大きくは違わなかった（一部の羽毛恐竜と初期の鳥類は、現生の鳥と同様に複数のタイプの羽が生えていた）。

進化の次の段階では、羽毛は中央の軸に沿ったフィラメントがさらに枝分かれした。最初期の鳥類だけでなくミクロラプトルのような恐竜でも、このフィラメントが中央の羽軸（うじく）に沿って羽枝（うし）のな

消化器の内容物が保存されていた骨格のおかげで、シノサウロプテリクスのような羽毛恐竜が別の非鳥類型恐竜（左）や初期の鳥類（右）などの同じく羽毛をもつ生物を食べていたことがわかった。（イラスト：Cheung Chungtat, http://www.plosone.org/article/info%3Adoi%2F10.1371%2Fjournal.pone.0044012）

直接の証拠はまだないながら、多くの恐竜がプロトフェザーで部分的におおわれていたことが発見されたため、このイラストのアパトサウルスの幼体のように、竜脚類にも羽毛のあるものがいたかもしれない。（イラスト：Niroot Puttapipat）

ティラノサウルス・レックスでさえふわふわの羽毛が生えていた。おそろしいＴ・レックスのファンにはおもしろくないが、この肉食恐竜はそれほど凶暴ではなかっただろう。（イラスト：Niroot Puttapipat）

らぶ木の葉形の本物の羽になる。この羽は飛ばないラプトルに見られたように飛ぶには適さないものもあったが、始祖鳥や四枚の翼のあったミクロラプトルなどの飛ぶ恐竜では、空を切る側が細くなった風切り羽根だった。これが最終的に恐竜を空に進出させた羽である。羽毛の目的はもとは保温と派手なディスプレイだったが、少なくとも一つの系統はその構造を利用して唯一の飛ぶ恐竜になったのだ。始祖鳥がそうだったかどうかはともかく、続々とつづいた科学的発見によって、恐竜がしだいに鳥のようになっていったこと、また鳥類型恐竜とその前身である非鳥類型恐竜がしっかりつながっていることが明らかになった。化石の羽毛が謎を解いたのである。

恐竜と鳥類のつながりは、恐竜が鳥類の起源だというだけのことではない。恐竜の生態に関するすばらしい新発見の数々は、現在も生きた恐竜が存在してそれらを調査できることに後押しされてきたのだ。シジュウカラはアンキロサウルスではなく、エミューはディプロドクスではないが、今日僕らと一緒に生きている鳥類型恐竜、すなわち鳥類は非鳥類型恐竜がどのように生きていたかを考えるときの問いを的確なものにし、知識をみがくのに役立つ。なかでもいまはいない恐竜の体色を推測するのに寄与してくれるのである。

チャールズ・ダーウィンが書いているが、「知っているよりも知らないほうが大胆になることがよくある。科学ではあれやこれやの問題を決して解くことができないと言い切るのは、よく知る者ではなくあまり知らない者なのだ」[10]。ダーウィンは人類の起源——確固たる証拠が不足していることと独善的な宗教からの批判によっていっそう深まる謎——のことを言っていたのだが、恐竜の体色も同じことだ。恐竜の体色は決してわからないといわれていたのは証拠がまったくないからではなかった。一歩ずつの積み重ねによって科学的理解が進んだことで、決定的な手がかりをどこに探せばよいかがわかってきたのがようやく最近だからなのである。

僕はラスベガスで開かれた二〇一一年の古脊椎生物学会の年会で、ダーウィンの言葉を思い出しながらセッションがはじまるのを待っていた。そこは先史時代の生物に関する会議を催すにはまったくありがたい環境だった。カジノホテルのバリーズの絶え間ない話し声とギラつく照明に全身の神経をキリキリさせられたが、僕は葉巻をくわえたギャンブラーにも、外の通りでバグパイプを吹いているミュージシャンにも明け方まで耐えた。古生物学の重要な最新情報を得られるチャンス、つかの間の天国だからだ。発掘地と研究室での新しい発見の報告を聞くのを僕はこの一年待ちつづけていた。とくに期待していたのはブラウン大学の大学院生ライアン・カーニーがどんな話をするかだ。カーニーは始祖鳥の最初の標本の本当の色を明かしてくれることになっていた。一五〇年前に見つかって、この恐竜の命名のもとになった羽毛の化石である。

古生物イラストレーターのロバート・ウォルターズがプレゼンテーション開始時刻の数分前に僕の左の席にすべり込み、ノートパッドを準備した。僕はふざけて彼に聞いてみた。自分の得意分野に踏み込んできてどの色が有望かを教えてくれようとする学者には頭にくるだろう？　ウォルターズはびっくりしたようだった。「まさか！」。イラストレーターは恐竜の体色に関するなんらかの科学的なヒントをずっと待っていたのだという。いま、古生物学者がまさにそれをくれようとしていた。

壇上(だんじょう)に立ったカーニーはすぐに肝心のニュースを伝えた。始祖鳥の羽は黒かった。[11]全身が黒かったかどうかはわからない。その一本の羽が選ばれたのは、それが有名な標本だから、そしてその年は親しまれているこの恐竜が命名されて一五〇年の記念の年だからというだけの理由だったが、世界でもとくに重要な化石の一つの色が分析によってついに決まった。

カーニーらが恐竜の体色を決定するのに用いた手法は数年前に開発されたもので、初めはイカが使われた。非常に古い古いイカだが、イカというものは少しも変わらない。イェール大学分子古生物学の大学院生ヤコブ・ヴィンターは、この頭足類の化石の墨袋を高分解能電子顕微鏡で調べていたときに膜状の袋のなかに小塊があるのに気づいた。このような構造があることは以前から知られていて、化石化したバクテリアが軟組織を分解しはじめたときに岩石中に閉じ込められたものと考えられていた。だが、顕微鏡でのぞいた墨袋の内部は別のことを示唆していた。小塊はメラノソームだったのだ。メラノソームとは細胞内小器官で、その形状と濃度と分布によって色が決まる。イカの場合、捕食者から身を守るのに使う墨の色を黒褐色にしているのがメラノソームで、ヴィンターはほかの化石からもメラノソームを検出できないかと考えた。

羽毛はその色の多くがメラノソームでつくられているため、調べるにはよさそうだった。羽毛化石にメラノソームが含まれていて、現生の鳥の羽毛のメラノソームがどの色に対応しているかがわかれば、先史時代の生物の体色を再現できるかもしれない。ただし、恐竜の羽毛を調べる前にそれがバクテリアではなく本当にメラノソームであることを確認する必要があった。そのためにヴィンターと共同研究者らはブラジルの白亜紀層から見つかった化石の羽毛を使った。[12] この羽毛は白と黒の縞だった。小さな丸いものがバクテリアだったら、羽毛の表面全体に広がっているはずだ。だが研究者らが発見したとおり、小球は黒っぽい部分にしかなかった。これらに色素が含まれていて縞をつくっているのだろう。ヴィンターらはメラノソームを特定できたと確信した。

ヴィンターはこの発見が恐竜にも応用できるとわかっていた。カウディプテリクスというくちばしのある鳥に似た恐竜は扇状に広がる縞模様の尾羽があり、それがこの恐竜の本当の体色と模様を表わしているのではないかとヴィンターらは指摘した。しかし彼の研究は一般の注目を引かなかった。それが二〇〇八年のことだ。恐竜の体色を解明する鍵が見つかったにもかかわらず、そのことは論文を読んだ少数の研究者以外にはとどかなかった。それでもヴィンターは粘り強く研究を進め、翌年にドイツで発見された四七〇〇万年前の羽毛から別の研究結果を導き出した。[13] 最後の恐竜が消滅してからおよそ一八〇〇万年後に生息した鳥の羽毛だが、それは生きていたときは玉虫色につやつや光っていた。

恐竜がヴィンターの次の候補だった。だが、古生物学の研究ではよくあるとおり、ほかの研究チームに先を越されてしまった。二〇一〇年一月二十七日、中国科学院の古生物学者の張福成（チャン・フーチュン）と共同研究者のチームが『ネイチャー』のホームページで、白亜紀の鳥の体色と初めてとなる恐竜の体色について発表したのだ。[14] 彼らが選んだのはシノサウロプテリクスだった。一九九六年からはじまった中国での羽毛恐竜の相次ぐ発見の幕を切った羽毛恐竜である。この恐竜が記載されたときから、尾に生えていたプロトフェザーが縞模様をしていることは明らかだった。張らはごく限られたサンプルを分析したのみだったが、暗い色の部分は赤みを帯びた茶系の色だったと結論した。シノサウロプテリクスは、ステッキ形キャンディみたいな縞々の尾をもち、その尾は仲間同士の視覚的信号として使われたと考えられた。

ネット上で発表があった一週間後、ヴィンターのチームがさらに詳しい研究結果を『サイエンス』に掲載して対抗した。初めて恐竜の体色を完全に復元したのだ。北京自然博物館の李全国研究員とヴィンターおよび共同研究者らは、アンキオルニスの標本を分析した。この小型の恐竜はおよそ一億六〇〇〇万年前のいくつかの標本で知られており、カササギに似ていた。体色は黒で、腕と脚の羽毛に白い部分がある。だが、何よりも印象的なのは頭にある赤い羽飾りだ。僕はこんなものをいまだかつて見たことがなかった。アンキオルニスは平凡な恐竜に思えるが、恐竜の体色がわかるようになったおかげで、すばらしい恐竜にあざやかに変身したのである。

始祖鳥とアンキオルニスは、少なくとも部分的に黒い羽毛でおおわれていた。ゴクラクチョウよりも現代のカラスに似ていたのだ。ヴィンターらは羽毛恐竜のミクロラプトルを調べたときも、同様の色であることを発見した。[16] 鎌のような爪をもつこの恐竜のすばらしい標本を同じ手法で分析したところ、構造の異なる数種の光沢のある羽毛をまとっていたことがわかった。ミクロラプトルもアンキオルニスおよび始祖鳥と同じように黒っぽく、ワタリガラスと一緒に西部のハイウェイ沿いの木にとまっていても場違いには見えなかっただろう。

恐竜の体色を化石記録から解析できるようになったと思うと、僕は胸の高鳴りが抑えられない。その意味するところは、イラストレーターが仕事をしやすくなったというだけではない。縞であれ、斑点であれ、玉虫色であれ、羽毛恐竜は目を引く色や模様をしていた。彼らは美しいディスプレイでコミュニケーションする、高度に視覚的な生物だったのである。しかも、各種の標本を分析していけば、雌雄で色が違ったのか、繁殖期にはその色で相手を引きつけたのかがわかってくるだろう。

体色は恐竜の生態の一面を解き明かす鍵になるかもしれない。

いまのところ、この手法で分析できるのは羽毛の残っている恐竜だけである。羽毛のない恐竜、あるいは羽毛があってもそれが保存されていない恐竜の標本は色を調べられない。鳥類によく見られる緑、青、橙、黄などの色を検出して現在の色素で再現されるのを僕らは期待して待つしかない。少なくとも目下のところ科学の手がとどくかぎりでは、メラノソームが保存されていて現生の鳥類と比較できる化石が必要だ。ない袖はふれないが、調べ方がわかれば恐竜の色もわかる。

現在、世界中の博物館にある古い骨格に肉がつけられつつある。工夫を凝らした手法で標本を調査して解明し、体をおおうものを復元し、そしていま、生きていたときの姿を理解できるようになった。では、これらのことを念頭におくとして、恐竜はおたがいをどのように見ていたのだろうか。鳥は光の波長領域のうち紫外線領域も見える。だとすれば、ミクロラプトルは僕ら人間には望むべくもない視覚的な合図を交わしていたのだろうか。恐竜の頭のなかに入れる方法があったとしたら、そしてその目を通した世界がどのように見えるかがわかったらどうだろう？

第8章　ハドロサウルスの耳、ティラノサウルスの鼻

吼えない恐竜のいったいどこがおもしろいだろう？　恐竜展のぎこちなく動くロボット恐竜からハリウッドが最先端技術を駆使した特殊効果の恐竜まで、恐竜に息を吹き込むのは、耳をつんざき、腹をえぐるようなとどろく咆哮ではないか。暴れまわる恐竜を初めてカラーで見せた一九四八年のB級映画『ジュラシック・アイランド』は、ケラトサウルスの耳障りな叫び声が聞こえなかったら違ったものになっていただろうし、『ジュラシック・パーク』はティラノサウルスが哮り立たなければ、見ていてハラハラすることもなかっただろう。肉食恐竜ばかりではない。トリケラトプスやブラキオサウルス、そしてアンキロサウルスも、やわらかな啼き声を上げたり鼻息をもらしたりすればこそ、生き生きして見える。ディスカバリーチャンネルのドキュメンタリードラマ「ダイナソー・レボリューション」でも、恐竜は心ゆくまで啼き、吼える。映画やケーブルテレビのドキュメンタリー番組を信じてよいなら、恐竜ほどおしゃべり好きな動物はいないだろう。

スクリーンで見る多くの恐竜の不確実な生態と同様に、僕らが恐竜らしいと思う音声も推測の域を出ない。大衆文化で表わされる恐竜の声は、たいていいろいろな動物の声を合成してつくられている。『ジュラシック・パーク』で聞く体の芯までビリビリするようなティラノサウルスの雄叫びは、実際にはゾウ、ワニ、トラ、犬、ペンギンの声を混ぜあわせたものだ。絵の具の色をいろいろ混ぜれば茶色になることを、僕は小学校の図画の時間に知った。動物の声をあれこれ混ぜれば恐竜のとどろくような声になるらしい。

テレビで見る恐竜に熱中しすぎたせいで、僕は恐竜がその姿に見合った迫力ある声をしていたにちがいないと思うようになったが、本当の声はどうだったのかという疑問はいつも頭から離れなかった。ファイエットビル州立大学の古生物学者フィル・センターは、「過去の声——古生代および中生代の動物の声についての論考」と題した論文でこの疑問について考察している。[1] 僕はセンターが先史時代の恐竜とハイファイ録音機器の両方に通じているだろうと期待した。残念ながらその期待は裏切られ、センターは「化石記録に音声は記録されていない」ことを論文の読者に思い知らせた。がっかり。

恐竜の声を直接聞けないので、センターは現生の動物を利用するという定石を用いて、先史時代の生きものがどんな音声を発したかを調べた。もちろんこの場合は恐竜類なので、同じ主竜類のワニ類と鳥類を手がかりにする。厄介なのはこの二つのグループの声の出し方が違うことだ。ワニ類は喉頭を通じて発声するが、鳥類は鳴管(めいかん)と呼ばれる別の器官を使って歌い、さえずる。鳴管はいくつかの骨環〔軟骨でできた環〕からなり、喉頭よりももっと深いところ、気管支の上部にある。構造がこれだけ異なるため、ワニ類と鳥類の発声器官はそれぞれ別に進化したにちがいなく、したがって恐竜は啼き声を上げもしなければ、歌いも咆えもしなかったとセンターは結論した。せめてもの慰めに、センターは恐竜が別のやり方で音を発したと述べた。シューッと息をもらし、顎をパクパクさせ、鱗をざらざらこすり、水をざぶざぶ撥ね上げた。アパトサウルスと同じような体形の竜脚類なら、鞭のような尾をピシッとふった。咆えまくるティラノサウルスやトリケラトプスに慣れ親しんだ者には少しもうれしくない。

　僕は恐竜が声を出す以外のやり方でたてる音のことを考えたことがなかった。スピノサウルスは古代の氾濫原でライバルに遭遇したとき、ワニのような顎をカチカチと鳴らして威嚇しあっただろうか。オヴィラプトルの母親はふらふらと巣に近づいてきた侵入者をシューッといって脅しただろうか。こういうことは確かにありうるが、それでも恐竜には声があったと僕は思う。なんといっても、現在生きている恐竜――鳥類――と現生の最も近縁の生きもの――ワニ類――が出し方は違っても声を出すのだから、その共通の祖先が声を出さなかったとは言い切れない。発声には使わなくても、鳥類にはいまも喉頭があるし、ワニ類は喉頭でしっかり声を発する。おそらく恐竜のほとんどはワニに近いやり方で自己を表現し、鳥が特殊化してさえずるようになったのはそのあとに進化したものだろう。僕はユタ大学の屋上の温室へアリゲーターの赤ん坊を観察しにいったが、聞こえたのはシューシューという音がほとんどだった。鋭い歯をもつチビたちは僕が立ち寄ったのが気に入らなかったのだ。だが、ユーチューブをちょっと探してみると、ワニ類が出す音のサンプルがいくつか見つかるだろう。セントオーガスティン・ワニ園の雄のアメリカアリゲーターのビデオを見てほしい。配水管の詰まりがいきなりとれたみたいな、芝刈り機のエンジンをスタートさせそこなったみたいな、そんな啼き声だ。別の映像はエバーグレーズ国立公園で撮影されたもので、頭をもたげ、尾を水面から高く上げた二匹の雄がテリトリーを主張しあって似たような声を上げている。装甲でおおわれた背中の上で水がきらきら飛び散っている。

恐竜は先史時代のワニが沼や川でこのような啼き声を上げるのを聞いていただろう。デイノスクス〔獣脚類のディノニクスでないことに注意〕のような全長一二メートルのワニ類の発する音を想像してみてほしい。しかし、恐竜がデイノスクスと同じように啼いたかどうかはあくまでも推測でしかない。どんなにそう思いたくても、鳥類とワニ類のわずかな例を取り上げて、多種多様な恐竜の音声を推測することはできないのだ。現生のアリゲーターとクロコダイルが音声を発することは恐竜がたがいに啼きあったと考える手がかりにはなるが、恐竜の音声を再現するには手元にあるだけのわずかな証拠から試みるしかない。

恐竜の発した音を再現したいなら、どう考えても恐竜の軟組織についてもっと知らなくてはならない。とくに喉の構造だ。それならさいわい、細部の残っている骨格が糸口になる。少なくとも恐竜の一つのグループは優雅な頭の被りものに音声を発する能力のヒントを残している。ハドロサウルス類のパラサウロロフスはそんな中生代の音楽家の一つだ。この恐竜は、首から尾にかけては近

このパラサウロロフスのように、ハドロサウルス類には中空の鶏冠をもつものがいる。この鶏冠で遠くまでとどく低い音を発していたのかもしれない。（写真：ユタ自然史博物館にて著者撮影）

縁の仲間と大きい違いはない。体形は平凡で、ハドロサウルス類に共通の短い腕と長い脚と太い尾をもつ。パラサウロロフスを目立たせているのは、その豪華な頭骨だ。少しカーブした中空の鶏冠（とさか）が後頭部から突き出しているのである。鶏冠の発達具合は種によって違う。白亜紀後期のニューメキシコ州とユタ州に生息していたパラサウロロフス・キルトクリスタトゥスの鶏冠は、もう少しあとの時代のニューメキシコ州のパラサウロロフス・トゥビケン、カナダのアルバータ州のパラサウロロフス・ワルケリよりも短かった。それでもこの三種は、すぐにそれとわかる似たような飾りが頭にあった。パラサウロロフスの飾りの美点は見た目だけではない。大きな管状の突起は一つには目を引くためだが、その内部構造にコミュニケーションの本当の秘密が隠されている。

二〇一〇年五月のよく晴れた朝、ユタ州南部の広大なバッドランドを訪ねたときに、僕は運よくこの特徴を直接見ることができた。グランドステアケース・エスカランテ国定公園はユタ州の砂漠にぽつんとある、すばらしく美しい場所だ。むき出しの白亜紀の地層を見に公園へむかうあいだ、舗装道路は小ぎれいだが未舗装の道路に変わっていき、グロブナーアーチと呼ばれる淡い黄色の岩のアーチまで、道沿いの岩とヤマヨモギの風景も色を変える。僕はアーチより先の公園の景観も見られることを祈った。平坦な道がいきなり流水のために穴ぼこと岩だらけになった車一台分の幅の長い小道——道路とは名ばかりだ——になり、カイパロウィッツ台地までアップダウンした。

車がガタガタ揺れながら「コックスコーム（雄鶏の櫛（くし））」を越え、「ガット（はらわた）」をくだるあいだ、僕は気持ちを落ち着かせようとした。これまで東部の舗装道路しか知らず、悪路といえばせいぜい砂利敷きの駐車場くらいだった。車がわきへそれていかないように必死にハンドルをにぎり、レンタカーの補償のことで保険代理店と話をする場面を思い浮かべないようにした（「さて、事故が起こったときは何をなさっていました？」）。ユタ大学がキャンプしているホースマウンテンまでもうひと息というところが最悪だった。最後の泥道のでこぼことき たら、まるで『インディ・ジョーンズ』さながらだ。カーブのところが何カ所かくずれ落ちているのを見たときは、慎重にそろりそろりと行かなければならないぞと心したものだ。午前中にキャンプに到着したときのうれしさといったらない。化石発掘の経験豊かなスコット・リチャードソンが同じ道を引き返して、この国定公園でとびきりの化石のところまで連れていってくれた。

土地管理局の管理する公園の露頭はおよそ西部らしくなかった。カイパロウィッツ層はユタ州南部が北アメリカを二つに分断する浅い水路沿いの湿地だった約七五〇〇万年前に形成された。この岩石層には、砂地の地面に埋もれるように潅木（かんぼく）が広がっている。潅木におおわれた部分の地層の恐竜は、露出した岩につまずくよりも泥に足をとられて転んだのではないだろうか。車を停めてパラサウロロフスのいるほうへむかいながら、リチャードソンは泥に埋もれた恐竜の爪先の骨を指さした。チョコレート色になった骨はそれを包んでいた堆積層からただこぼれ落ちたのだが、リチャードソンはそれにさわろうとしなかった。土地管理局はこの地域での化石採集について厳格に細かい規則をさだめており、きちんと許可をとってからでなければ骨の破片ですら取ってはいけなかった。恐竜の爪先はそれを待たなければならない。

ようやくパラサウロロフスのところに着いたが、僕は自分が何を目にしているのかすぐにはわからなかった。灰色の大きな岩塊についた奇妙な黒っぽい斑点にしか見えない。化石の露出している部分は、僕が生物学初級講座の初歩の初歩の授業のために切り抜いたマンガの染色体にどこか似ていた。褐色の骨の内側に二つの楕円形(だえん)が二組あり、下のは上のよりも長い。僕は前にこの形を見たことがあるのにふと気づき、リチャードソンは僕が正しいと言ってくれた。それはパラサウロロフスの鶏冠の断面で、僕は頭骨の飾りの内部の空洞をのぞいていたのだった。

あとでパラサウロロフスの歴史を調べて知ったが、一九二二年にカナダの古生物学者ウィリアム・パークスがパラサウロロフス・ワルケリを記載したとき、彼も似たようなものを見ていた[2]。長い鶏冠は外側から見ると中身がぎっしり詰まっているように見えたが、たまたま割れていたので空洞になっているのがわかった。うすい骨で仕切られた二組の管が鼻から後頭部を通ってまた口のほうにもどる。見たこともない長い長い鼻孔だった。

なぜ恐竜がこんなに複雑な管を頭につけているかは謎だった。もっと不思議なのは、近縁のハドロサウルス類にも同じようなものがあるのに、中空ではないことだ。パラサウロロフスの上位分類のハドロサウルス類はおもに三つの枝に分かれている。ハドロサウルス族、サウロロフス族、ランベオサウルス族である。最初のグループは僕が以前に住んでいたニュージャージー州で出土したハドロサウルスなどが属し、これには頭の飾りがない。サウロロフス族――各地で見つかっているエドモントサウルスや「よい母親」恐竜のマイアサウラなど――は頭に派手な飾りがないか、単純なこぶや鶏冠がある。ランベオサウルス族には魅力的な被りものがある。これらの恐竜は比較的平凡な近縁の仲間に体形は近いが、普通はさまざまな凝ったつくりの鶏冠がある。管を長く伸ばしたパラサウロロフスのほか、コリトサウルス（ドーム型の鶏冠）、ランベオサウルス（L字形の鶏冠）がこのグループに入る。どの属ないし種でも、鼻孔が鶏冠に入り込み、鼻から口への遠まわりな管になっている。

僕が子供のころ、学校の図書館の時代遅れな本や、地元のスーパーで両親が買ってくれた安い恐竜のイラストカードは、鶏冠の機能について同じことを教えていた。装飾的な被りものは空気タンクのはたらきをするもので、おかげでパラサウロロフスなどのランベオサウルス族は長く水中にもぐっていられたのだという。画家のルドルフ・ザリンガーは子供むけの『恐竜と先史時代の爬虫類』で、パラサウロロフスとコリトサウルスが白亜紀の湖でシンクロナイズドスイミングをしている姿を描いているし、イタリアのパニーニ社が発行したもっと厚い本は水中で水草を食べるパラサウロロフスの群れを詳述している。当時は水陸両生の植物食動物とされていたのだから、それも当然すぎるほど当然だった。なにしろハドロサウルス類には「カモノハシ竜」の別名がある。正確な呼称ではないが、いまもそう呼ばれている。保存状態のよいハドロサウルスの標本から、二枚のシャベルが噛（か）みあわさったような平たい口吻（こうふん）だったことがわかる。また、皮膚痕が無傷で残った標本から、もっぱら湿地に棲む恐竜だと誤って解釈された。一九一二年に古生物学者のヘンリー・フェアフィールド・オズボーンは、チャールズ・H・スターンバーグが発見したエドモントサウルスの皮膚の大部分が保存されているめずらしい標本を記載した。[3] その手は肉質のミットにくるまれているかのように見えた。オズボーンはこれを白亜紀の湖や川で水をかくのに使われた一種の水かきだと考えた。実際には、四足で歩くときに歩きやすいように「指」を閉じておくためのもので、ハドロサウルス類に共通の特徴だった。

ハドロサウルス類の本当の姿がわかる以前は、一部の種の奇妙な鶏冠は水生だったためと考えるのがごく自然に思えた。ウィリアム・パークスはパラサウロロフスの鶏冠の役割を視覚的信号なのではないかと思ったものの断定できずにいたが、アルフレッド・シャーウッド・ローマーは一九三三年に二つの可能性を示した。空気タンクかシュノーケルだというのだ。息ができるような開口部がなかったためにシュノーケル説は消え、のちに僕が知ったとおり、空気タンク説が一般に知られるようになった。

ローマーの説に賛成しなかった古生物学者もいたが、そういう学者も鶏冠は水生であることと関係があると考えていた。有名な化石収集家チャールズ・H・スターンバーグの息子のチャールズ・M・スターンバーグは、彼が「頭巾ハドロサウルス」と呼んだ恐竜のU字に曲がった部分はランベオサウルスのような恐竜が水にもぐって餌を食べるときに呼吸器系に水が入らないようにするためのものではないかと考えた。ドイツの古生物学者マルティン・ヴィルファルトの見方はもっと奇想天外だった。伸張した部分は体を固定させるためのもので、コリトサウルスや近縁種はこれによって必要なときに水面に達して呼吸できたと考えたのだ。

ほかの説をことごとく批判して退けたジョン・オストロムでさえ、長い鼻孔を水生であることに関連づけた。「ハドロサウルス類が不活発で、隠居生活といえるような生活をしていたことは大いに考えられる。角も爪もなければ鋭い歯もなく、太い尾もスパイクつきの尾もなく、骨質の装甲ももたなかった。俊敏に動いて闘うようにはできていず、当時の巨獣というほど体が大きくもなかった[4]」。無防備なハドロサウルス類に何ができただろう?

鼻孔が長く伸びているのがその解決策ではないかとオストロムは考えた。長い管で遠くから捕食者のにおいを嗅ぎつけ、いざとなれば水中に逃げられるようになったのだ。だが、この考え方は広く受け入れられなかった。においを感じとる部分が鼻孔と外界とが接する部分の面積よりも広がった様子はないし、それに捕食者のにおいを嗅ぎつける必要があれば、鶏冠は鋭い嗅覚を得るのに適した形になっただろう。ハドロサウルス類の鶏冠は非常に多様で、したがって説明は別にあるはずだった。

結局はパークスが妥当な線をいっていた。一九七五年にジェイムズ・ホプソンがさまざまな説を検討し、ハドロサウルス類の頭の飾りは視覚的な信号だと結論した[5]。鶏冠のおもな用途は、たんに見てもらうことにあるのだ。しかし、ホプソンはこのシナリオが有力でも、ほかの説明がみな論外だというわけではないと注意をうながした。遠まわりな長い通路は反響室のはたらきをし、パラサウロロフスのような恐竜は遠くから声をかけあったのかもしれない。以前、スイスの古生物学者カール・ウィマンはパラサウロロフス・トゥビケンを記載したとき、鶏冠がクルムホルンという楽器に似ていると書いた。僕はパラサウロロフスが木管楽器よりも立派な音を出したと思いたい。プープーいうばかりのオモチャのラッパみたいな間抜けな音ではがっかりではないか。体長九メートル超、体重は三トン近いパラサウロロフスが蚊の鳴くような声だったら、これほど滑稽きわまる生きものもいないだろう。

パラサウロロフスの発声能力を調べた研究者のおかげで、さいわいこの恐竜がそんな間抜けな音を出してはいなかったことがわかった。ジョンズ・ホプキンズ大学の古生物学者デヴィッド・ワイシャンペルは、即席でつくったパラサウロロフスの鶏冠の模型を使って音域を調べた[6]。僕は子供のころにワイシャンペルが恐竜ホルンを吹き鳴らすのをドキュメンタリー番組で何度も見たのを覚えている。緑とオレンジの縞（しま）に塗った楽器は、パラサウロロフスの鶏冠の長さに切ったポリ塩化ビニル製のU字形のホルンだった。その音は霧笛のようだった。ブオーッという深い音だ。その音は白亜紀の入り江に響きわたっただろう。いままたそのビデオを見ると、僕はレイ・ブラッドベリの『霧笛』を思い出す。ブラッドベリはこの短編小説で、霧笛を同族の仲間の声とまちがえて海からやってくる孤独な先史時代の怪獣を思い描いた。けれど悲しいかな、ワイシャンペルの恐竜ホルンの音がどこかに身をひそめている恐竜を引きつけたことはない。

もちろん恐竜はポリ塩化ビニルに色をつけた生きものではない。ハドロサウルス類の鶏冠は骨と軟組織からなり、生活のしかたと結びついた複雑な構造をしていた。模型は恐竜がどんな啼き声をしていたかをぼんやり表わすものにすぎない。しかし、ハドロサウルス類がそのような声を出したこと、成長するにつれてレパートリーが変わったことを示すかすかな手がかりがある。その証拠は彼らの耳にある。

ワイシャンペルは楽器をつくったおかげでテレビに出演したが、彼はハドロサウルス類の鶏冠の出す音の特性について論文を書いてもいる。それよると、装飾の立派なパラサウロロフス・ワルケリは中央C〔ピアノでいうと、鍵盤中央のC（ド）の音〕より二オクターブ下のG（ソ）から中央Cの下のB（シ）までの音域があり、それほど細長くない鶏冠のパラサウロロフス・キルトクリスタトゥスは中央Cより一オクターブ下のD（レ）から中央Cより上のF♯（ファ♯）の音域を出すことができた。学会誌『パレオントロジー』の一九八一年の論文でワイシャンペルが概説しているとおり、コリトサウルスのようなハドロサウルス類の耳の複雑な構造は、鶏冠で鳴らす広域の低周波音をよく聞きとれたと考えるとつじつまが合うようだ。

これがあてはまるのは成獣だけである。ハドロサウルス類の子供はおとなのような充分に発達した鶏冠がなく、ワニの赤ん坊のような高い声で啼いたのではないかとワイシャンペルは考えた。それには充分な理由があった。恐竜の子供の啼き声は甲高いためにあまり遠くまでとどかず、捕食者の注意を無用に引くことはなかった。しかし成長するにつれて、同種の仲間、とくに交尾相手の候補との声によるコミュニケーションが重要になり、遠くへ声を伝えるには低周波音が最も適していた。現生のアフリカゾウがこれに似ている。現生の巨獣は、低く重い声で遠くの仲間と交信できる。

ワイシャンペルはハドロサウルス類の耳についての以前の研究と、現生の鳥類およびワニ類の解剖学的構造をもとにこの仮説を導いた。こと恐竜の耳に関しては、そこまで深く掘り下げた古生物学者はほとんどいなかった。保存状態のよいハドロサウルス類の頭骨は数が少なくて貴重なため、破損した部分から耳のなかの構造をのぞき見ることはできなかったのだ。CTスキャンで頭骨の内部を見られるようになっても、それには非常に費用がかかった。最近は高解像度のスキャン技術が利用しやすくなり、ようやくハドロサウルス類の聴力のことがわかるようになった。

デヴィッド・エヴァンズは、ワイシャンペルの研究成果を取り上げた古生物学者の一人である。[7] 彼は二〇〇六年の『パレオントロジー』の研究報告で、ディスプレイ、音波発生、生理的利点がハドロサウルス類の多様な鶏冠を形成したと結論し、二〇〇九年にはライアン・リッジリーおよびローレンス・ウィットマーとともにハドロサウルス類の鶏冠と鼻孔と脳の発達について調査した。ランベオサウルスとコリトサウルス、そしてもう一種のドーム型の鶏冠をもつヒパクロサウルスの年齢の異なる個体の頭骨を三次元スキャンで画像撮影してから、鼻孔を奥へたどって脳と内耳の構造を調べた。

これらの恐竜の頭骨には思いがけないものがあった。ヒパクロサウルス・アルティスピヌスの標本は、鼻孔が非常に複雑にまがりくねっているのが見つかったのである。鼻に入った空気はほぼ目の高さくらいまで上昇してから下がり、つづら折りを鶏冠の頂点まで上がって、また喉にむかって下がる。それとは対照的に、幼体のランベオサウルスの鼻孔はもっと単純なつくりで、S字に少しまがってから発達中の鶏冠へ上っていって喉にもどってくる。ヒパクロサウルスの場合は、比較的単純な鶏冠から見てとれるよりも鼻孔がはるかにまわり道をしていた。頭骨を外側から見ているだけでは、内部にそんなに複雑な配管が仕込まれているとは想像できないだろう。どんなはたらきがあったのであれ、鼻孔は鶏冠とは別の目的で進化したにちがいなかった。鶏冠の外側の形は仲間同士の目印の役割を果たしたのだろうし、その内部の鼻孔は音声発生と生理機能に関連するさまざまな選択圧に適応したのだ。

恐竜が鼻にこのような複雑な配管を備えた理由は、頭蓋（とうがい）のなかを見ると推測できる。頭骨化石の内部の空洞をスキャンすれば、恐竜の脳の詳細なモデルをつくることができる。さまざまなこぶやでこぼこは、恐竜にとってどの感覚がどのように重要だったかをおおよそ示している。同じように、内耳の高解像度スキャンは、恐竜にどんな音が聞こえていたかを理解するたすけになる。

エヴァンズ、リッジリー、ウィットマーはハドロサウルス類の内耳を調べ、幼体が広い音域を聞きとれるのに対し、成体は鶏冠の発する低周波音をキャッチするのに特化していることを発見した。しかもハドロサウルス類の脳は大脳半球が大きかった。これは複雑な行動に関連する脳の領域だ。音を発し、聞きとることが被りものの進化をうながしたことを示す決定的な証拠はないとはいえ、エヴァンズらの発見は、パラサウロロフスのような恐竜は生まれてから死ぬまで声で交信した社会的な生きものであるとする見方と一致していた。

ほかの恐竜の音声も同じ原理にもとづいて予測できるだろう。ほとんどの恐竜は音を出す鶏冠がなかったが、どんな音を聞きとれるかを予測すれば、その恐竜の発する音声の音域をいくらかは推測できる。

二〇〇五年に、オットー・グライヒらが鳥類とワニ類の内耳の構造と聴覚との関係を利用して、大型恐竜のアロサウルスとギラファティタンにどんな音が聞こえたかを推測した[8]。それによると、恐竜は非常に低い周波数の音に聴覚を合わせていた。三キロヘルツ以下である。グライヒの研究が発表されたときに記者が即座に指摘したとおり、三キロヘルツというのはだいたい人間が叫んだときの声の高さだから、もし人間がジュラ紀に生きていたとしたら、大声で心ゆくまで叫んでも巨大な恐竜に突進される心配はなかっただろう。しかし、そんなタイムスリップを考えなくても、ここで重要なのは恐竜の啼き声を知るには耳が最適な糸口になることだ。

大きな捕食恐竜にかこまれたら思い出そう。大声で叫んでも彼らには聞こえないだろう。（絵：Mike Keesey）

脳のスキャンは、恐竜が聞いていた音を大体のところ推測させてくれるばかりではない。恐竜の脳の復元とキャストには、視覚や嗅覚などのほかの知覚に関する情報も含まれている。ローレンス・ウィットマーはその分野の研究の最前線にいる。先史時代の動物の知覚について長く考察してきたウィットマーは、古くからの比較解剖学とハイテクを組みあわせた新しい手法でこの問題に取り組んでいる。現生の動物のある構造にどんなはたらきがあるのかを理解することで、ウィットマーの研究室は以前は科学研究の域を越えていると考えられていた恐竜の生態の一面を再現しはじめている。

二〇一一年後半に、ウィットマーとダーラ・ゼレニツキらは脳の再生画像を使って恐竜の嗅覚がどう変わっていったかをたどってみた。ここで注目するのは嗅葉だ。嗅葉とは入ってくるにおいの情報を処理する脳の部位で、原則どおり、この領域が大きいほどそれだけにおいをよく感知できる。これに関しては原理があり、脳のある領域がほかの領域とくらべて大きいほど、その領域のつかさどる機能がその動物の生態においてより重要なものになる。おもに視覚に頼る動物では、視覚情報を処理する脳の領域が比較的大きいと考えられる。嗅覚にも同じことがいえる。

恐竜には嗅覚が非常に鋭いものがいることがわかった。たとえばバンビラプトル――飛び出しナイフ式の鉤爪（かぎづめ）をもつラプトルで、名前から想像するほどかわいらしくない――は、ヒメコンドルやクロアシアホウドリと同じくらい脳の領域を嗅覚に割いていた。発達した嗅覚で有名なこの二種の鳥は、においを手がかりに餌探しをする肉食の鳥で、羽毛をもつ小型のバンビラプトルも同じようにしていたと考えてもこじつけにはならない。鳥類の進化を全体として考えてみると、デイノニコサウルス類――バンビラプトルの類縁――の子孫である鳥類は進化の初期にすぐれた嗅覚をそのまま保持し、鳥類の種分化が進むにつれて視覚を武器にした系統と強力な嗅覚を維持した（再進化させた）系統とに分かれたのである。

ラプトルばかりが嗅覚の特別に鋭い恐竜ではなかった。ティラノサウルス・レックスは非常に大きい嗅球〔嗅葉の一部で、においの情報を選別して脳の関連感覚野に送る〕をもつことで知られている。その鋭い嗅覚とそのほかの顕著な特徴があったせいで、この恐竜は科学よりも白亜紀の看板恐竜の座にかかわる奇妙な論争の中心になった。

僕が覚えているかぎり、ティラノサウルスの捕食者としてのパワーはどこから見ても明らかだった。「T・レックスは何を食べていたか」という疑問の答えは、「食べたいものはなんでも」だった。だが、ティラノサウルス類を巨大で不器用な腐肉食動物と見る古生物学者は早くからいた。一九一七年、ティラノサウルスが命名された九年後に、カナダの古生物学者ローレンス・ラムが大きく細身のティラノサウルス類のゴルゴサウルスを「怠惰な」肉食恐竜で、生きたゴミ処理屋として「自然の便利屋の役割を果たした」と提唱した。角竜類とハドロサウルス類の死骸を片づけて白亜紀の風景をきれいにしていたのだ。

数十年後、ジャック・ホーナーもティラノサウルス・レックスは腐肉をあさるスカベンジャーだったとの説を提唱した。一九九四年の恐竜カンファレンス「ダイノフェスト」で、ホーナーはＴ・レックスの丸い小さな目、短く細い腕、切り裂くよりも噛み砕くのに適した頭骨を指摘した。[9] 暴君はどちらかというと捕食者よりも腐肉食者であり、この物議をかもす説はたちまちニュースになった。ティラノサウルスはどれくらいの速度で走ったのか、餌食の恐竜に残った歯型から推測して噛む力はどのくらいあったのかなど、新しい発見があるたびに、たいてい完全な捕食動物か汚い腐肉食動物のどちらだったのかという点に照らして議論された。

ほとんどの古生物学者は議論の要点が見えていなかった。ティラノサウルスは狩りもできたし、腐肉あさりもできたにちがいないのだ。[10] 暴君は嗅覚が鋭かったが、前方がよく見える目をもってもいた。Ｔ・レックスは両眼の立体視でぴたりと照準を合わせられる数少ない恐竜の一つなのである。また、細く短い腕が貧弱だと笑われても、相手をがっちりつかむ腕のかわりに、ものすごい破壊力で噛める頭を手に入れた。エドモントサウルスやトリケラトプスを狩る暴君を邪魔するものはなく、また機会があれば腐肉を貪るのを妨げるものもなかった。Ｔ・レックスは万能の肉食恐竜であり、腐りかけた死骸を解体することも、生きた獲物を倒すこともできたのだ。

頭骨の複雑な構造から、暴君恐竜がどのように外界を感知していたかがおおよそわかる。新しい技術が出現して恐竜を動物としてあらためてとらえなおしたおかげで、古生物学者は恐竜がその生息環境とどのようにかかわっていたかをゆっくりとだが包括的に理解しつつある。奇妙なことかもしれないが、恐竜の生態のごく詳細な情報は、彼らがどのように歩き、噛みつき、闘ったかを想像することからではなく、骨格化石に残った病気や怪我の痕跡から得られる。恐竜の健康を蝕(むしば)んだものが、彼らが実際にどのように生きていたかを語ってくれるのだ。

第9章　寄生虫が残した痕

ティラノサウルス・レックスは無敵だ。映画や小説でも、科学による復元でも、これほど残虐で、これほどおそろしい生きものはいない。暴君恐竜の名はこけおどしでもなんでもなく、肉を引きちぎり骨を噛み砕く暴虐な力がこの恐竜で頂点に達したことを思い出させる。とくにフィクションの世界のティラノサウルスは、もはや動物というよりも自然の猛威そのものだ。歩けば大地がびりびり震え、身の毛のよだつような咆哮はハリケーン級の威力をふるう。ティラノサウルスは数百万年にわたって見事に適応し、骨と肉とを手早くあざやかに切り分ける生きものに進化した。凶暴さ、獰猛さの化身のようだ。だからティラノサウルスに弱点がいくつもあると聞かされても、僕らはどうしても信じられない。事実、僕は古生物学の本に目を通すようになるまで、恐竜が骨折するとか、寄生虫にたかられるとか、感染症と闘うとか、そのほか生きるうえでの辛苦に悩まされるなどとは考えたこともなかった。

「スー」には苦しみが多かった。スーはこれまでに発見されたなかで最大級かつ最も保存状態のよいティラノサウルスの全身骨格だ。しかし、彼女は白亜紀の苦難の見本帳のようでもある。そのぼろぼろの骨格はシカゴのフィールド自然史博物館に展示されている。僕が最後にスーのねぐらの近くをかすめて通り過ぎたのは、小さい車の後部座席にカンカンに怒っている三匹の猫を乗せてユタ州の新しい家にむかう途中だった。フィールド博物館にちょっと立ち寄りたくてもとても無理な相談だったが、ありがたいことに、僕はもうすぐスーの複製が新居の近くで組み立てられるのを知っていた。少なくともそこでスーのクローンには会えるわけだ。アイダホ博物館はユタ州ソルトレイクシティから北へ数時間のアイダホフォールズのはずれにあり、世界一有名なティラノサウルス・レックスの巡回展がそこで開かれることになっていた。

僕はアイダホへ行く前に少し予習した。スーには確認したい特別な箇所があった。スーは何カ所かに骨折の跡があり、顎（あご）にも正体不明の傷痕が残っていると聞いていた。僕はその傷ついた骨をとくに見たかった。恐竜の骨格化石はただ見るだけなら簡単に見られる。家とかオフィスとか教会とかを見るのと同じように見るのなら。そしてそういう見方では、細かいところを見落としてしまうのだ。恐竜の骨格というすばらしい構造物にはかすかな手がかりが隠されている。こぶ、ふし、筋肉のついていた跡、出っ張りなどはその生きものの基本的な性質を表わし、どんな暮らしをしていたかを教えてくれる。いま目にしているものが動かない石の塊ではなく、かつては生きていた動物の、しかも僕らの頭だけではとても想像できないほどすばらしい動物の残したものなのだと実感させてくれる。

アイオワ大学の古生物学者クリストファー・ブロシューによるスーの骨格を徹底的に調査した研究論文をよく読んでみた。[1]ブロシューはスーが死ぬまでに何度か闘ったことがあるのを示す痕跡を発見した。肋骨（ろっこつ）が何本か折れ、右の上腕と肩も骨折していた。右半身の傷はたぶん一度の激しい闘いによるもので、左側の肋骨が折れているのもティラノサウルスが生き抜くには骨折がつきものだったことをうかがわせるとブロシューは述べている。また、感染症のために左の腓骨（ひこつ）〔脛骨（けいこつ）とともに膝から足首までを構成する骨〕や二個の脊椎骨などの骨が変形していた。スーはそれでも生き延びた。この暴君恐竜の骨には治癒した痕があり、骨折による感染症で朽ちていくことはなかったのだ。だが、スーの顎の構造を調べはじめたブロシューは、別の重大なことに気づいた。スーはものが食べられなくなって、そのために命を落としたのかもしれない。僕にはこの謎がとくに不可解だった。あの巨大な暴君をいったい何が衰弱させられるのだろう？

アイダホ博物館に着くと、僕は体験展示をしている小さいホールを素通りし、まっすぐスーのところへむかった。知りたかったことは巡回恐竜展の解説パネルではなくスーの骨のなかにあった。さいわい、柵のむこうにあってもスーは非常に大きくて、傷も簡単に探しあてられた。ごつごつしたこぶ状の骨が傷の癒えた痕と感染症との闘いの跡を示していたが、一番はっとさせられたのは顎の異状だった。スーの下顎は口のなかに大口径の散弾銃をお見舞いされたかのようだった。顎の両側に大きくなめらかな穴がいくつもあいているのだ。

スーが発見されてからほどなくして、スーの発掘チームの一員だったピーター・ラーソンがこの穴は噛まれた傷だと述べた。[2] この説はほかの古生物学者がほかのティラノサウルス類に見出した傷痕のパターンと合致した。獣脚類の頭部の傷を調べたダレン・タンケとフィリップ・カリーは、大型の捕食恐竜がしばしば顔面を噛みあって闘ったことを発見している。[3] ティラノサウルス類のアルバートサウルス、ゴルゴサウルス、ダスプレトサウルスはいずれも頭骨に噛まれた傷があり、それらは同種の恐竜のみが負わせたものと考えられた。ティラノサウルスも同じだったと考えるのには無理がなく、スーの下顎の傷に治った形跡がないのはこの強大な恐竜がライバルの攻撃で殺されたということだった。

だが、どこかがおかしかった。ブロシューらが顎の傷を調べたとき、彼らは穴の分布と形状がティラノサウルス類の歯と合わないことに気づいた。巨大なティラノサウルスの強烈なひと噛みでなるものではなかったのである。誰がスーを殺したかという疑問はふり出しにもどり、現在はどんな恐竜よりもずっとずっと小さい生物だったのではないかと考えられている。

獣医学者のユアン・ウォルフと古生物学者のスティーヴン・ソールズベリーのチームは、二〇〇九年にスーの死の謎を解き明かした。[4] それによると、スーや仲間のティラノサウルス類は現生の猛禽類の口や喉に感染する微生物に苦しめられたという。現生の鳥類に感染するその微生物はトリコ

ティラノサウルスのスーは晩年に寄生虫による感染症に苦しんだ。口についた寄生虫は顎の骨を食い破り、スーはものが食べられなくなったのかもしれない。（イラスト：Chris Glen, The University of Queensland, doi: 10.1371/journal.pone.0007288.g004）

モナス・ガリナエという原虫で、伝染のしかたは単純だ。たとえばハトが水と一緒にトリコモナスを飲み込むと、それが寄生して感染症を引き起こし、そのハトを食べた猛禽も感染する。この寄生虫にはさまざまな種があり、なんら症状を呈しないものもあるが、なかには宿主である鳥の下顎を侵し、骨に病変を生じさせ、軟組織を潰瘍にするものがある。ひどい場合には、鳥は食べることも飲むこともまともにできなくなる。

　ティラノサウルスの時代にトリコモナス・ガリナエはいなかったが、スーやその他のティラノサウルス類が同類の寄生虫に取りつかれたのはまちがいない（世界中の博物館に展示されているたくさんのティラノサウルスの骨格をよく見れば、内壁のなめらかな大きい穴があいているのがすぐに見つかる）。スーは確かにやられていた。骨の損傷、組織の壊死、潰瘍によって、普通ならたのしいはずの食事（と僕は思いたい）が苦痛になり、ものを食べることができなくなって餓死した。史上最強の肉食動物は、肉眼では見えないくらい小さいくせにもっとたちの悪い捕食者に屈服したのである。

どのような経緯でスーの口に寄生虫が巣食ったかはわからない。考えられることはいくつかある。カリーとタンケの記載した標本と、「ジェーン」と命名された幼体のT・レックスの吻に認められる穴のおかげで、ティラノサウルス類が闘うときにおたがいに顔面に噛みついたことがわかっている。[5]口のふちに寄生虫のついているティラノサウルスに襲われれば、病気が伝染する確率は高いだろう。でこぼこの多いギザギザの歯は細菌や原虫が棲みつくにはもってこいで、恐竜が食べた肉のかすがそれらの餌になる。[6]そういう汚い歯からおそろしい微生物がティラノサウルスの頭部に侵入する。だが、スーには噛まれた痕がない。寄生虫に侵された恐竜がスーを襲ったのでなければ、別の経路で感染したにちがいなかった。

もう一つ考えられるのは、共食いだ。[7]これまでに集められた多くのT・レックスの標本のうち、少なくとも四体に大きな肉食恐竜に噛まれてえぐられた痕がある。これらの化石骨の細部を見ると、歯の痕は死んだあとについたもので、闘いではなく摂餌の痕跡であることがわかる。僕らがティラノサウルスの残骸を見つけたモンタナ州のヘルクリーク層には、そんな傷を負わせられるだけの大きさと力のある捕食者は一つしかいなかった。T・レックス自身だ。ティラノサウルスは機会があればティラノサウルスを食った。そしてもし寄生虫のついた仲間を食ったなら、小さい厄介者は河岸を変えるだろう。共食いは病気を撒き散らす。

スーの穴だらけの顎は、最強の恐竜でも別の生物に襲われ、侵入され、取りつかれることを明らかにした。その傷は骨に見られるとはかぎらず、むしろスーの傷ついた顎は例外だった。ほとんどの場合、寄生虫は恐竜の軟組織に入り込んでそこに巣食った。宿主の死骸が腐ると、寄生虫もそこから姿を消した。だが、いくつかの化石は恐竜が寄生虫の生態系の場になったことを示している。

先史時代のおそろしい寄生虫は、ジョン・カーペンター監督お得意の血みどろ映画『遊星からの物体X』を思い出させる。ある種の寄生虫にとって、恐竜は温かい隠れ場所だった。恐竜は現実離れした生きものなので、それにつく寄生虫ももっとずっとおそろしいもののように思えてしまう。フィクションの領域でなら、恐竜の寄生虫がどんなに奇怪かを想像するのもたのしい。ピーター・ジャクソン監督は二〇〇五年の『キング・コング』で、先史時代の生きものがうろつく青々としたジャングルに、腐肉を食べる架空の生物「カルニクティィス」を登場させた。ティラノサウルス類の体内に棲みつく肉食の虫だが、死んだ恐竜のはらわたが山中の泥沼にあふれ出たときに、そこに棲みついてぞっとするような生物に変貌した。また、それよりずっと前に、SF作家のブライアン・オールディスは短編『哀れな狩人』で、巨大な恐竜の体に群がるおそろしい小さな節足動物を描いた[8]。過去にタイムトラベルしたハンターのクロード・フォードは、自分の勇ましさを証明するのに夢中になって記念の怪物を撃ち殺そうと竜脚類を倒すが、そのとき恐竜の死骸から寄生虫の大群が出てきてすぐ近くの温かい生体を探しはじめる。クロードのことだ。「ザリガニどもの爪で首と喉を切り裂かれ、もがきながら悲鳴を上げる。ライフル銃を手にとろうとするが、できずにのたうちまわる。次の瞬間、ザリガニみたいなそいつが胸をむさぼり食う」。恐竜の寄生虫が宿主の恐竜よりもよほど危険だとは、クロードのような「けちな男」には思いもよらなかったのだ（科学的事実の領域では、サイエンスライターのカール・ジンマーが『パラサイト・レックス――生命進化のカギは寄生生物が握っていた』で、恐竜はサナダムシの宿主になっただろうか、なったとしたらその寄生虫はどんなにおそろしかっただろうかと書いている。巨大な恐竜は化け物のように巨大な寄生虫を棲まわせることができただろう。これまでのところティラノサウルス類につく条虫がいた証拠は見つかっていないが、ありえないことではない）。

B級映画ファンとしては残念だが、ほとんどの恐竜の寄生虫は僕らがおそれるほど巨大でもおそろしくもなかった。現生の寄生生物と大きくは違わない。そうとわかるのは、少なくとも部分的には恐竜の糞（ふん）のおかげだ。足跡化石と同じように、恐竜のコプロライト――糞石――も不当に軽んじられている。人々が人気の大恐竜展に行くのは中生代の土の上にひり出されたそれを見るためではない。しかし、恐竜の糞の化石には恐竜の生態を伝える情報がたくさん含まれている。[9] ティラノサウルス類のコプロライトは彼らが大量の肉と骨を飲み込んだこと、そしてそれが消化管を通過するのが非常に速く、食べた恐竜を完全に消化しきらなかったことを教えている。竜脚類恐竜の残した糞塊から、先史時代の生態系の構造のほか、草などの植物の進化をたどることができる。さらに、恐竜の糞を食べものにも隠れ場所にもしている生物がいた。保存状態のよい糞に、排泄物のなかに棲んでそれを食べていたマイマイの類が見つかったのである。そのつもりで探せば、コプロライトには小さな小さな寄生虫も見つかる。

これらの寄生虫は肉食恐竜の化石化した糞から見つかっている。二〇〇六年に古生物学者のジョージ・ポイナーとアーサー・ブーコットは、ベルギーのベルニサールにある豊富な恐竜化石産地で発見されたコプロライトを分析した[10]。標本を削って粒子状に砕き、塩酸に溶かして遠心分離機にかけ、それをフッ化水素酸に入れてもう一度遠心分離機にかけ……そうこうして濃縮した恐竜の糞を顕微鏡で観察した。

糞が拡大されたとき、ポイナーとブーコットはそこに寄生生物を発見した。小さい包嚢（ほうのう）はエントアメーバの存在を示していた。これは広く見られる原生生物の一属で、種によって無害なものもあれば、病気の原因になるものもある。また、吸虫と線虫の卵も見つかった。先史時代の寄生生物は現生の種とまったく同じではないが、同じものかと思うほどよく似ていた。小さいヒッチハイカーは一億二五〇〇万年のあいだあまり変わらず、恐竜がたくさんの聞き慣れた微生物の心地よい宿主だったことを示していた。

恐竜は外からも執拗（しつよう）に攻められた。先史時代のシラミはごく少ないが、既知の化石と遺伝データを用いたアプローチでの解析によると、今日のおもな種類のシラミはだいたい一億年前から繁殖しはじめたという数字が出る。その時点で羽毛恐竜は少なくとも六〇〇〇万年前からいるし、もちろん毛の生えた哺乳類もいたので、ハジラミが急増したのはこの虫にとって取りつく相手がたくさんいたことを示唆している。恐竜の羽毛は現生の鳥の羽毛と同様に、寄生生物にはお誂え(あつら)むけだった。目のよい古生物学者は、運がよければいつの日か中国の火山灰の地層から出土するきれいに保存された恐竜の羽毛化石にこのようなシラミを発見するだろう。

恐竜についたシラミは、マダニや蚊など、宿主に棲みついて血を吸う虫と同じ世界に属している。うるさい虫が恐竜にどれくらいたかっていたかはわからない(猫のノミとりがたのしいというのとはわけが違うだろう)。だが、寄生生物の種類は増えていき、そのなかに非常に強力な吸血の道具をもち、恐竜以外はなんでも殺しまくったものがいる。二〇一二年初めに、中国科学院の古生物学者、黄迪頴(ホアン・ディーイン)の研究チームが一億六五〇〇万年前の巨大なノミを発見したと発表した。[11] 確かに、比較すれば巨大だというだけで、最大のものでも二・五センチに満たない生きものである。しかし、犠牲者からすれば充分に大きい。現生のノミとは違い、このノミは跳べなかった。頑丈な口器にのこぎりのような突起がならんでいて、この強力そうな道具からして恐竜にたかっていたのではないかと研究者らは考えた。獲物を待ち伏せしている捕食恐竜を悩ませただろうという。おそろしいノミは恐竜がやってくるのを待って飛び出し、宿主にかじりついて血を吸うと、またやぶのなかに消えていっただろう。

それでも、恐竜を悩ませた害虫と寄生生物を特定していくのは比較的新しい研究分野である。古生物学で注目されてきたのは恐竜の骨にじかに見えている傷のほうだ。

恐竜のさまざまな病気に関して書かれた本がある。僕はそれをときどき開いて、恐竜の生活はどれほど危険なものだったのだろうかと思いを馳せる。タンケと病理学者のブルース・ロスチャイルドがまとめたその本は『恐竜――恐竜の病理学と関連事項に関する注釈付き文献一覧　一八三八～二〇〇一年』という興味をそそられるタイトルがついている。吸血虫から骨の損傷まで、あらゆる病気が網羅されている。とくに恐竜が巨大化して特殊な生きものになったのが腺疾患のせいであり、また一連の骨折は乱暴な交尾に起因し、砒素中毒からボツリヌス中毒、ストリキニーネ中毒まで、あらゆる中毒があったとする二十世紀初めの推測は注目に値する。この網羅的な疾病リストには、脊椎披裂、骨髄炎、壊死、通風などもある。

恐竜はがんにもなった。潰瘍は良性にも悪性にもなる。絶滅にむかっていたころに恐竜のがんの罹患率が上昇したことを示す証拠はないが、この病気が数億年前からあることははっきりしている。[12] タンケとロスチャイルドはユタ州で発見されたジュラ紀の恐竜の骨に良性腫瘍を認めているし、一九九八年にはロスチャイルドらがコロラド州の別のジュラ紀の恐竜に転移したがんを発見した。この一〇年あまりで複数のケースが発見されているが、そのほとんどはジュラ紀後期のハドロサウルス類だった。[13]

恐竜の病気の診断が全部正しいとはかぎらない。今日の病気でも正確に診断するのは難しいのだから、まして数千万年も前の患者ではなおのことだ（かならず別の古生物学者のセカンドオピニオンをとるのが望ましい)。恐竜の病気に関する初期の報告は、そのときに科学者が恐竜をどうとらえていたかに左右された。僕が興味深いと思う症例の一つは、二十世紀初めの病理学者ロイ・L・ムーディが記載したものだ。[14] 古生物学者はそれ以前から恐竜の骨の損傷に気づいていたが、ムーディは化石生物に見られるさまざまな病理をこの分野の重要な一冊である『古病理学』という簡潔なタイトルの著書に初めてまとめた一人だった。ムーディは化石のなかでもとくにアパトサウルスに似た竜脚類の二つの尾椎に注目した。骨は形と大きさから尾の先端近くのものであることがわかったが、正常に連結しなかった。炎症を起こした組織の小塊が二つの骨のあいだにあったのだ。「この小塊はオークの幹に見られる腫瘤(しゅりゅう)のようなこぶによく似ている」とムーディは記し、このような病変はほかの恐竜の尾にも同様に見られるだろうと述べている。このような傷ができる理由を、ムーディは巨大な竜脚類の動きの緩慢さにあると考えた。この恐竜は尾の先端を「肉食恐竜につかまれ、巨体を反対むきにして攻撃者を追い払う前に激しく噛まれた」。尾がとくに短くなっているわけではないとすれば、ジュラ紀の湿地に繁殖していたはずのバクテリアがすぐに傷口から入って骨まで達したのだとムーディは説明した。

ムーディの考えたシナリオは、その当時一般に支持されていた考え方にもとづいていた。巨大な竜脚類は愚鈍で、悪臭漂う沼に生息していたというものだ。竜脚類はのろまでトロいため、ケラトサウルスが尾に駆け上がって食らいつきやすかったというのは彼の考えちがいだが、竜脚類の尾の骨が比較的もろくて怪我を負いやすく、あの巨大さも威容もシェイクスピアのいう「肉体を襲う多くの病の苦しみ」を免れなかったとしたところは正しい。「化石動物の病変を調べた結果、これまでのところ病理学的性質になんら新しい事実は見つからず、われわれの知識をこれまでより遠い過去にまで広げて考えることができた」とムーディは述べている。今日の病気のすべてが中生代にもあったわけではないが、恐竜やその他の先史時代の生物の怪我と病気の痕跡は僕らのよく知るものだ。恐竜の苦しみはいまも僕らの身にふりかかっている。

ムーディやロスチャイルドをはじめとする古生物学者が特定した病変、骨折、噛み痕、骨の融合といったさまざまな肉体の異変は、恐竜が無敵のスーパーアニマルだったわけではないことを示している。ほかの大型脊椎動物と同じように怪我もすれば病気にもなったとわかったことで、恐竜がのくさい。骨折の痕や病変が残る恐竜は、この動物がかつてこの世に生きていたことを際立たせ、現実の生きものであることがいっそう強く感じられる。病気の痕のないきれいな骨格化石はにせも傷の一つひとつからその先史時代の出来事の少なくとも概略をたどることができるのである。

僕がとくにかわいそうに思うのは十代で死んだアロサウルスの「ビッグ・アル」だ。[15] スーやジェーンと同じく、ビッグ・アルもその時代の捕食動物の頂点にいたが、度重なる怪我に悩まされた。ジュラ紀生物の化石の宝庫であるワイオミング州のハウ採掘地の近くで一九九一年に発見されたビッグ・アルは、骨格がほぼ完全にそろっていたが、そこにはひどく噛まれた痕がありありと残っていた。古生物学者のレベッカ・ハンナはビッグ・アルの傷を数え、一九カ所もの傷痕を発見した。[16]肋骨と指は外傷と感染症にやられ、脊椎骨は正体不明の原因で傷ついていた。ハンナによれば、どれも致命傷ではなかったが、重なる怪我のせいでビッグ・アルの狩りの能力が損なわれた。右手の骨折とそれによる感染症はとくにひどく、中指をまげようとすると痛かっただろう。また、左の脚は体重をおもに支える爪先の骨に膿瘍(のうよう)の破れた痕がいまも見えるが、そこは化膿して膿(うみ)を流し、痛んだだろう。そのせいで獲物を追えなくなったかもしれない。満身創痍(まんしんそうい)のビッグ・アルだが、それでも数々の病変の痕はいかに彼に回復力があったかを物語っている。

アーチーズ国立公園のすぐ外にある恐竜の遺跡には、ビッグ・アルの苦しみが痛いほどわかったであろう恐竜の残した足跡がある。そこは恐竜の「きょ」の字も感じられない場所だ。国道191号線を州間高速道路70号線にむかってユタ州モアブ近くのそびえる赤い岩の断崖を過ぎると、足跡の発掘地へのルートは泥道で、それがマイル標一四八・七のあたりでいきなりハイウェイと合流する。初めてそこを走ったとき、僕はガタガタの道を小さい車で走り切る自信がなかった。しかし、恐竜の足跡が見られるとなれば、いやとは言っていられない。

低い丘の陰の小さい駐車場に着き、近くのその場所まで歩いていったが、説明板にあると書かれていた足跡は見つからなかった。行ったりきたりして探した挙句、何か手がかりはないかと思って説明板のところにもどってみた。そのときふと足元を見た。僕はまさにその上に立っていたのだ。すぐに見つかったのは中型の竜脚類が残した足跡だった。緩やかにまがり、まるいくぼみを規則的につけたように見えた。感心したが、僕が見にきたのはこれではない。探していたものは反対方向になめについていた。アロサウルスのものと思われる大きい三本指の足跡だ。歩幅が思っていたのと違うので僕は驚いた。歩幅は広くなったり狭くなったりして変化している。この肉食恐竜は足を引きずっていた！　足跡はびっこを引くアロサウルスの動きを記録していたのだ。そして、痛みをこらえて歩いたのは怪我をしたこの恐竜だけではなかった。[17] ニュージャージーからオーストラリアまで、各地の発掘地に足を引きずる恐竜の動きが記録されているのである。

骨折から常駐する寄生生物まで、怪我や炎症や病気は恐竜の生活の一部だった。奇妙なことだが、これらを手がかりに非鳥類型恐竜が白亜紀末に姿を消した理由を説明しようとする古生物学者がいる。ロイ・L・ムーディが化石記録の病理を正確に概説したとき、怪我の数を表わす曲線は恐竜をはじめとする中生代の生きものが姿を消す直前にピークがあった。恐竜は事故に遭う確率がどんどん増し、だとすれば「恐竜とその同類がかかった病気の多くは彼らとともに絶滅した可能性も大いにありそうだ」とムーディは示唆している。

古生物学者は恐竜の死の正確な原因を突き止めようとしてきた。白内障、椎間板ヘルニア、伝染病の流行、さらには腺疾患までが挙がっている。しかし、恐竜はその歴史を通じて病気と怪我に耐え、そのために衰退したり絶滅に追い込まれたりしたことを示すものは何もない。何かほかのことが彼らを滅ぼし、地球から駆逐したにちがいなかった。非鳥類型恐竜が絶滅した理由は、最大の殺人ミステリーだ。

第10章　崩壊する王朝

恐竜の謎のなかでどれよりも当惑させられるのは、ティラノサウルスとトリケラトプスに今日僕らと一緒に生きている子孫がいないのはなぜかという疑問だろう。この謎に迫るには、モンタナへ行かなくてはならないのはわかっていた。北アメリカ最後の恐竜が眠る場所だ。

ところが、恐竜化石の豊富な露頭にようやく着いたとき、牛は化石採集の友になってくれないのを僕は知った。モンタナの農場に散らばる黒と茶の点々は、ずっと遠くにいても、ひっきりなしに鳴いたりうなったりして、集中しようとする僕を邪魔しはじめる。耳に入れないように、地面だけに気持ちをむけるように僕は努力する（せめて丘のふもとの群れにむかって「うるさい！」と怒鳴りたくなるのを我慢する）。注意力を一瞬でもかき散らされると、見つけられたはずの恐竜化石をうっかり踏んづけて、気づかないうちに石くずにして土中にもどしてしまいかねない。

モンタナでの化石探しは当初の予定にはなかった。僕が最後に休憩したボーズマンからエカラカの小さい町までできていたのには別の理由があった。ティラノサウルス・レックスと会う約束があったのだ。僕が西部に引っ越す数カ月前、カーセッジ大学の古生物学者トマス・カーが野外調査ボランティアをどういうわけだかフェイスブックで募った。数年前に発見して「リトル・クリント」とニックネームをつけた非常に若いティラノサウルスの発掘を手伝ってくれる人手がほしかったのだ。僕はこの話に跳びつき、カーに場所を問いあわせた。恐竜を掘り出すなんて最高だ。しかもティラノサウルス・レックスだって？　僕も入れてくれよ！　カーはぜひきてほしいと返事をくれた。

ところが、行ってみてがっかりしたのだが、この若い暴君は僕らファンを引きつけておくことができなかった。エカラカのひっそりしたメインストリート――「鳥や獣の残骸を入れるな」と書いたゴミ缶が道の両サイドにならんでいる――に到着してまもなく、カーとスタッフは残念な知らせを僕らボランティアに伝えた。例年になく雨の多い冬だったせいで、七月の末になっても川の水量が増したままなのだという。「リトル・クリントの採掘場に行くまでに増水した川があって、川幅が二ブロックくらいもあるんだ」とカーは悔しがった。川が僕らを恐竜に近づけまいとしている。しかし、野外で水に逆らうのはよくないのを僕は知っていた。ぬかるみにはまったSUVを引き上げる羽目になったことは何度もある。短時間の土砂降りで平らな泥道があっという間に泥沼になってしまうのだ。リトル・クリントは次のシーズンまで待たなくてはならないだろう。大丈夫。小さな暴君はどこにも逃げやしない。

さいわい、バーピー自然史博物館のスコット・ウィリアムズとスタッフもエカラカ周辺の露頭で作業をしていた。リトル・クリントに近づけないので、カーはウィリアムズと合流して別の採掘場を探すことにした。どのみち僕は恐竜探しができたわけだ。

私有牧場と土地管理局の所有地の混在するエカラカ周辺にはヘルクリーク層が広がり、恐竜の最後の日々の風景を彷彿(ほうふつ)させる。六五五〇万年からおよそ六六八〇万年前の堆積層は、なかでもティラノサウルスとトリケラトプスとエドモントサウルスの支配した時代を記録している。だが、とどまるところを知らぬ勢いに見えたこれらの恐竜も、近縁種とともに白亜紀の終わりに進化の舞台から立ち去った。草を食(は)む牛の蹄(ひづめ)の下に彼らの残したものが無言で眠り、やがて少しずつ丘の斜面に転がり出てくる。

カーとウィリアムズの調査隊に加わって、いざ野外作業にとりかかった初日、僕は自分の位置を確認したくて古生物学者のエリック・モーシュハウザーにヘルクリーク層の範囲を教えてほしいと頼んだ。ヘルクリーク層のことは本でずいぶん読んでいたが、現場で作業するのは初めてだったし、恐竜ハンターが化石の埋まった地層のどのあたりを探せばよいかをつかむのに普通は一日か二日はかかる。モーシュハウザーは草のなかに小高い丘と岩の露出が点々とする谷一帯を指して、手をひらひらふった。「ここらあたり全部だよ。全部ヘルクリークだ」。まさにここが無数のチャンスの隠れている地なのだ。恐竜はかならずいる。僕らはそれを探し出すのみだ。

チャンスは数日後にやってきた。ウィリアムズは自分が「スコットのマイクロサイト」と呼んでいる褐色の土の盛り上がったところへ即席の古生物チームを連れていった。ここで誰かがばらばらにならずに完全な形で保存されたティラノサウルスを見つけることはない。マイクロサイトは、種々雑多の丈夫な小型の化石がたくさん埋まった場所のことで、見つかるのは魚の脊椎やトカゲの顎(あご)、恐竜の歯などだ。テレビ番組で見るような化石ハンティングの獲物とは違うかもしれないが、こうした小さい化石の集まりはある短い期間にその環境にどんな生物がどれだけいたかを知るのに役立つ。そこで僕は水筒を手に、絶え間ない牛の声を耳に、土の上をじっくり見はじめた。チラリと光るエナメル質や色の変わったところがあれば、そこに小さい骨が埋まっているかもしれない。遠くから見た発掘チームは、誰かがなくしたコンタクトレンズをみなで踏みつけないようにしながら探しているように見えたにちがいない。確かにそれとあまり変わらない。

雨と風が作業の大変な部分を片づけてくれていた。侵食作用でやわらかい堆積物から化石が選り分けられ、土の上に転がっていた。恐竜の歯は一番見つけやすかった。僕は作業開始から一時間で、小さいティラノサウルスのはずれた牙、トリケラトプスの歯を一個、鎌のような爪の羽毛恐竜デイノニコサウルス類のややカーブした歯をいくつかひろい出した。平らな場所を見つけて腰を下ろし、はるかむかしに死んだ恐竜の遺物を念入りに調べる。彼らの親類である鳥類はその後数千万年も生き延びたのに——しかもこれだけ繁栄したのに——非鳥類型恐竜の系統は最後の一つまで衰え消えていった。たった一つの系統も見逃してもらえなかった。

白亜紀の終わりに誰が灯を消したのかを知ることはできない。この不運な生きものの最後の瞬間をひろい集めて組み上げる方法は地質学にはないのだ。しかし、僕は化石がごろごろしている丘にすわってトリケラトプスの最後の抵抗を夢想した。三本角のがっしりした恐竜は、ここの化石床でどのタイプの恐竜よりも数が多い。ヘルクリーク層でトリケラトプスの頭骨の破片が見つからないまま一日が終わることはまずありえない。だから理屈からすれば、数の強みのあるトリケラトプスが絶滅の危機を前にして最後まで消滅するのを拒んだ種だった可能性はある。僕の手のなかのトリケラトプスの歯はあの巨大な角竜類のほんのわずかな一部分だが、それをひっくり返しているうちに、白亜紀の夕闇のなかにひとり立つ老いた恐竜が目に浮かんでくる。角の一本は折れ、顔には傷がある。それはティラノサウルス類が君臨した地での苦難を表わしている。地平線が太陽を呑(の)み込み、白亜紀が幕を閉じようとしているとき、最後の一匹になった彼女はひとりで仲間の通夜を営む。それとも、彼女はもっと若かっただろうか。どうして群れが消えてしまったのかわからず、悲しげな啼(な)き声を夜の闇に響かせる。返ってこない返事を待ちながら。

　何があったのかを僕らが知ることはないだろう。わかっているかぎりでは、最後の非鳥類型恐竜は、倒れた巨獣の死骸の肉をついばむ鉤爪(かぎづめ)と羽毛のある恐竜だった。だが、どれがその種であろうと、非鳥類型恐竜がすっかり絶滅してしまった以上、最後まで残った種という栄誉も悲しい慰めでしかない。せめていくらかは生き延びてほしかった。恐竜は非常に多様化し、世界中に生息したのだ。それが絶滅してしまうとは、ただの災厄よりももっと悪い、忌むべき不可解な出来事だ。宇宙は生命と進化の荘厳さなどに少しも関心がないことを思い出させる。誰が生きて誰が消えるかを左右するのが自然という威厳ある女王なら、ティラノサウルスとトリケラトプスの子孫は選ばれて今日もどこかで生きていてもよさそうなものなのに。僕らが先史時代の生きものを驚きの目で見ていることになどおかまいなしに、絶滅は彼らに降りかかった。

もし恐竜がいまも生きていたら、彼らの滅亡を嘆き悲しむことはなかっただろうが、そのかわり僕自身も存在していなかったにちがいない。少し休憩したあと、僕はほかのスタッフが作業しているところへゆっくり歩いていった。そして、手と膝をついて斜面を少しずつ進みながら小さいくぼみを探し、先日の嵐で流されてきた化石がないかとくぼみをさらった。

その真上まできて、やっと頭骨の細かい破片が目に入った。化石は繊細でとても美しかった。チョコレート色の上顎にまだ二本の墨色の歯が残っている。恐竜ではなかった。歯の形とならび方からして小型の哺乳類のもの、ツールキットのように用途別の数種からなる歯を備えた小さい獣のものだ。

化石化したその小さいかけらがその日一番の収穫だった。マイクロサイトでは恐竜の歯は簡単に見つかるが、哺乳類の化石は非常にめずらしい。僕はそれを手のひらの上で転がしながら、この小さい獣と僕との古いつながりのことを考えた。この顎は僕の白亜紀の親類のもので、そいつはふわふわした毛に包まれ、ぴくぴく動く鼻のまわりにヒゲを生やしたちっぽけなやつだったにちがいない。恐竜の時代に生きていたが、こいつの仲間には彼らと同じ運命をたどらなかった一族がいる。

僕は生き残った系統に属している特権的立場から、このおとなしい小さな獣がなぜ最後に地球を受け継いだのかを思って不思議でたまらなくなる。

ホモ・サピエンスは進化すべくして進化したわけではなかった。その歴史は恐竜の歴史とよく似て、偶発的な出来事とめぐりあわせからできている。たかだか二〇万年の歴史しかない若い種ではあるが、哺乳類としてのルーツは初期の恐竜のかたわらで生きていた取るに足りない食虫動物にある。モンタナ東部の山の斜面で僕が見つけた華奢な顎は、そういうつつましい小さな生きもののものだった。僕らの祖先と親類は恐竜の統治時代もずっと存在していた。しかし、哺乳類が恐竜と支配を争ったことはない。鱗と羽毛をもつ支配者をその地位から引きずり下ろそうとする毛皮の一族の反乱はなかった。恐竜の適応力とそれが生んだ繁栄が、哺乳類の通る進化の道をぎゅっと細くせばめていた。恐竜を食べた僕らの親類が先史時代にわずかながらいて――アナグマくらいの大きさの肉食哺乳類レペノマムスの腹部に幼体の恐竜が見つかっている――反旗を翻せと応援したくなるけれども、恐竜時代の哺乳類は小さいまま、中生代の世界の片隅に生息していた。

恐竜の衰亡が新しい生態系と進化の可能性をひらいた。白亜紀末に起こった地球規模の惨事を切り抜けてそのチャンスに乗じたもののなかに哺乳類がいた。生命史におけるこの劇的かつ急激な転覆は、ただ恐竜が世界を哺乳類に譲りわたしたというだけにとどまらない。これは史上最悪の大量絶滅の一つであり、飛行する翼竜類、モササウルス類やプレシオサウルス類のような水生の爬虫類、アンモナイトと呼ばれる美しく巻いた貝をもつ頭足類、奇妙な形状の厚歯二枚貝、そして哺乳類の一部の系統も巻き添えになった。この惨劇の引き金になったものはなんだったのだろう？

大量絶滅を地球の生物に起こった現実として認め、よく考えてみるべきことであるのを理解するために、少しまわり道をしよう。この惑星の変化にはパターンがあって、その概念を先に頭に入れたほうがよいからだ。この糸をたぐっていくには、十九世紀の初めからスタートするのがよいだろう。そのころ、フランスの解剖学者ジョルジュ・キュヴィエが大惨事を区切りとして生命史をいくつかの時代に分割した。地質学者は地層に確固とした年代を割りふる方法を決めかねていたが、キュヴィエの時代の博物学者は地球の生命の歴史にいくつかの重要な時期があるのを認めていた。最初は魚類などの海洋生物の支配した時代、二番目が巨大な爬虫類（最終的に恐竜と呼ばれるようになる生きものなど）が君臨した時代、そして三番目が哺乳類の時代である。時代と時代のあいだははっきりした境界があるように見え、キュヴィエは各時代に見出される生物の種類が急激に変わっているのは惨事に見舞われたためだと考えた。生き残った種が空白を埋めて繁殖し、また次の激変がやってきて破壊と新生が繰り返された（残念ながらキュヴィエには、どんなメカニズムが各時代を区別する新しい生物をつくるのかについてはまったく見当がつかなかった）。

しかしキュヴィエの仕事は、それを翻訳した者の宗教的および科学的な見解のせいで誤解が生じたこともあって聖書解釈の類とみなされ、地質学者と古生物学者が先史時代の理解を深めるにつれて廃れていった。一八三〇年代以降、地質学者のチャールズ・ライエルと彼と意見を同じくする博物学者が最初に提唱した考え方はキュヴィエの説とはまったく逆で、地球は動的な均衡状態にあり、少しずつ悠然と変化していくとするものだった。聖書に記述されたような大規模な壊滅的事変が起こった証拠はなく、そのような「天変地異説」に固執するのは岩石に記録された証拠よりも宗教を重んじる態度として非難された。古生物学者は、生物は同じテンポにしたがうと考えた。

チャールズ・ダーウィンの進化論は――最初に発表されたときは同輩に大歓迎されたわけではなかったが――ライエルの「斉一説」を補強した。生物は一定のペースで除々に進化し、新しい種が誕生すると親種を絶滅に追いやる。地球とそこで生きる生物は論理的かつ秩序正しく変容した。ライエルとダーウィンの考え方は、現在観察される変化で過去の変化を――地質学的にも生物学的にも――説明できるとする考え方にもとづいていたため、大量絶滅を引き起こすような地球規模の天変地異がそこに入る余地はなかった。そのような劇的な変化を観察した者はなく、生物にそれほどの極端な圧力がかかったと論じるのは尋常ならざる発想だった。

この厳かな漸進的な変化という見方をとるなら、恐竜が姿を消した事実は十九世紀から二十世紀初めの古生物学者にとってさほど驚きではなかった。イギリスの古生物学者マイケル・ベントンが強調しているとおり、初期の世代の科学者は「恐竜の絶滅は生物の発展のなかのちょっとしたしゃっくりとみなされる」と考えた。[1] イェール大学のリチャード・スワン・ラルのような二十世紀初めの研究者によれば、恐竜は機が熟しきって「自然死した」のだ。[2]「驚くべきは「恐竜が」死んだことではなく、彼らがあれほど長く繁栄したことだ」とラルは書いている。自然は恐竜に過分な長命をあたえ、ラルの時代の古生物学者によると、恐竜は奇妙な原理にしたがって動く体内の進化の自滅システムにとうとう屈服したのである。

僕は小学校から大学までずっと、ダーウィンの進化論は科学者にたちまち受け入れられたと聞かされてきた。ところが教科書が教えることとは反対に、科学者は自然選択による進化という概念をすぐに歓迎したわけではなかった。とくに古生物学者がそうだった。彼らは批判的な目をむけた。自然選択は生命体の形を変える力としては弱いものに思えたのだ。自然のなかに情け深い神の手を見たがるこうした古生物学者にとって、このメカニズムはひどく乱暴で、天地創造というものに対して冷淡に見えた。進化による変化の主たる原動力は自然選択だとさまざまな経歴の生物学者がふたたび肯定するようになるのは一九四〇年代になってからで、それまでは多くの古生物学者が別の考え方を好んだ。すなわち、完成度を高める黄金の道へと生物を進ませる力のようなものを生物は本来的に内部にもっていて、それが種の誕生と絶滅を支配するというものである。

ラルはこうした考え方の一部を取り入れ、恐竜を不可解な内部の力によって形づくられた進化の完璧な例として選んだ。ラルによれば、巨大であること、スパイクや角などの飾りが多いこと、総じて「衰退」の兆候が見られることは、よどみなく漸進する進化の力の暗示であり、恐竜はそれをみな示していた。ステゴサウルスなどの装甲のある恐竜はぎょっとするような外見をしていて、ラルら古生物学者はこのような奇怪な生物はエネルギーを角と装甲の発達に費やすため、ほかの生理システムを動かしつづけられなくなったと推測した。これと同じことは、背が高く首の長いブラキオサウルスのような最大級の恐竜にもいえただろう。このような哀れな恐竜は、進化しすぎて絶滅に追い込まれたとラルらは考えたのである。そして、恐竜が身のためにならないほど大きく奇怪になったという考え方は、またたく間に一般大衆の想像力をかき立てた。反軍備委員会による第一次世界大戦への反対運動は、好戦的愛国主義者のステゴサウルスをマスコットにした。「武装するばかりで知性がない」生きものは軍備拡張の危険を表わすというわけだ。また、恐竜は反産業主義者にも利用された。巨大で、能なしにちがいない竜脚類は巨大産業の怪物のようなものだろう。一方、敏捷（びんしょう）な哺乳類に相当する小さい産業は爬虫類の巨獣を壊滅させようと意気込んでいた。誰も「恐竜の道を歩み」たくなかった。これほどぶざまな絶滅はなかった。変化を受け入れずに衰退していった挙句の死なのである。

ラルの同僚であるイェール大学ピーボディ自然史博物館のジョージ・ウィーランドは、この流れに与（くみ）しなかった一人だ。[3] 二十世紀初めの古生物学者たちとちがって、ウィーランドは恐竜が本来的に衰亡する運命にあったとは考えなかった。そうではなく、恐竜はおたがいに食いあって絶滅したと論じたのだ。ウィーランドは小さい哺乳類が恐竜の卵を割って食べることがよくあったという初期の仮説から着想して、巨大なトカゲやヘビ、またティラノサウルス類などの獣脚類が竜脚類の卵を頻々と食べたせいで、とうとう需要が供給を上まわったのだと提唱した。恐竜は巣を見張って卵泥棒を追い払ったが、愛情深い母親も卵に飢えた大群の敵に負けたというのが彼の推測だった。

ウィーランドの論文は恐竜絶滅の原因解明の決め手にはならなかった。解明に迫りもしなかった。「やったのは執事だ」と推理劇のように意外な犯人が明かされることもなく、六六〇〇万年も眠っていた未解決事件は古生物学者を悩ませつづけた。恐竜絶滅の謎は非常に模糊(もこ)として解けそうになかったため、この科学的問題に関して少しでも何かを思いついた者は発表しないわけにはいかない気分になった。マイケル・ベントンがそう呼んだように、あてずっぽうの「素人評論」の時期が長くつづき、古生物学者と恐竜の専門家気どりの者が想像しうるあらゆる疾病や環境の悪条件に関連する突飛な説を続々と提唱した。地球温暖化、地球寒冷化、有毒植物、どうしようもない愚鈍さ、白内障、椎間板ヘルニア、宇宙放射線、化学物質による卵の殻の薄化、さらには性欲減退まで、二十世紀に提唱された一〇〇を超す説の、これらはほんの一部だ。ベントンが説明しているとおり、「取り組み全体が安直でおたのしみのように見えたので、恐竜が死に絶えた原因を解明することが、義務というのではないにしても、あたえられた機会のように誰もが感じていた。……『恐竜の絶滅』というだけで科学者はほっとし、通常の科学が要求する仮説の検証という束縛から解放された気分になったかのようだった」。恐竜が消滅したのにはなんらかの理由がなければならず、少しでも思いつくことがあれば誰でも議論に参加できた。

僕の知るかぎり、ＣＩＡやＫＧＢやフィデル・カストロが恐竜消滅に関わっていたという説まではさすがに聞かないが、それでもくだらない説には事欠かない。異星人が恐竜狩りをして一匹残らず狩ってしまったというＳＦまがいのものもある。ケーブルテレビの「エインシェント・エイリアン」がなんと言おうと、これはまったくのでたらめだが、にもかかわらず非常に人気があり、ユタ州立大学イースタン先史博物館はエイリアン説を病気説や氷河時代説と一緒に根拠のない説としてわざわざ取り上げている（展示説明に、「異星人や彼らが残したものの証拠は化石記録にない」と生真面目に書かれている）。

そうはいっても、でたらめな説にもおもしろいものがあって、僕は昆虫学者のスタンリー・フランダーズが一九六二年に提唱した説が気に入っている。[4] ダビデとゴリアテ（それともモスラとゴジラ？）さながらの、イモムシと恐竜の闘いのシナリオだ。フランダーズは「この爬虫類の生得的な弱点は植物を大量に必要とすることだった」と説明し、白亜紀のイモムシは角竜類、ハドロサウルス類、竜脚類などの植物食恐竜と食物を争っていただろうと指摘した。恐竜はもちろん大きかったが、イモムシは数に強みがあった。そして世界中の森林をまたたく間に食いつくし、最後には飢えて死んだ恐竜の死骸の上を夥（おびただ）しい数の蝶（ちょう）がひらひらと舞った。フランダーズはこう書いている。「気候大変動、大陸隆起、食物の変化などに特徴づけられる長い地質年代を生き延びた巨大な爬虫類は、こうしてちっぽけなイモムシに絶滅させられたのだろう」。誰にでも判官贔屓（ほうがんびいき）はあるものだ。

もちろん、こうしたばかばかしい推測があれこれ生まれたのも、ひとえに非鳥類型恐竜および同時代の不運な生物の絶滅があまりに規模が大きいせいで、その引き金になりうるものなど容易に理解できないからである。この謎は時とともにますますもどかしいものになる一方だ。恐竜はさまざまな種が次々に現われて、一億六〇〇〇万年あまりにわたって地球に存在した驚くべき生きものだった。そんな生物が絶滅したり衰退したりするわけがない。実際、恐竜の姿がこれまで以上に明確に再現され、複雑な行動をする活動的な生物だったことがわかるにつれて、トリケラトプスとその仲間の消滅はますます不可思議な謎になっている。いったい何が彼らをこれほど無差別に一掃できるだろう？　どうしたらこれほど情け容赦なく徹底的にたたきのめすことができるだろう？　殺戮の容疑者はかなりしぼられたが、殺戮の兵器を見つけるのは話の一部であって、その兵器がなぜどのように使われたかはまた別の問題なのである。

現在のところ、最も目立つ容疑者は地殻に衝突した小惑星か隕石、あるいはその種の宇宙からきた岩塊だ。また、これへの対抗馬がいくつかあって、おもなものに気候変動、海洋の後退、激しい火山活動がある。だが、この対抗馬のなかに大衆の人気を独占したり二分したりするものはない。これらの要因はみな一定の役割を果たしたにちがいないのだ。岩石の記録を詳細に調べてみれば、白亜紀の終わりに世界は猛烈に変わりつつあったことがわかる。地球の気候が寒冷化するにつれて極地が凍っていき、それにともなって北アメリカ大陸とほかの大陸にまたがって広がっていた浅い海が縮小しはじめた。同時にデカントラップ——現在のインドに残る広大な溶岩流跡——で大規模な溶岩流出がつづいたことにより、大気中に温室効果ガスがどっと噴出し、気候と天候のパターンをさらに変えた。

これらのことが起こったが、しかしそれも古生物学者が「衝突説」と呼ぶものの前では影がうすい。漸進的な気候変動だけでは莫大な予算を充当される自然災害パニックムービーにならないが、爆発流星による絶滅というアイデアは一九八八年夏に二本の超ヒット映画を生んだ。エアロスミスによる『アルマゲドン』の主題歌のヒットもいうまでもない。小惑星衝突には美しいまでの破壊的な単純さがある。その予測不能な不運の一撃が恐竜を進化の舞台から一掃した。ニール・ヤングの歌の有名な二者択一を借りれば、恐竜は消え去ったのではなく燃えつきたのだ。

科学者が小惑星衝突を突き止めた経緯については、繰り返し語られている。それでもこの発見とそれに対する科学界の反応をここで簡単にふり返り、それによって恐竜の最期についての僕らの認識が一変したことを考えてみる価値はあるだろう。一九七〇年代後半のこと、地質学者のウォルター・アルヴァレズがイタリアのグッビオで白亜紀最後の地質年代の岩石を調査していたところ、厚さ二センチに満たない粘土層に目を引きつけられた。アルヴァレズはそれを恐竜の統治時代と哺乳類の時代のはじまりを分かつものと考えた。換言すれば、この粘土層は白亜紀末の大量絶滅の時期に堆積したということである。この粘土層は今日、K－Pg（白亜紀－古第三紀）境界として知られている。アルヴァレズはこの粘土層が形成されるのにかかった時間を決定できれば、惨事がどれだけの速さで起こったかを測定できると推測した。

アルヴァレズはノーベル賞受賞者である物理学者の父親ルイス・ウォルター・アルヴァレズとこの問題を話しあい、ルイスが粘土層形成の時間を測定する方法を示唆したことから、恐竜の絶滅に関する大論争に火がついた。隕石やある程度の大きさのある宇宙の固体物質は、毎年ほぼ一定の量が地球に降りそそいでいる。この地球圏外からくる岩石は、地球の地表にはあまり見つからない物質を比率として多く含んでいる。その物質の一つが白金族元素のイリジウムという金属である。地球には少ないこの物質が一定の速度で蓄積したとすれば、粘土層のイリジウムの量から白亜紀末の大量絶滅に要した時間をしぼることができるとアルヴァレズ親子は考えた。測定した結果、グッビオの粘土層はイリジウムの含有量が異常に多いことがわかった。しかも、この場所が例外なのではなかった。アルヴァレズの調査チームがさらにデンマークとニュージーランドのK－Pg境界の地層のサンプルを調べたところ、同じように含有量が突出して多いことが発見された。

粘土層のイリジウムは、長期にわたってゆっくり堆積したものではなかった。アルヴァレズのチームは一九八〇年の『サイエンス』に掲載した論文で、多量のイリジウムは巨大な隕石に由来するものと結論し、その隕石はちょうど白亜紀の大量絶滅の時期に地球に衝突したとの説を立てた[5]。それまで数十年も古生物学者が支持していたゆっくりとした主役交代とはまったく逆の説が本当の答えだというのである。

空からの死を提唱したのはアルヴァレズのチームが初めてではなかったが、彼らはそれを裏づける物理的証拠を提示した科学者だった。数年前に、古生物学者のデイル・ラッセルと物理学者のウォレス・タッカーが白亜紀末の大量絶滅のきっかけは超新星だったとの説を提唱していたが、アルヴァレズのチームの答えは岩石のなかにしかと刻まれていた。イリジウムの層は異常が起こったことの初めての否定できない証拠だったのである。

一九八〇年代半ば、恐竜好きが高じた僕が両親にせがんで少しでも恐竜に関連する番組はみな録画してもらっていたころには、白亜紀末の大量絶滅の原因はほぼ解決したようだった。僕がそれを知ったのはアルヴァレズのおかげではなく、スーパーマンがそう言ったからだ。一九八五年に、俳優のクリストファー・リーヴ（僕にとって、スーパーマンはこの人しかいない）が中生代をテーマにした派手な番組「ダイナソー！」のホストを務めた。映画の場面から新発見の解説まで、恐竜に関することをごちゃまぜに盛り込んだドキドキするような番組で、なかでもすばらしかったのはフィル・ティペット制作のストップモーションアニメの恐竜だった（ティペットの作品はどこまでも正確というわけではないが、いまでもケーブルテレビで垂れ流されているコンピューター生成画像の安っぽくてぎこちない恐竜よりはるかにすばらしい）。番組は恐竜の死の運命の導入部分をかなりはしょった。わずか六分弱で小惑星が不気味に回転しながら宇宙空間を飛んできて、リーヴがこう問いかけた。「空からやってきた恐怖がどのように恐竜を絶滅させたのでしょうか」。画面に仲むつまじいエドモントサウルスのカップルが映し出される。おっとりしてやさしいこの植物食恐竜は、隣の木の陰に腹をすかせたティラノサウルスがひそんでいるかもしれない危険いっぱいの白亜紀の世界で一匹の子を連れている。彼らは顔をしかめたくなるような愚鈍で醜怪な生物ではなく、おそろしい出来事で滅ぼされた、家族を大切にする比類ない生きものだった。

小惑星はドキュメンタリー番組のクライマックスに地球を揺さぶる。初めはさほどのことは起こらない。木々が少し倒れ、ティラノサウルスがよろける。せいぜいそのくらいだ。死はゆっくりと恐竜に忍び寄ってくる。塵(ちり)の雲が太陽を隠し、植物が死に、荒れ果てた地にひとりとり残されたハドロサウルスの母親が、めちゃめちゃになった巣の卵の前で嘆き悲しむ。やがて彼女も消える。そしてトリケラトプスの白骨の下から、途方に暮れて目をふせたオポッサムがよたよたと太陽の下に這(は)い出し、哺乳類の時代が幕を開ける。非鳥類型恐竜の絶滅は生まれもった欠陥による自滅とか、種の老齢化によるものではなかった。恐竜は不運に見舞われ、二度と立ち上がることができなかったのだ。

一九八〇年代から九〇年代に僕が見たドキュメンタリー番組は、ほぼ全部がこれと同じシナリオを再演した。恐竜が繁栄していた地球に運命の日が訪れる。小惑星が衝突して地球は塵と灰とデブリに包まれた。哺乳類、カエル、ワニ、トカゲ、カメ、鳥は小さかったので身を隠せたが、恐竜にその望みはなかった。恐竜は適応力で運よく繁栄し、生き残るために必要な多様性を運悪くもたなかったために滅亡したのである。地球が荒廃するのも見事なくらい当然だった。直径約九・六キロの小惑星が地球にたたきつけられて、どうして環境の大破壊につながらずにいられるだろう? 恐竜時代の幕切れは、彼らが徐々に衰えたからでも、よりすぐれた哺乳類にとって代わられたからでもなかった。エドモントサウルスとその仲間は、その全盛期に宇宙の偶然の動きによって滅ぼされたのだ。冷戦時代におそれられた核による破壊は、このときの測り知れない荒廃に似ていた。両陣営が壊滅を確信しつつ原子力を使用して訪れる「核の冬」への不安は、数千万年前の恐竜と同じ運

非鳥類型恐竜の絶滅は不運な宇宙現象のせいだった。

命をたどることになると思うといっそうあおられた。

＊　＊　＊

僕がテレビ番組で見たこととは話が違って、白亜紀の惨事は天体衝突によるという説に大半の古生物学者がそっぽをむいた。「衝突説」は不自然かつ強引で、世界中であれほど多種の生物を絶滅に追いやったものを説明するには単純すぎた。絶滅の本当の引き金は、これまでどおり激しい火山活動による気候変動と海洋の後退と生態系の変化でなくてはならなかった。また、アルヴァレズのチームが古生物学外の学問分野の研究者だったことも好感をもたれなかった。恐竜の専門家たちが地層の露頭をこつこつと掘り返し、恐竜の骨そのものを調べてこの生物の最期の様子を探ろうとしていたところへ、門外漢が知ったような顔をしてやってきて、いくらそんなことをしても無駄だとうそぶいたに等しかった。

古生物学者はアルヴァレズの仕かけた論争が社会や政治にまで影響を広げたことにも腹を立てた。一九八五年に『ニューヨーク・タイムズ』の記者は、一流の学術誌が衝突説を批判する論文をわざと掲載しないとの古生物学者の不安を伝えた。[6] 衝突説が大衆の想像力をつかむにつれて、気候変動と海水位後退と生息環境の変化が恐竜の息の根を止めたとする説の支持は、見直すべきことと考えられるようになった。衝突説は目新しくショッキングで、古生物学者が化石記録に何を見出したと考えようと、少しも揺るがなかった。古生物学者のロバート・T・バッカーは衝突説が急速に定着していくことにとくに憤慨した。

あの人たちの傲慢さはまったく信じがたい。本物の動物がどのように進化し、生き、絶滅するかを何もわかっていない。知りもしないくせに、あの地球化学者たちは妄想のマシンを始動させるだけで科学界に革命を起こせると思っている。恐竜絶滅の本当の原因は気温と海水位の変化、生物の移動による病気の拡散、そのほか複雑な出来事に関係しているはずなのだ。天変地異を好むあの人たちはそういうことを少しも考慮していないらしい。彼らはこう言っているようなものだ。「ハイテクをもつわれわれこそが答えを知っている。あんたがた古生物学者は岩石にかじりつくだけが能の原始人だ」と。[7]

バッカーの思いは多くの古生物学者を代弁していた。だが、どんな論争もそうであるように、やはりアルヴァレズの説が核心をついていると考え直す者が現われた。早々に衝突説に乗り換えた一人が、数千万年にわたる生物の進化と衰退の大規模なパターンを専門に研究する古生物学者のデヴィッド・ラウプだった。[8] ラウプの研究は古生物学の新局面を開き、停滞した学問とみなされていた化石の調査を進化生物学のきわめて重要な要素にまで引き上げた。ラウプは衝突説に初めは反感を抱いたことを認めながらも、のちに考えを変えた。この論争（一〇年もつづいた）に関する論文で、彼はなぜ自分は衝突説にあれほど反発したのかとふり返っている。古生物学者はなぜ「そろって嘲(あざけ)るような態度」で衝突説に反応したのだろうか。

それまでの常識というものが確かにあった。ラウプはこう述べている。「一九五〇年代に私が古生物学者になる勉強をしていたころは、地球への隕石衝突のほとんどは『前期爆撃』に限られていると教えられた。これは太陽系が形成されたときのデブリが比較的短期間に集積したことを指している」。隕石の飛来は地球の歴史でたびたびあるものとは考えられていず、ときにはかなりの大きさの天体が地球に継続的に降っていることを示す証拠が増えても、古生物学者はだいたい無視した。しかし、白亜紀末の衝突はその可能性を必死に説かなくてはならないような異例の出来事ではなかった。地球には隕石衝突の長い歴史があり、衝突説はそのこととつじつまが合ったのである。

そしてアルヴァレズのチームが物議をかもす説を発表してまもなく、本物の衝突クレーターがついに確認された。メキシコのユカタン半島付近の地表に直径約一七〇キロメートルのくぼみがあることは石油開発業者が以前に発見していたが、小惑星論争がはじまった一〇年後になるまで誰もその重要性に気づいていなかった。一九九一年に、地質学者のアラン・ヒルデブランドと共著者がアルヴァレズらの発見したイリジウムの証拠とこのクレーターの関連を見出し、この地表の傷はチクシュルーブ・クレーターと名づけられた。[9] このクレーターの位置からすると、小惑星はティラノサウルスやトリケラトプスなどの白亜紀末の有名な恐竜の生息地に近いところに衝突して、彼らを一瞬にして滅ぼすことができたはずだった（僕が受講している古生物学初歩講座の教授ウィリアム・

ギャラガーは、この衝突によって熱と蒸気とデブリが相次いで発生し、北アメリカの恐竜を「一瞬で唐揚げに」してしまっただろうと授業で話したことがある）。こうなると、もはや争点は衝突があったかどうかではなくなった。地球の生物相は、突如として一変したようだった。

衝突説論争が起こるまで、古生物学者の大半は生存競争の結果とするダーウィン的な絶滅の説明を長く擁護していた。より適応度の高い新しい生物種が競争に勝って古い種にとって代わり、非情ではあるけれども、生命の流れはそうやって整然とつづいていく。それまで支持されていた大量絶滅に対するこうした見方は、化石記録と生物そのものについての知識が増したおかげで廃れていった。生物として劣った生きものが大量絶滅で消え、すぐれた生きものが生き残ったことを示す客観的事実は見つからなかった。絶滅原因とされた恐竜の弱点はいくらでもでっち上げられ、また実際にでっち上げられもしたが、ラウプが言及したとおり、もし絶滅したのが哺乳類だったとしたら、そのときには哺乳類にも多くの「生物としての欠点」が見出せるのである[10]（また、マーク・ノレルらの最近の研究によると、恐竜は白亜紀末ぎりぎりまで繁栄していた。彼らが舞台から消えつつあることを示す衰亡の兆候はなかった）。

ここが衝突説の何やらおそろしいところだ。大量絶滅の死は運で決まった部分がある。生物は、予測も備えもできない、生存を決する試験にかけられた。それまでの発達条件によって絶滅に巻き込まれやすい種もいれば、耐えられる種もあった。しかし、絶滅の引き金になったものを突き止めることと、その出来事がどのように種を駆逐したかを知ることとは話が別である。およそ六六〇〇万年前に巨大な小惑星が地球に衝突したことはわかったが、その瞬間と最後の非鳥類型恐竜の死のあいだにはどんなことがあったのだろうか。

　進化の主役交代について僕らの知っていることのほぼすべては、モンタナ州とその周辺州の比較的小さい地域から得られている。僕らはいまもまだ、証拠をつなぎあわせてどんなことが起こったかを知ろうとしている。大量絶滅はまちがいなく世界的な現象だ——恐竜が暁新世（ぎょうしんせい）まで生き残ったことを示す確かな証拠は世界のどこの化石産地からも見つからないが、あの破壊の直前の生物についてわかっていることの大半は北アメリカ西部のこの狭い地域のみから得られた知識である。恐竜ドキュメンタリー番組の最後の審判の日のシナリオがかならずティラノサウルスとトリケラトプス、トロオドン、エドモントサウルスを主役にしている理由は、たんにこれらの恐竜が有名だからではなく、白亜紀末期の恐竜でこれまでに徹底的に調査されたわずかな生物群だからだ。ヨーロッパとモンゴルにも白亜紀末の発掘地があり、またほかの場所にもあるだろうが、小惑星衝突前の世界の様子はようやく再現されはじめたばかりなのである。

　白亜紀末の変化の前とあとに地球に起こったことの全体の様子がはっきりわからなければ、非鳥類型恐竜の消滅の秘密を解くのは難しい。いつ起こったのかはわかっているし、急速に起こったこともわかっている。そう、小惑星が衝突したとき、すでに地球は大量の溶岩流出と気候変動、海水位の後退に直面していたが、これらの要素のどれとどれが、あるいはこの全部がどうやって僕らの大好きな生きものを一掃するだけの圧力になったのだろうか。一つの出来事だけでは説明しきれない。どの要因が生態系の大転換というドミノ倒しで最初の一枚を押し倒したのか、どの動物群がそれによって死に絶え、どの動物群がそれを切り抜けたのかを見極める必要がある。

小惑星衝突は特殊でセンセーショナルな出来事なので、議論の中心をずっと占めるだろう。現在得られている証拠にもとづけば、衝突説は古生物学者のウィリアム・ディラー・マシューが生命の「華麗なドラマ」と呼んだものから恐竜が立ち去った理由の最も単純な説明になる。それでも、何が恐竜を滅ぼしたのかをめぐる論争は終わっていない。

この問題の現状は、最近学会に起こった騒動によく表われている。白亜紀末の大量絶滅の原因として衝突説に再度賛成する論文が二〇一〇年の『サイエンス』に掲載されたのがきっかけだった。[11]四十数名の地質学者と古生物学者が立場を表明する論文を共同で発表し、絶滅の責任の所在を小惑星衝突に求める証拠が有効であると結論した。これに古生物学者がそろって賛成したわけではなかった。まもなく『サイエンス』はほかの数名の科学者グループからの異論を掲載した。とくに恐竜の専門家を中心とする古脊椎動物学者たちは、小惑星衝突が大きい役割を演じたのは確かだろうが、海水位の変化や火山活動などのほかの要因も度外視できないと述べた。

僕はこのやりとりを踏まえ、数人の古生物学者に電話して現在の論争の状況をリサーチしてみた。以前から衝突説擁護の立場を明確にしていたロードアイランド大学の古生物学者デヴィッド・ファストフスキは、陸および海洋の大域的パターンを見ると天変地異という一つの要因が浮かびあがると言った。パターンに見られる極端な傾向には、小惑星衝突が最も合致するのだ。複数のことがらに原因を求めるのは、大局的見地から考えていず「わずかなデータを説明するだけ」なので、「科学として感心できない」とファストフスキは言う。これまでのところ、小惑星衝突を主犯とする見方はその道に投げ込まれた数々のテストと批判をくぐり抜けている。

マーク・グッドウィンは別の見方をした。衝突説は「帽子をかけるフックのようなもの」で、小惑星衝突は「確かに環境にストレスをあたえた」が、それだけで白亜紀末の大量破壊をすっかり説明できると判断できるほど充分な知識が集まっていないという。グッドウィンはこの状況を現在の気候変動の科学研究になぞらえた。「地球が温暖化していることにはみな同意する」し、その裏に人類がいることにも異論はないが、「そのテンポとモードについては意見が分かれている」。論争のポイントは理論の違いではなく「細かい点」にあり、そこをはっきりさせるにはさらにデータを集めなければならないし、いまはまだ実現していない精密な分析方法も必要になる。

中生代の哺乳類を研究するアン・ウェイルにも電話してみた。哺乳類にも白亜紀末に激減し、死に絶えた系統があるからだ。僕らの小さい親類の記録を調べることで、白亜紀の終わりに恐竜やその他の生物に何が起こったのかがより理解できるだろう。「これは哺乳類の進化の歴史で最大の出来事だったんですよ。すごい出来事です」とウェイルは言った。白亜紀末に存在した哺乳類の約半分が姿を消し、大量絶滅があったがゆえにはじまった次の地質年代の曙（あけぼの）に姿を現わした哺乳類が今日僕らのまわりにいる獣たちの基盤になった。白亜紀の終わりと暁新世の初めのごく短い期間に何があったかを決定するのは、至難の業なのだ。絶滅は数週間で起こったのか、それとも数千年の単位だったのかを見定められるだけの精密なデータがないのだとウェイルは言う。小惑星の衝突のあと、生態系が数日あるいは数カ月、数年でどのように変わっていったかをたどれる洗練された技術が現在はないために、衝突が大量絶滅の唯一の引き金だったと断言することはできない。「衝突があったことに賛成するのにはなんの問題もないけれど、どのようにそれが影響していったかを教えてほしい」とウェイルは言った。

非鳥類型恐竜と同時期の多くの生物に起こったことをめぐる論争が衝突説によって活発になってから三〇年あまりがたったいま、白亜紀末に何が起こったかがやっとわかりかけてきた。僕自身の意見をいうなら、地質学者と古生物学者は絶滅劇の主役を突き止めたが、ここで挙げた複数の要因がどう関わって生命史で最も壊滅的な出来事を引き起こしたかを解き明かすまでにはまだ長い道のりがある。白亜紀がドカンという音とともに終わった理由を理解するには精密な分析手法が必要だが、まだそれはない。発見すべきものがたくさん残っている状態なら、僕は結審の宣言を急ぐまいと思う。

大量絶滅について確実にいえることは、突然の荒廃が地球の生物の歴史を永遠に変えたということだけである。ウェイルが指摘したとおり、この出来事は哺乳類に進化の大チャンスをあたえ、ほぼすべての恐竜の系統を消滅させて、この世界を回復できないほど変えた。恐竜はたまたまこの地球上に生息したのではなかった。彼らは相互につながった生態系と呼応して生き、その地球の長い支配は僕らが今日知る生物が誕生する舞台を用意したのである。

古生物学者のジャック・ホーナーは恐竜がどのように死んだかには興味がないと言ったことがある。関心があるのはどのように生きたかだ。一九八〇年代の絶滅論争たけなわのころの発言だった。僕はあの騒ぎに口をはさもうとしなかった彼を責められない。しかし、恐竜が生きたことと最後に消滅したことは分かちがたく結びついている。恐竜の生態をもっとよく知ることによって、鳥類型恐竜が今日も存続する一方で、あの巨怪な生きもののほとんどが永遠に姿を消した理由の解明に着手できる。また逆に、恐竜絶滅についてじっくり考えていけば新しい発見があり、恐竜の生態の思ってもみなかった一面について情報がもたらされるだろう。恐竜は知れば知るほど不可思議なものになる。答えを手にしても、また新しい謎にぶちあたる。白亜紀以前にも気候変動と大陸移動と大量絶滅はあった。恐竜がその数千万年を生き抜いたならば、なぜ六六〇〇万年前のあのときにはほとんどが消滅してしまったのか。生き延びるだけの柔軟性があったのは確かなのだ。彼らの一部は羽のある鳥の姿で生き延びた。解けない謎は非鳥類型恐竜が、すなわち僕らの夢や悪夢のなかをのし歩いているあいつらがなぜ生き抜くことができなかったのか、だ。

エピローグ　わが愛しのブロントサウルス

小さいころ、僕は恐竜のペットがほしくてたまらなかった。どこか遠いジャングルで誰かが見つけてきてくれないかとか、マイケル・クライトンの創作した遺伝子工学者を見て、科学者が一日も早く恐竜をよみがえらせる技術を開発してくれないかと思いつづけていた。うちにはセキセイインコのスウィーティがいたが、そのスウィーティがまさか恐竜だとは思いもよらなかったし、もしそうだと知っていたとしても、背中に乗って毎日学校に通える竜脚類恐竜とはぜんぜんちがっていた。恐竜が歴史の彼方(かなた)に失われただなんて、ずるいと思っていた。恐竜にもどってきてほしかった。僕のブロントサウルスに初めて会ってから二〇年以上が過ぎたいま、あのすばらしくておそろしい恐竜がもう存在しないのがうれしいと言ったら、おかしいだろうか。

ある朝、部屋のカーテンをあけたらアパトサウルスが芝生の前庭で木の葉をむしって食べていたらどんなにいいだろうと、いまでも思うことがある。それはそのとおりだし、贈り物の恐竜にケチをつけるつもりはない。しかし、僕の気持ちは子供のころと少しちがう。恐竜は生きているよりも死んだほうが僕らのためになるのがわかったからだ。『スター・ウォーズ』でオビ＝ワン・ケノービがダース・ベイダーに、生きているときよりも死んだほうがパワーがあると忠告したように、僕らが恐竜から学べることはあの悲劇的な終焉(しゅうえん)のみからだろう。

アパトサウルスやそのほかの恐竜が死刑執行に猶予をあたえられていたら、僕らの目に恐竜はあれほど特別なものに映らなかっただろう。鳥は恐竜だとわかっていても、その中生代の親類ほどには愛おしく思わない。鳥は身近すぎる。あたりまえすぎる。白亜紀末の大量絶滅を生き延びたさまざまな姿の奇妙な化石哺乳類も同じだ。彼らも恐竜と同じくらい目を瞠(みは)るような生きものだが、今日僕らのまわりにいる動物に似すぎている。僕らが恐竜のことを忘れられない大きなわけは、恐竜がほかの何とも違う稀有(けう)な生きものだからだと僕は思う。あれから六六〇〇万年のあいだに、恐竜のような生物は現われていない。絶滅によってあいた大きい穴で僕らと恐竜は引き離され、恐竜は非現実的な生きものになった。人気の恐竜のことを思い出してほしい。アパトサウルス、ティラノサウルス、トリケラトプス、ステゴサウルス。あの偉容に迫るものは、僕らの時代には一つもない。

時間に重みがある。アパトサウルスの子孫ががんばって流れに逆らい、今日まで生きていたとしよう。そうしたら、観察し、調査し、注意深く解剖すれば、先史時代の恐竜の謎もいくつでも解明できる。だが、答えをたぐり寄せられるようなほつれた糸は竜脚類から出ていない。恐竜の真実は、せめて残された骨のなかにそっと閉じ込められている。アパトサウルスのような恐竜がどのように生きていたかを知ろうとするなら、化石化した遺物からわかることを少しずつ慎重につなぎあわせていくしか方法はないのだ。恐竜の最もすばらしい部分は、化石になって僕らのもとにとどけられる。それがかつての姿の概要を教えてくれる。科学者が取り組むのは化石骨を解釈することだ。

あまりにも長いあいだ、恐竜は先史時代の異形の生きものとみなされていた。恐竜は度を過ごした爬虫類で、滅びて当然のものだった。進化とは進歩すること、完成に近づくことだと科学者が誤って信じていたころ、そして進化の栄光の到達点にいるのが人類だと思われていたころ、恐竜は非凡な魅力があるにせよ、生命史という芝居のなかの奇怪な幕間劇だった。いまはもう少しわかっている。恐竜はたんなる絶滅の象徴ではないし、ふっとかき消された古生物の代表でもない。ダーウィンの言う「これまでになく美しい生物、これまでになく驚異に満ちた生物が果てしなく生まれてきたなかで」恐竜は最も壮麗な生きもの、進化の舞台に立つ傑出したプレーヤーなのだ。それを見て、僕らは自然とこの地球の生命史のなかでの自らの位置を考えずにいられない。

古生物学者が僕らの大好きなおなじみの恐竜をならべ上げはじめる前から、世界中の文化で先史時代の骨のことは知られていた。人々はそれが何ものかの遺したもの、かつて生きていた生物の遺骸だと見抜き、怪物と英雄と神々の伝説をつくった。たぶん彼らの認識は、科学がそのような伝承から真実を引き出すようになってから発見されたことと細かい点でずれているだろうが、重要なのは恐竜が僕らに解明を要求することだ。恐竜という名前がつけられるずっと前から、恐竜は僕らに先史時代に何が起こったのだろうと疑問を抱かせた。この古い骨は現代の世界がどのように誕生したかを教えてくれるのだろうか、と。

古い言い伝えの名残は、最近になって本物の生きものに道を譲った。それらは想像以上に奇妙だ。これが恐竜の隠されていたもう一つのすばらしさである。ブロントサウルスがいなくなったことに僕らが文句を言っても、あるいは羽毛の生えたヴェロキラプトルなどヴェロキラプトルではないと抗議しても、気に入らないことにいつまでも執着していては恐竜のことがどれだけわかったかが見えなくなってしまう。証拠をしっかり見れば、今日よみがえった恐竜が以前よりもはるかに美しく複雑であることに疑いはない。何よりなことではないか。ジュラ紀の澱(よど)んだ沼でのそのそ歩くブロントサウルスか、それともシダの生い茂る氾濫原を隊列を組んで歩きながらしなやかな尾を宙でしならせる、明るい体色のアパトサウルスの群れか。恐竜はかつてなくすばらしい生きものになった。ブロントサウルスは過去に置いてきたほうがよい。僕がむかし知っていた恐竜のなつかしい記憶として、僕らの知識がどれだけ深まったかを知らせてくれるものとして。

思い出の恐竜を僕から取り上げた科学者に腹が立つかと友人に聞かれたことがある。難しいな、と僕は答えた。僕が子供のころに図書館の本のなかに棲(す)み、テレビにチラチラと姿を見せていたオリーブグリーンの鈍重な恐竜はいなくなったが、それが悪いとは少しも僕は思わない。もっとカラフルで活動的で、はっきりいえばもっと興味深い恐竜が登場したことで、最初に出会った恐竜は四肢をもがれてしまった。たぶん僕は若かったから、修正された現代の恐竜を何も考えずに自分のものにできたのだろう。薄情なのではない。僕も情けないほど時代遅れになった本をときどき棚から取り出して、古生物への愛着に火をつけたばかでかい冷血の爬虫類を目に浮かべたりする。彼らを思い出して胸が温かくなるが、ブロントサウルスもほかの古くさい恐竜も、もうもどってこなくてかまわない。子供だった過去にあいつを置いてきて満足だ。僕は遠くから愛し、思い出のなかにそっとしまっておく。

しかし、子供のころの恐竜を忘れられないのにはもう一つ理由がある。時代遅れの恐竜もみな科学のドラマと科学の力をうちに秘めているからだ。

僕の見たことのある恐竜のなかで、イェール大学ピーボディ自然史博物館のアパトサウルスほど僕の気持ちをよく表わしているものはない。二〇一〇年の秋に、この古い友人に会いにいく機会があった。学術会議を抜け出して博物館の恐竜としばしの時間をすごしたのは、そのあと夕刻からレセプションが予定されていて、展示ホールはプラスチックのカップで安いワインをすする同僚たちで混雑してしまうからだった。長い首の巨大な骨格の前に立ち、僕は子供のころに帰ったような気持ちになった。うす暗いホールは、アメリカ自然史博物館などのむかし行った博物館を思い出させた。あのころの博物館は、暗い展示室に恐竜の骨格が影のようにぼんやりと立っていた。だが、いまの僕は子供のころよりたくさんのことを知っている。たとえば、この展示に使われている骨は、ずいぶんむかしにオスニエル・チャールズ・マーシュの調査隊員がワイオミング州のコモブラフで採集したものだ。この恐竜の正しい名前もよくわかっているが、マーシュがこの骨格につけた名を僕はなかったものにできない。これが本物の〝ブロントサウルス〟だった。

マーシュの死後、恐竜を展示して公開することにしたとき、博物館はこの竜脚類恐竜を当時の科学知識にしたがって組み上げた。尾を引きずったのろまな巨獣だ。展示ホールの壁に飾られた大きな壁画もそのイメージを強調していた。このすばらしいフレスコ画は一九四〇年代に画家のルドルフ・ザリンガーが制作した『爬虫類の時代』で、ジュラ紀の沼にいるずっしりした巨体の恐竜が再現されていた。以前にポスターや何かでこの壁画を目にしたことがあったが、そういうものでは本物の美しさは伝わらなかった。描かれたブロントサウルスそのものも呆然とするほど美しい。古代の沼からやわらかい植物を引き抜いている彼女に太陽の光があたり、玉虫色の鱗(うろこ)が光っている。壁画は長いあいだブロントサウルスのむかしの面影を描いた名作でありつづけた。その下に展示されている骨格が新しい発見に合わせて修正されたあとも変わらずに。修正後の複雑な構造の長い首が高く掲げているのは、正しいアパトサウルスの頭骨である。一九七〇年代の恐竜ルネサンスのときに据えられたものだ。

この骨格はそれ自体に古生物学の歴史の半分以上が記録されている。マーシュの時代から恐竜ルネサンスまで、絶えず移り変わった恐竜のイメージの歴史がこの一匹の恐竜のなかにちりばめられている。イェール大学のアパトサウルスは、先史時代の生物のイメージを最初に完全に組み上げてそれきり立たせっぱなしにしたものではない。力強いブロントサウルスの過去に教訓はないと歌ったザ・ポリスは、まったくまちがっていた。教訓はある。

恐竜は変わりつづけるだろう。恐竜の生態についての知識は微調整され、更新される。また、ブロントサウルスがいつか復活するかもしれないという話もある。化石に関するよもやま話によると、アパトサウルス・エクスケルススがほかの二種のアパトサウルスとはっきりちがっていることを示す特別な頭骨が二つあるという。もしそれが本当なら、そして研究によって将来確実だと確かめられたなら、古生物学者はブロントサウルス・エクスケルススを復活させるべきだと主張するだろう。

恐竜の生態がますます詳しく明かされていく、ぞくぞくするような古生物学の物語では、恐竜の名前の論争などは脚注でしかない。僕らが最初に恐竜に会ったとき以来、アパトサウルスのイメージは爬虫類のマンガから、白亜紀末以降の何ものにも似ていないすばらしい動物の精密な肖像へと進化している。そして、その点こそが僕の一番大切ななつかしい恐竜の特徴なのだ。つまり、ブロントサウルスは恐竜の恐竜たる所以(ゆえん)を僕らがどれほど解き明かしてきたかを記録しているのである。僕は新しい恐竜にわくわくし、たまらない気持ちになる。時代遅れの骨格や博物館の展示にはいらいらさせられることもたびたびだが、同時に僕はありがたくも思う。古い恐竜を現在わかっていることと比較し、また歴史の文脈においてみれば、それらは僕らの理解がどれだけ変わったかをはっきり見せてくれるのだ。アパトサウルスはたんなる美しい標本ではない。科学の力がそのまま力強く表われたものだ。事実と理論と想像が相互に反応し、それによって僕らは生きている姿を見たことのない生物に接近する。

イェール大学ピーボディ自然史博物館の物陰から、デイノニクスが飛び出す。この「温血」恐竜とホールにあるほかの時代遅れな展示物をくらべてみると、恐竜についての僕らの理解がどれほど変わったかがはっきりとわかる。（写真：著者撮影）

今日僕らの知っていることは、明日知ることによって問われ、試されるだろう。古生物学者が化石記録からいっそう詳しいことを読み解こうとする時代に生きていることが、僕はうれしくてたまらない。新しい恐竜が視界に入ってくるにしたがって、今日のイメージはゆっくりとうすれていき、恐竜が恐竜であるための条件についての認識は世代が移るごとに少しずつ変わっていく。僕が子供のころは、どの恐竜も羽毛を生やしていたという見方は憶測の域を出ない異端の考え方だった。いまは恐竜のほとんどの系統がブラシ状の毛かフィラメント状の毛におおわれていたらしいことがわかっている。科学者とアーティストがこの理解に息を吹き込み、それにつれて次の世代はふわふわした羽毛恐竜とともに育っていくだろう。

僕がこれまで恐竜とつきあってきて気づいたことがあるとしたら、人間は変わりゆくこの世界を見つめながら、恐竜のことを絶対に忘れてはならないということだ。この本のためのリサーチももうすぐ終わりというころに、僕は最後の野外調査に行った。三月中旬といえば、まだ雪と寒気で化石探しをしようなどという気はくじけてしまうころだが、ひと足早く暖かい日がつづいたおかげで、グランドステアケース・エスカランテ国定公園へ出かけられた。ユタ大学の大学院生二人と一緒にデンバー自然科学博物館のスタッフと落ちあい、白亜紀後期の恐竜を探しにいった。

そこは飛び抜けて化石の豊富な夢の国だった。たとえばダイナソー国定公園の三畳紀の露頭のような場所では、恐竜はごく少なくて、骨や歯のどんなかけらでも大きな発見だった。ところがここでは恐竜とその時代の生きものがいくらでも出てくるので、化石ハンターには採集するものを選ぶ贅沢(ぜいたく)が許される。乾いた丘にばら撒(ま)いたように化石があり、いざとなると返ってもどかしいくらいだ。普通なら化石の小片が地面からちらりとのぞいているのを見つけただけでちょっとした興奮を覚えるのだが、ここでは長いこと太陽と風と雨にさらされて砕けた化石のかけらのなかに最近くずれた骨がまぎれて散らばっている。それが恐竜の残したものの合図なのだ。

二日目の朝、丘のくぼみを調査するために集合場所へむかうとき、僕はデンバー博物館の古生物学者イアン・ミラーに息も切れ切れになってついていった。前夜、焚き火をかこんで安酒で酒盛りなんかをしたメンバーもいたから（大きいプラスチックのボトル入りなら高級ウィスキーに決まっている）、僕はそれほどお荷物になっていないはずだったが、リュックに入れた水がずしりと重く、恐竜の話をしながら歩くのは我慢強さを試されているようだった。

　泥と小石の道を歩いて、幹のねじれたセイヨウネズの前を通り過ぎながら、僕は角のたくさんあるコスモケラトプスと鼻先の短いティラノサウルス類のテラトフォネウスがうろついていたころのこのあたりの環境はどんなだったかとイアンにたずねた。そのころはいまとずいぶんちがっていたとイアンは説明した。カイパロウィッツ層に閉じ込められた七五〇〇万年前の時代には、ユタ南部の一帯は温暖湿潤な恐竜の楽園だった。いまのようなひび割れたギョリュウとサルビアの地ではなく、現在の雨林にもっと似ていたという。青々とした植物がカーペットを敷いたように茂り、蔓を垂らした高い木が湿地のあいだに立つ暖かい森。ユタ南部は、そのむかしは現生のワニよりずっと大きいワニ類と恐竜のいるルイジアナ州沿岸部のようだったのだ。

　北アメリカを縦断していた浅い海はユタ南部の恐竜を栄光ある孤立のなかで進化させた一つの要因だったが、恐竜の時代が幕を下ろす直前に干上がり、大陸ができた。大激変が起こったあと、初期の霊長類と哺乳類の奇妙な種の棲みついた雨林が大地をおおい、気候変動と大陸移動、侵食、隆起から五〇〇〇万年がたってユタのバッドランドが形成された。現在も、世界は変形しつづけている。目では感知できないほどの速度だが、現実に変動している。インターネットの更新スピードか、就業時間の進みののろいスピードで測られる人類の活動のペースは、この地球とそこで進化しつづけるすばらしい生物のスケールの大きさを測るにはむかない。

人間はそのような地球の変化に影響をおよぼしている。人類が地球の気候を変え、無数の生物の絶滅を速めていることはおそろしくなるほど証拠がそろっているのに、視野のせまい愚か者はいまだに否定しつづけ、産業とテクノロジーの悪影響の広がりはとどまるところを知らない。どんなに否定しようと、いますぐに温室効果ガスと毒性物質の排出を止めても、むこう数百年は破壊の跡が消えないほどなのである。論争している間にも、世界は変わっていく。

キャンプを出て、化石を豊富に含むカイパロウィッツ層が目の前に開けている場所まで歩きながら、僕はそんなことを考えた。世界は劇的かつ急速に変わっていき、僕はここで土をふるいにかけながら過去をひろっている。いやな思いが額のあたりにしつこく忍び寄ってくる。恐竜のことなど気にかけている場合なのか、と。

細い道をくぼみまで下りていきながら、僕はその疑問をふり払おうとしていた。恐竜は重要なのだと自分で自分に反論する。自らの身に危機が迫っているいま、化石記録は僕らが省みようとしない大切なことを教えてくれるのだ。どれでもいいから恐竜を一つ選んでみてほしい。その古代の生物は、地球には僕らが知りつくせないほど長い歴史があり、その間に生物は大きく変わったこと、そして絶滅がすべての種の終着点であることの否定できない証拠なのである。単純で重々しいこの自然の真実を恐竜ほど壮大に表わすものはない。

恐竜の本当の姿を調べることで、人類の歴史をより大きい地球の歴史のなかに置いてみることができる。とくに僕らの歴史は恐竜とのつながりが深い。僕らの祖先と親類は初めから恐竜とともに生きていたし、哺乳類の進化の歴史は恐竜の支配と没落に左右された。ここが恐竜の不思議な二面性だ。恐竜が舞台から消えたことで哺乳類が繁栄した。恐竜の絶滅は人間をひょんな偶然から進化させた多くの出来事の一つだが、恐竜が存在しなければ人間はたぶんいまここにいない。恐竜が支配した数千万年のあいだ、僕らの祖先はその陰でひっそりと繁殖して進化し、このおどおどした小さい獣たちが僕ら霊長類の系統を含む哺乳類の繁栄の基礎になった。僕らの歴史は恐竜と切り離せない。僕らと恐竜は深い過去につながりがある。

その日一日、人のいないくぼみで土を削りながら、僕には恐竜のことを考える時間がたっぷりあった。物心ついたころから恐竜が大好きだった。恐竜はいつもそこに隠れていて、いまほどではないにしても、僕の心のなかを歩きまわっていた。僕は骨格や絵をもとに夢をふくらませ、想像の恐竜を心に染みわたらせていった。だが、いま、砕けた骨の散らばる丘の土を蹴って、地層から頭を出すか出さないかのキラリと光る恐竜の破片を掘り出そうとしながら、僕は想像などではない確かなことを経験するまれな機会を得た。この驚くべき生きものの盛衰をほんの少し教えてくれる、失われた世界の美しい遺物を僕は探しているのだ。もし恐竜を見つけて岩石のなかから救い出すことができたら、いったいどんな秘密を明かしてくれるだろう？

多くの人にとって、恐竜はくだらない子供のオモチャのようなものだろう。だが、恐竜がいなければ、僕らは僕らでなかった。恐竜はとてもわかりやすい進化と絶滅のアイコンだ。君臨し、最後に悲劇に見舞われたこの生きものは、生命の糸の二面性を美しく描く。恐竜は過去への道しるべになり、未来の姿を先ぶれする。僕らには恐竜が必要だ。

謝辞

本は恐竜の骨格に似ている。一人の人間の手では骨格を復元することはできず、発見、発掘、修復、調査などのさまざまな役割をになうボランティアと専門家がかかわっている。同じように、一冊の本もでき上がるまでには多くの人々の忍耐と手だすけと心配りが要る。

本を書くように僕を励まし、機会をあたえてくれた友人と学者に僕は大きい恩がある。手を貸してくれた人々の全員を思い出せない自分が情けない。お名前を失念してしまった方々にはお詫びするしかないが、この本は多くの友人や同業者の親身な心づかいがなければ存在しなかった。気鋭のサイエンスライターである友人のエド・ヤングは熱心なエージェントのピーター・タラックを紹介してくれた。エドとピーターの尽力には頭が下がる思いだ。ピーターは僕の第一作『移行化石の発見』をベルヴュー・ライブラリー・プレスの編集者エリカ・ゴールドマンのところにもち込んでくれた。デビュー作の発表に力を貸してくれたエリカとベルヴューのスタッフに感謝している。

第一作の評判がよく、またピーターが第二作の執筆をしっかりサポートしてくれたおかげで、今回の編集者のアマンダ・ムーンが本作に目をとめてくれた。コネティカット州ニューヘイブンで開かれたサイエンスライターの会議でアマンダに会い、彼女は僕の恐竜への思いを初めから応援してくれた。アイデアを具体的な形にするのは非常に難しいもので、とくに科学的な細かいところに僕がこだわったものだから、この本の内容が脱線しそうになったが、アマンダは辛抱強く心の広い編集者で、原稿を練り上げようとする僕を支えてくれ、よいライターに、よいストーリーテラーになれと尻をたたいてくれた。だからこの本におかしなところがあれば、それは僕の頑固さのせいだとお断わりしておかなくてはならない。クリストファー・リチャーズも多くの章についてヒントや助言をくれ、編集者のアニー・ゴットリーブは原稿整理に腕をふるってくれた。

この企画を支え、質問に答え、野外調査に同行させてくれた多くの友人と古生物学者のみなさんにも感謝する。誰をおいてもまず、ユタ自然史博物館の古生物学部のスタッフは僕が蜂の巣の州ユタに着いたときから僕を歓迎してくれた。ランドール・アーミス、マイク・ゲティ、マーク・ローエン、キャリー・レヴィット、ジェル・ウィーズマ、キャサリーン・クレイトン、ジョシュ・リヴリー、エリック・ランドのみなさんは、普通のおしゃべりやインタビューを通じて、また野外と研究室のボランティアに参加させてくれることで、この本のためにそれぞれに力を貸してくれた。ユタ州の古生物学者のジム・カークランドとドン・デブリューはユタ古生物友の会に所属する熱心な恐竜ファンでもあり、僕のために貴重な時間を割いて専門知識を示教してくれた。

執筆中は、古生物学者のジェイソン・シャイン、トマス・カー、スコット・ウィリアムズ、ルイス・チャイアップの野外調査チームと一緒に仕事をしたことが刺激になった。さらに、この企画は次に挙げる方々から話を聞き、情報を提供してもらわなければ、本書のように仕上がらなかっただろう。アンドルー・ファルケ、スターリング・ネスビット、ハインリッヒ・マリソン、トニー・マーティン、アラン・ターナー、ジェリー・ハリス、サラ・ワーニング、ビル・パーカー、トマス・ホルツ、ヤコブ・ヴィンター、カーク・ジョンソン、デヴィッド・ファストフスキ、アン・ウェイル、エイドリエン・メイヤー、ジョー・サーティク、スコット・サンプソン、ケヴィン・パディアン、マーク・グッドウィン、ジャック・ホーナー、マーク・ノレル、アダム・プリチャード、デヴィッド・ヴァリッキオ、マシュー・ウェデル、ダレン・ネイシュ、シャイナ・モンタナリ、コリーン・ファーマー、ドン・プロセロ、カール・メーリング、ケン・ラコヴァラ。

サイエンスライター仲間からアドバイスをもらえたのも幸運だった。カール・ジンマー、ボラ・ジヴコヴィッチ、デボラ・ブラム、トマス・レヴェンソン、マリン・マッケナ、デヴィッド・ドブズ、スティーヴ・シルバーマン、ジェニファー・オーレット、アロック・ジハ、アダム・ラザフォード、マーク・ヘンダーソン、デイヴ・モシャー、ベッツィ・メイソン、ヴァージニア・ヒューズ、ブライアン・ウォリー、ケイト・ウォン。僕のブログ「ダイナソー・トラッキング」をほぼこの四年間、編集してくれているスミソニアン博物館のローラ・ヘルムスには大変お世話になっている。

ローラとは毎日のように連絡をとりあったが、彼女ほど思いやりがあって前向きな編集者を僕は知らない。僕の書くものをしっかり見ていてくれたおかげで、僕はアマチュアのブロガーからプロのサイエンスライターになることができた。ローラとこれほど長く一緒に仕事ができて、しかも彼女が僕に好き放題にやらせるのをたのしんでくれて、僕は本当にめぐまれている。

図版を掲載させてくれた次の方々にもお礼を申し上げる。ジェフ・マーツ、ナイルート・ヒマパン、マイク・キージー、ロバート・ウォルターズ、テス・キッシンジャー、スコット・ハートマン、マイク・ジェイコブセン。装丁をお願いしたマーク・スタッツマンとの仕事は本当にたのしかった。いうまでもなく、子供時代の恐竜熱を応援してくれた両親のことは忘れない。本書は子供だった僕に二人が抱かせてくれた夢にささげるものだ。

執筆中はたくさんの友人が声援を送ってくれたが、とくに二人の友人のことにここでふれないわけにはいかない。数年前にサイエンス・オンラインの会合で会って以来、つい自分の書くものを貶してしまう僕の癖を断固として許そうとしない友人がいる。彼女はずっと僕の尻をたたいてくれた腹心の友だ。科学について書く者のグループは拡大する一方で、僕はそのなかでミリアム・ゴールドスタインと親しくなった。科学者にしてサイエンスライターでもあり、また僕の同好の士であるミリアムは、本書の難しい部分を書いているあいだ、ずっと僕を激励してくれた。ついでに音楽の音源を交換して、仕事中のＢＧＭをいつもより明るいものにしてくれた。

そして、僕が誰よりも感謝しているのは妻のトレイシーだ。僕が行き詰ってしょげているときも、僕ならかならずやれると信じていてくれた。仕事を辞めてフリーランスのライターになろうと決心したときも、僕の夢を応援してくれた。ユタ州のすばらしいバッドランドに新居をかまえるのに、これ以上よい伴侶をもつことはできなかっただろう。記事や本の売り込みには苦労がつきものだが、トレイシーの意見と支えは何よりもありがたい。こんなに聡明でやさしい伴侶をもった僕はしあわせ者だ。もし読者のあなたがこの本をたのしんでくれたなら、彼女にひとことお礼をいってほしい。

訳者あとがき

知っている恐竜の名を挙げなさいといわれたら、熱烈な恐竜ファンでなくても、ステゴサウルスにトリケラトプス、もちろんティラノサウルス、それからブロントサウルス（またはアパトサウルス）あたりは思いつくのではないでしょうか。これらはむかしから子供むけの図鑑にもかならず載っている恐竜でした。だからこの四つなら、私も子供のころから知っていました。ゴジラやウルトラ怪獣がテレビのなかで暴れまわっていた昭和の真っ只中に育った世代ですが、思い返してみると、そのころでも恐竜と怪獣の区別はついていたように思います。図鑑や絵本で見る恐竜は、いかにもつくりものくさい着ぐるみの怪獣とは違って、遠いむかしの地球に本当に棲んでいた生きものらしく感じられました。恐竜といわれて目に浮かぶ姿は、小さい頭を載せた長い首を水面に突き出して湖を泳ぐ巨大な生きものでした。もちろんそれはブロントサウルス……と言いたいところですが、本当のところはネッシーです。子供の私は、ネッシーは何かの加減で現代に生き残った恐竜だと思っていました。

ネッシーと混同させるような、湖沼に棲むのっそりした巨大な生きものという恐竜像は、いまでは古いものになりました。一九六〇年代に古生物学者のジョン・オストロムがモンタナ州でデイノニクスを発見したのをきっかけに、恐竜と鳥類との類似性や恐竜が群れで狩りをしていた可能性が指摘され、そこから鳥類恐竜起源説が復活し、恐竜温血動物説が提唱されました。この新しい流れをロバート・T・バッカーは恐竜ルネサンスと命名しましたが、それ以降、恐竜像は大きく変わっています。また、一九九〇年代からは毎年のように新しい羽毛恐竜が発見され、現在は新しい手法で恐竜の体色を解明しようと試みられています。恐竜（正確には非鳥類型恐竜）は、一憶六〇〇〇万年以上にわたる長い生息期間に一八五〇を超える属があったといいます。これだけ多種多様な生きもの、生きている姿を誰も見たことのない生物を地中に残された化石から再現していく恐竜研究は、巨大恐竜そのもののように壮大な科学分野だといえるでしょう。本書は恐竜研究の最前線を追い、現在どんなことがわかっているのか、いまだ解明されていない謎を解き明かす手がかりはどこにあるのかを著者の体験を交えながらわかりやすく解説したものです。

恐竜はとくに子供たちに人気があります。本書の著者ブライアン・スウィーテク氏も、子供のころに恐竜に魅せられた一人です。アメリカの子供はかならず「恐竜期」を通過するそうですが、スウィーテク氏は大人になったいまも子供のころそのままに恐竜期にあるような人物です。サイエンスライターとして恐竜の謎を追いかけながら、地球の支配者になる前の小型の恐竜がワニ類の親類に食われる様子を表わした展示から目をそむけたり、博物館で本物の始祖鳥の化石の前を素通りする親子に「何を見逃しているかわかっていない！」と気を揉んだり、羽毛を生やしたティラノサウルスなんかティラノサウルスじゃないとぼやいてみたり。読者のみなさんは恐竜の謎の解明がどこまで進んでいるかを読み進めながら、著者の恐竜への愛情が随所に表われていることに気づき、この本のもう一つの楽しさを味わうことでしょう。本書の表紙カバーには原書のデザインと同じものが使われていますが、岩の上にしゃがんでいるのがスウィーテク氏です。やさしい目をした大好きなブロントサウルスに差し出しているのが花束なのが心憎いではありませんか。

ところでこの本の翻訳中に、そんな著者がおそらく跳び上がってよろこんだであろうホットニュースが飛び込んできました。四月七日にポルトガルとイギリスの古生物学者のチームが、ブロントサウルスはアパトサウルスとは別の独立した種とするべきと結論した新研究を専門誌に発表したのです。数多くのディプロドクス科の骨格標本を対象に綿密に調査したところ、ブロントサウルスとアパトサウルスには近い関係にある別の属とみなせるだけの違いが充分にあったといいます。これが古生物学界で認められれば、ブロントサウルスが復活するのです。世界中の恐竜ファンがその朗報を待っているにちがいありません。

毎年、夏休みの時期に合わせて各地で恐竜展が開かれます。昨夏のヨコハマ恐竜展はジャック・ホーナーの監修のもとに、「新説・恐竜の成長」と題してトリケラトプスの成長過程における角と襟飾りの変化を紹介するもので、本書第四章で取り上げられているトリケラトプスの年齢順のパレードが実際に見られました。今年二〇一五年は「巨大化の謎に迫る」をテーマに幕張メッセで「メガ恐竜展」が開かれ、ヨーロッパ最大の恐竜「トゥリアサウルス」の復元骨格が日本初公開される予定です。恐竜巨大化の謎を取り上げた第五章を読んで行けば、この夏の恐竜展をよりいっそう楽しめることでしょう。

本書の翻訳にあたっては白揚社編集部の筧貴行氏にたいへんお世話になりました。原稿を細かくチェックし、よりわかりやすい文章にするために力を貸してくださいました。また、同じく編集部の阿部明子氏も最後の原稿に目を通し、有用なアドバイスをくださいました。この場を借りてお二人に深く感謝いたします。

二〇一五年五月　桃井緑美子

Paleontology 22, no. 1 (2002): 76–90.
[17] Martin G. Lockley et al., “Limping Dinosaurs? Trackway Evidence for Abnormal Gaits,” *Ichnos* 3 (1994): 193–202.

第10章

[1] M. J. Benton, “Scientific Methodologies in Collision: The History of the Study of the Extinction of Dinosaurs,” *Evolutionary Biology* 24 (1990): 371–400.
[2] R. S. Lull, *Organic Evolution: A Text-book* (New York: The MacMillan Company, 1917), 220–25.
[3] G. R. Wieland, “Dinosaur Extinction,” *American Naturalist* 59, no. 665 (1925): 557–65.
[4] S. E. Flanders, “Did the Caterpillar Exterminate the Giant Reptile?,” *Journal of Research on the Lepidoptera* 1, no. 1 (1962): 85–88.
[5] Luis W. Alvarez et al., “Extraterrestrial Cause for the Cretaceous-Tertiary Extinction,” *Science* 208, no. 4448 (1980): 1095–1108.
[6] Malcolm W. Browne, “Dinosaur Experts Resist Meteor Extinction Idea,” *New York Times*, October 29, 1985, www.nytimes.com/1985/10/29/science/dinosaur-experts-resist-meteor-extinction-idea.html?pagewanted=all.
[7] M. B. Browne, “Dinosaur Experts Resist Meteor Extinction Idea,” *New York Times*, October 29, 1985, www.nytimes.com/1985/10/29/science/dinosaur-experts-resist-meteorextinction-idea.html.
[8] D. M. Raup, “The Extinction Debates: A View from the Trenches,” in *The Mass-Extinction Debates: How Science Works in a Crisis*, ed. William Glen (Stanford, CA: Stanford University Press, 1994), 145.
[9] A. R. Hildebrand et al., “Chicxulub Crater: A Possible Cretaceous/Tertiary Boundary Impact Crater on the Yucatan Peninsula, Mexico,” *Geology* 19, no. 9 (1991): 867–71, doi:10.1130/0091-7613(1991)019<0867:CCAPCT> 2.3.CO;2.
[10] D. M. Raup, “The Extinction Debates: A View from the Trenches,” in *The Mass-Extinction Debates: How Science Works in a Crisis*, ed. William Glen (Stanford, CA: Stanford University Press, 1994), 150.
[11] Peter Schulte et al., “The Chicxulub Asteroid Impact and Mass Extinction at the Cretaceous-Paleogene Boundary,” *Science* 327, no. 5970 (2010): 1214–18; J. D. Archibald et al., “Cretaceous Extinctions: Multiple Causes,” *Science* 328, no. 5981 (2010): 973.

Dinosaurs," *PLoS ONE* 4, no. 9 (2009): e7288, doi:10.1371/journal.pone.0007288.
[5] Joseph E. Peterson et al., "Face Biting on a Juvenile Tyrannosaurid and Behavioral Implications," *PALAIOS* 24, no. 11 (2009): 780–84, doi:10.2110/palo.2009.p09-056r.
[6] William L. Abler, "The Serrated Teeth of Tyrannosaurid Dinosaurs, and Biting Structures in Other Animals," *Paleobiology* 18, no. 2 (1992): 161–83, www.jstor.org/stable/2400997.
[7] Nicholas R. Longrich et al., "Cannibalism in *Tyrannosaurus rex*," *PLoS ONE* 5, no. 10 (2010): e13419, doi:10.1371/journal.pone.0013419.
[8] B. Aldiss, "Poor Little Warrior!," in *Behold the Mighty Dinosaur*, ed. David Jablonski (New York: Elsevier/Nelson Books, 1981), 180.
[9] Karen Chin et al., "A King-Sized Theropod Coprolite," *Nature* 393 (1998): 680–82; K. Chin et al., "Remarkable Preservation of Undigested Muscle Tissue Within a Late Cretaceous Tyrannosaurid Coprolite from Alberta, Canada," *PALAIOS* 18, no. 3 (2003): 286–94, www.jstor.org/stable/3515739.
[10] G. Poinar Jr. and A. J. Boucot, "Evidence of Intestinal Parasites of Dinosaurs," *Parasitology* 133, no. 2 (2006), 245–49,doi:10.1017/S0031182006000138.
[11] Diying Huang et al., "Diverse Transitional Giant Fleas from the Mesozoic Era of China," *Nature* 483 (2012): 201–04, doi:10.1038/nature10839.
[12] D. H. Tanke and Bruce M. Rothschild, *Dinosores: An Annotated Bibliography of Dinosaur Paleopathology and Related Topics—1838–2001*, New Mexico Museum of Natural History and Science Bulletin no. 20, 2002.
[13] B. M. Rothschild et al., "Epidemiologic Study of Tumors in Dinosaurs," *Naturwissenschaften* 90, no. 11 (2003): 495–500, doi:10.1007/s00114-003-0473-9.
[14] R. L. Moodie, *Studies in Paleopathology* (New York: Paul B. Hoeber, 1918); L. C. Natarajan et al., "Bone Cancer Rates in Dinosaurs Compared with Modern Vertebrates," *Transactions of the Kansas Academy of Science* 110, nos. 3–4 (2007): 155–58.
[15] Brent H. Breithaupt, "The Discovery of a Nearly Complete Allosaurus from the Jurassic Morrison Formation, Eastern Bighorn Basin, Wyoming," in *Resources of the Bighorn Basin: Forty-seventh Annual Field Conference Guidebook*, ed. C. E. Bowen, S. C. Kirkwood, and T. S. Miller (Casper: Wyoming Geological Association, 1996), 309.
[16] R. C. Hanna, "Multiple Injury and Infection in a Sub-Adult Theropod Dinosaur Allosaurus fragilis with Comparisons to Allosaur Pathology in the Cleveland-Lloyd Dinosaur Quarry Collection," *Journal of Vertebrate*

Memoirs of the AMNH (new series) 1, no. 2 (1912): 33–54.
[4] J. H. Ostrom, "The Cranial Crests of Hadrosaurian Dinosaurs," *Yale Peabody Museum of Natural History Postilla* 62 (1962): 1–29.
[5] J. A. Hopson, "The Evolution of Cranial Display Structures in Hadrosaurian Dinosaurs," *Paleobiology* 1, no. 1 (1975): 21–43, www.jstor.org/stable/2400327.
[6] D. B. Weishampel, "Acoustic Analyses of Potential Vocalization in Lambeosaurine Dinosaurs (Reptilia: Ornithischia)," *Paleobiology* 7, no. 2 (1981): 252–61; Weishampel, "Dinosaurian Cacophony: Inferring Function in Extinct Animals," *BioScience* 47, no. 3 (1997): 150–59, www.jstor.org/stable/1313034.
[7] D. C. Evans, "Nasal Cavity Homologies and Cranial Crest Function in Lambeosaurine Dinosaurs," *Paleobiology* 32, no. 1 (2006): 109–25, dx.doi.org/10.1666/04027.1; D. C. Evans, Ryan C. Ridgely, and L. M. Witmer, "Endocranial Anatomy of Lambeosaurine Hadrosaurids (Dinosauria: Ornithischia): A Sensorineural Perspective on Cranial Crest Function," *The Anatomical Record*, 292 (2009): 1315–37.
[8] O. Gleich, Robert J. Dooling, and Geoffrey A. Manley, "Audiogram, Body Mass, and Basilar Papilla Length: Correlations in Birds and Predictions for Extinct Archosaurs," *Naturwissenschaften* 92, no. 12 (2005): 595–98, doi:10.1007/s00114-005-0050-5.
[9] J. R. Horner, "Steak Knives, Beady Eyes, and Tiny Little Arms (A Portrait of T. rex as a Scavenger)," in *Dino Fest: Proceedings of a Conference for the General Public*. ed. Gary D. Rosenberg and D. L. Wolberg, *Paleontological Society Special Publications* 7 (Knoxvillle: The Paleontological Society, 1994), 157.
[10] Thomas R. Holtz Jr., "A Critical Re-Appraisal of the Obligate Scavenging Hypothesis for *Tyrannosaurus rex* and Other Tyrant Dinosaurs," in *Tyrannosaurus rex: The Tyrant King*, ed. Peter L. Larson and Kenneth Carpenter (Bloomington: Indiana University Press, 2008), 371.

第9章

[1] Christopher A. Brochu, "Osteology of *Tyrannosaurus Rex*: Insights from a Nearly Complete Skeleton and High-Resolution Computed Tomographic Analysis of the Skull," *Journal of Vertebrate Paleontology* 22, sup4 (2003), doi:10.1080/02724634.2003.10010947.
[2] Peter Larson and Kristin Donnan, *Rex Appeal: The Amazing Story of Sue, the Dinosaur That Changed Science, the Law, and My Life* (Montpelier, VT: Invisible Cities Press, 2002), 1–2.
[3] Darren H. Tanke and Philip J. Currie, "Head-Biting Behavior in Theropod Dinosaurs: Paleopathological Evidence," *GAIA* 15 (1998): 167–84.
[4] E.D.S. Wolff et al., "Common Avian Infection Plagued the Tyrant

[5] Robert T. Bakker, "Dinosaur Renaissance," in *The Scientific American Book* of Dinosaurs, ed. Gregory S. Paul (New York: St. Martin's Griffin, 2003), 331–44.
[6] Malcolm Browne, "Feathery Fossil Hints Dinosaur-Bird Link," *New York Times*, October 19, 1996, www.nytimes.com/1996/10/19/us/feathery-fossil-hints-dinosaur-bird-link.html.
[7] Xing Xu et al., "A Gigantic Feathered Dinosaur from the Lower Cretaceous of China," *Nature* 484 (2012): 92–95, doi:10.1038/nature10906.
[8] Lawrence L. Witmer, "Dinosaurs: Fuzzy Origins for Feathers," *Nature* 458 (2009): 293–95.
[9] Oliver W. M. Rauhut et al., "Exceptionally Preserved Juvenile Megalosauroid Theropod Dinosaur with Filamentous Integument from the Late Jurassic of Germany," *PNAS* 109, no. 29 (2012): 11746–51, doi:10.1073/pnas.1203238109.
[10] C. R. Darwin, *The Descent of Man, and Selection in Relation to Sex*, vol. 1 (London: John Murray, 1871), 3.
[11] Ryan M. Carney et al., "New Evidence on the Colour and Nature of the Isolated *Archaeopteryx* Feather," *Nature Communications* 3, article no. 637 (2012), doi:10.1038/ncomms1642.
[12] Jakob Vinther et al., "The Colour of Fossil Feathers," *Biology Letters* 4, no. 5 (2008): 522–25, doi:10.1098/rsbl.2008.0302.
[13] J. Vinther et al., "Structural Coloration in a Fossil Feather," *Biology Letters* 6, no. 1 (2009): 128–31, doi:10.1098/rsbl.2009.0524.
[14] Fucheng Zhang et al., "Fossilized Melanosomes and the Colour of Cretaceous Dinosaurs and Birds," *Nature* 463 (2010): 1075–78.
[15] Quanguo Li et al., "Plumage Color Patterns of an Extinct Dinosaur," *Science* 327, no. 5971 (2010): 1369–72, doi:10.1126/science.1186290.
[16] Quanguo Li et al., "Reconstruction of *Microraptor* and the Evolution of Iridescent Plumage," *Science* 335, no. 6073 (2012): 1215–19, doi:10.1126/science.1213780.

第8章

[1] Phil Senter, "Voices of the Past: A Review of Paleozoic and Mesozoic Animal Sounds," *Historical Biology* 20, no. 4 (2008): 255–87, doi:10.1080/08912960903033327.
[2] W. A. Parks, "Parasaurolophus walkeri, a New Genus and Species of Crested Trachodont Dinosaur," *University of Toronto Studies*, Geology Series 13 (1922): 1–32.
[3] H. F. Osborn, "Integument of the Iguanodont Dinosaur *Trachodon*,"

185–91, doi:10.1007/s00114-007-0310-7; Alexander Mudroch et al., “Didactyl Tracks of Paravian Theropods (Maniraptora) from the Middle Jurassic of Africa,” *PLoS ONE* 6, no. 2 (2011), e14642, doi:10.1371/journal.pone.0014642.

[6] William Buckland, *Geology and Mineralogy Considered with Reference to Natural Theology* (London: William Pickering, 1837).

[7] Kenneth Carpenter et al., “Evidence for Predator-Prey Relationships: Examples for *Allosaurus* and *Stegosaurus*,” in *The Carnivorous Dinosaurs*, ed. K. Carpenter (Bloomington: Indiana University Press, 2005), 325.

[8] Andrew A. Farke, “Horn Use in Triceratops (Dinosauria: Ceratopsidae): Testing Behavioral Hypotheses Using Scale Models,” *Palaeontologia Electronica* (2004).

[9] Richard S. Lull, “Restoration of the Horned Dinosaur *Diceratops*,” *The American Journal of Science* 4, 4 (1905): 420–22.

[10] A. A. Farke, Ewan D. S. Wolff, and Darren H. Tanke, “Evidence of Combat in Triceratops,” *PLoS ONE* 4, no. 1 (2009), e4252, doi:10.1371/journal.pone.0004252.

[11] Mark B. Goodwin and John R. Horner, “Cranial Histology of Pachycephalosaurs (Ornithischia: Marginocephalia) Reveals Transitory Structures Inconsistent with Head-Butting Behavior,” *Paleobiology* 30, no. 2 (2004): 253–67, doi:10.1666/0094-8373(2004)030<0253:CHOPOM> 2.0.CO;2; J. R. Horner and M. B. Goodwin, “Extreme Cranial Ontogeny in the Upper Cretaceous Dinosaur *Pachycephalosaurus*,” *PLoS ONE* 4, no. 10 (2009): e7626, doi:10.1371/journal.pone.0007626.

[12] J. E. Peterson and Christopher P. Vittore, “Cranial Pathologies in a Specimen of *Pachycephalosaurus*,” *PLoS ONE* 7, no. 4 (2012): e36227, doi:10.1371/journal.pone.0036227.

第７章

[1] G. S. Paul, *Predatory Dinosaurs of the World: A Complete Illustrated Guide* (New York; Simon & Schuster, 1988), 126–27.〔『肉食恐竜辞典』（小畠郁生監訳、河出書房新社）〕

[2] H. Falconer, Letter to Darwin, January 3, 1863, Darwin Correspondence Database, www.darwinproject.ac.uk/entry-3899, accessed July 13, 2012.

[3] Richard Owen, “On the *Archaeopteryx* of von Meyer, with a Description of the Fossil Remains of a Long-Tailed Species, from the Lithographic Stone of Solenhofen,” *Philosophical Transactions of the Royal Society of London* 153 (1863): 33–47.

[4] Peter Wellnhofer, *Archaeopteryx: The Icon of Evolution*, rev. English ed., trans. Frank Haase (Munich: Verlag Dr. Friedrich Pfeil, 2009).

[5] Meike Kohler et al., "Seasonal Bone Growth and Physiology in Endotherms Shed Light on Dinosaur Physiology," *Nature* 487 (2012): 358–61, doi:10.1038/nature11264.
[6] Kevin Padian, "Evolutionary Physiology: A Bone for All Seasons," *Nature* 487 (2012): 310–11, doi: 10.1038/nature11382.
[7] S. L. Brusatte, *Dinosaur Paleobiology* (Chichester, UK: Wiley-Blackwell, 2012), 216–26.
[8] P. Martin Sander et al., "Biology of the Sauropod Dinosaurs: The Evolution of Gigantism," *Biological Reviews* 86, no. 1 (2011): 117–55.
[9] Christine M. Janis and Matthew Carrano, "Scaling of Reproductive Turnover in Archosaurs and Mammals: Why Are Large Terrestrial Mammals So Rare?," *Annales Zoologici Fennici* 28 (1992): 201–16; Jan Werner and Eva Maria Griebeler, "Reproductive Biology and Its Impact on Body Size: Comparative Analysis of Mammalian, Avian and Dinosaurian Reproduction," *PLoS ONE* 6, no. 12 (2011), e28442, doi:10.1371/journal.pone.0028442.
[10] John A. Whitlock, Jeffrey A. Wilson, and Matthew C. Lamanna, "Description of a Nearly Complete Juvenile Skull of *Diplodocus* (Sauropoda: Diplodocoidea) from the Late Jurassic of North America," *Journal of Vertebrate Paleontology* 30, no. 2 (2010): 442–57, doi:10.1080/02724631003617647.

第6章

[1] John H. Ostrom, "Osteology of Deinonychus antirrhopus, an Unusual Theropod from the Lower Cretaceous of Montana," *Bulletin of the Peabody Museum of Natural History* 30 (1969); W. Desmond Maxwell and J. H. Ostrom, "Taphonomy and Paleobiological Implications of *Tenontosaurus-Deinonychus* Associations," *Journal of Vertebrate Paleontology* 15, no. 4 (1995): 707–12.
[2] Brian T. Roach and Daniel L. Brinkman, "A Reevaluation of Cooperative Pack Hunting and Gregariousness in *Deinonychus antirrhopus* and Other Nonavian Theropod Dinosaurs," *Bulletin of the Peabody Museum of Natural History* 48, no. 1 (2007): 103–38, dx.doi.org/10.3374/0079-032X(2007)48[103:AROCPH]2.0.CO;2.
[3] Michael J. Ryan et al., "The Taphonomy of a *Centrosaurus* (Ornithischia: Cer[a]topsidae) Bone Bed from the Dinosaur Park Formation (Upper Campanian), Alberta, Canada, with Comments on Cranial Ontogeny," *PALAIOS* 16 (2001): 482–506.
[4] 次を参照。R. T. Bird, *Bones for Barnum Brown: Adventures of a Dinosaur Hunter* (Fort Worth: Texas Christian University Press, 1985).
[5] Rihui Li et al., "Behavioral and Faunal Implications of Early Cretaceous Deinonychosaur Trackways from China," *Naturwissenschaften* 95, no. 3 (2008):

Formation," *PLoS ONE* 6, no. 8 (2011): e22710, doi:10.1371/journal.pone.0022710.
[17] Nicolas E. Campione and David C. Evans, "Cranial Growth and Variation in Edmontosaurs (Dinosauria: Hadrosauridae): Implications for Latest Cretaceous Megaherbivore Diversity in North America," *PLoS ONE* 6, no. 9 (2011), e25186,doi:10.1371/journal.pone.0025186.
[18] C. W. Gilmore, "A New Carnivorous Dinosaur from the Lance Formation of Montana," *Smithsonian Miscellaneous Collections* 106 (1946): 1–19.
[19] Takanobu Tsuihiji et al., "Cranial Osteology of a Juvenile Specimen of *Tarbosaurus bataar* (Theropoda, Tyrannosauridae) from the Nemegt Formation (Upper Cretaceous) of Bugin Tsav, Mongolia," *Journal of Vertebrate Paleontology* 31, no. 3 (2011): 497–517.
[20] Thomas D. Carr, "Craniofacial Ontogeny in Tyrannosauridae (Dinosauria, Coelurosauria)," *Journal of Vertebrate Paleontology* 19, no. 3 (1999): 497–520, www.jstor.org/stable/4524012; T. D. Carr and Thomas E. Williamson, "Diversity of Late Maastrichtian Tyrannosauridae (Dinosauria: Theropoda) from Western North America," *Zoological Journal of the Linnean Society* 142, no. 4 (2004): 479–523; Lawrence M. Witmer and Ryan C. Ridgely, "The Cleveland Tyrannosaur Skull (*Nanotyrannus* or *Tyrannosaurus*): New Findings Based on CT Scanning, with Special Reference to the Braincase," *Kirtlandia* 57 (2010): 61–81; Denver W. Fowler et al., "Reanalysis of '*Raptorex kriegsteini*': A Juvenile Tyrannosaurid Dinosaur from Mongolia," *PLoS ONE* 6, no. 6 (2011): e21376, doi:10.1371/journal.pone.0021376.

第5章

[1] Elmer S. Riggs, " Brachiosaurus altithorax, the Largest Known Dinosaur," *American Journal of Science* (Series 4) 15, no. 88 (1903): 299–306, doi:10.2475/ajs.s4-15.88.299; Ruth E. Moore, *Evolution*, Young Readers Nature Library (Alexandria, VA: Time-Life Books, 1979), 94–95.
[2] Mathew J. Wedel, "A Monument of Inefficiency: The Presumed Course of the Recurrent Laryngeal Nerve in Sauropod Dinosaurs," *Acta Palaeontologica Polonica* 57, no. 2 (2012): 251–56, dx.doi.org/10.4202/app.2011.0019.
[3] Stephen J. Goulds "The Panda's Thumb," in *The Panda's Thumb: More Reflections in Natural History* (New York: W. W. Norton, 1980), 19.〔『パンダの親指』(桜町翠軒訳、ハヤカワ文庫)〕
[4] Edwin H. Colbert, Raymond B. Cowles, and Charles M. Bogert, "Temperature Tolerances in the American Alligator and Their Bearing on the Habits, Evolution, and Extinction of the Dinosaurs," *Bulletin of the American Museum of Natural History* 86 (1946): 327–74.

[6] D. J. Varricchio, "A Distinct Dinosaur Life History?," *Historical Biology* 23, no. 1 (2011): 91–107, doi:10.1080/08912963.2010.500379.000.
[7] John B. Scannella and John R. Horner, "Torosaurus Marsh, 1891, is *Triceratops* Marsh, 1889 (Ceratopsidae: Chasmosaurinae): Synonymy Through Ontogeny," *Journal of Vertebrate Paleontology* 30, no. 4 (2010): 1157–68, dx.doi.org/10.1080/02724634.2010.483632.
[8] Kenneth Carpenter, " *'Bison' alticornis* and O.C. Marsh's Early Views on Ceratopsians," in *Horns and Beaks: Ceratopsian and Ornithopod Dinosaurs*, ed. K. Carpenter (Bloomington: Indiana University Press, 2007), 349.
[9] John R. Horner and Mark B. Goodwin, "Major Cranial Changes During Triceratops Ontogeny," Proceedings of the Royal Society B 273, no. 1602 (2006): 2757–61, doi:10.1098/rspb.2006.3643.
[10] Catherine A. Forster, "Species Resolution in *Triceratops*: Cladistic and Morphometric Approaches," *Journal of Vertebrate Paleontology* 16, no. 2 (1996): 259–70; John H. Ostrom and Peter Wellnhofer, "The Munich Specimen of *Triceratops* with a Revision of the Genus," *Zitteliana* 14 (1986): 111–58.
[11] Mark B. Goodwin et al., "The Smallest Known Triceratops Skull: New Observations on Ceratopsid Cranial Anatomy and Ontogeny," *Journal of Vertebrate Paleontology* 26, no. 1 (2006): 103–12.
[12] John B. Scannella and John R. Horner, " 'Nedoceratops': An Example of a Transitional Morphology," *PLoS ONE* 6, no. 12 (2011): e28705, doi:10.1371/journal.pone.
[13] Limericks, *Wait Wait . . . Don't Tell Me!*, NPR, August 7, 2010. www.npr.org/templates/story/story.php?storyId=129039425.
[14] Andrew A. Farke, "Anatomy and Taxonomic Status of the Chasmosaurine Ceratopsid *Nedoceratops hatcheri* from the Upper Cretaceous Lance Formation of Wyoming, U.S.A," *PLoS ONE* 6, no. 1 (2011): e16196, doi:10.1371/journal.pone.0016196; Nicholas R. Longrich and Daniel J. Field, "Torosaurus Is Not Triceratops: Ontogeny in Chasmosaurine Ceratopsids as a Case Study in Dinosaur Taxonomy," *PLoS ONE* 7, no. 2 (2012): e32623, doi:10.1371/journal.pone.0032623.
[15] P. Dodson, "Taxonomic Implications of Relative Growth in Lambeosaurine Hadrosaurs," *Systematic Zoology* 24, no. 1 (1975): 37–54, www.jstor.org/stable/2412696.
[16] Charles W. Gilmore, "*Brachyceratops*, a Ceratopsian Dinosaur from the Two Medicine Formation of Montana, with Notes on Associated Fossil Reptiles," *United States Geological Survey Professional Paper* 103 (1917); Andrew T. McDonald, "A Subadult Specimen of *Rubeosaurus ovatus* (Dinosauria: Ceratopsidae), with Observations on Other Ceratopsids from the Two Medicine

[30] Elissa Z. Cameron and Johan T. du Toit, "Winning by a Neck: Tall Giraffes Avoid Competing with Shorter Browsers," *The American Naturalist* 169, no. 1 (2007): 130–35; G. Mitchell, S. J. van Sittert, and J. D. Skinner, "Sexual Selection Is Not the Origin of Long Necks in Giraffes," *Journal of Zoology* 278, no. 4 (2009): 281–86, doi:10.1111/j.1469-7998.2009.00573. x; R. E. Simmons and R. Altwegg, "Necks-for-Sex or Competing Browsers? A Critique of Ideas on the Evolution of Giraffe," *Journal of Zoology* 282, no. 1 (2010): 6–12, doi:10.1111/j.1469-7998.2010.00711.x.
[31] R. M. Alexander, *Dynamics of Dinosaurs and Other Extinct Giants* (New York: Columbia University Press, 1989), 57–58.〔『恐竜の力学』(坂本憲一訳、地人書館)〕
[32] Timothy E. Isles, "The Socio-Sexual Behaviour of Extant Archosaurs: Implications for Understanding Dinosaur Behaviour," *Historical Biology* 21, nos. 3–4 (2009): 139–214.
[33] Heinrich Mallison, "CAD Assessment of the Posture and Range of Motion of *Kentrosaurus aethiopicus* Hennig, 1915," *Swiss Journal of Geosciences* 103, no. 2 (2010): 211–33, doi:10.1007/s00015-010-0024-2; H. Mallison, "Defense Capabilities of *Kentrosaurus aethiopicus* Hennig, 1915," *Palaeontologia Electronica* 14, no. 2 (2011), 10A:25p.

第4章

[1] Mark A. Norell et al., "A Theropod Dinosaur Embryo and the Affinities of the Flaming Cliffs Dinosaur Eggs," *Science* 266, no. 5186 (1994): 779–82, doi:10.1126/science.266.5186.779.
[2] R. R. Reisz et al., "Embryonic Skeletal Anatomy of the Sauropodomorph Dinosaur *Massospondylus* from the Lower Jurassic of South Africa," *Journal of Vertebrate Paleontology* 30, no. 6 (2010): 1653–65, doi:10.1080/02724634.2010.521604
[3] R. R. Reisz et al., "Oldest Known Dinosaurian Nesting Site and Reproductive Biology of the Early Jurassic *Sauropodomorph Massospondylus*," PNAS 109, no. 7 (2012): 2428–33, doi:10.1073/pnas.1109385109.
[4] Lucas E. Fiorelli et al., "The Geology and Palaeoecology of the Newly Discovered Cretaceous Neosauropod Hydrothermal Nesting Site in Sanagasta (Los Llanos Formation), La Rioja, Northwest Argentina," *Cretaceous Research* 36 (2011): 94–117,
dx.doi.org/10.1016/j.cretres.2011.12.002.
[5] David J. Varricchio, Anthony J. Martin, and Yoshihiro Katsura, "First Trace and Body Fossil Evidence of a Burrowing, Denning Dinosaur," *Proceedings of the Royal Society B* 274, no. 1616 (2007): 1361–68, doi:10.1098/rspb.2006.0443.

Publications 7 (Knoxville: The Paleontological Society, 1994), 139.
[19] Gregory M. Erickson, A. Kristopher Lappin, and Peter Larson, "Androgynous rex—The Utility of Chevrons for Determining the Sex of Crocodilians and Non-Avian Dinosaurs," *Zoology* 108, no. 4 (2005): 277–86, dx.doi.org/10.1016/j.zool.2005.08.001.
[20] Kevin Padian and Jack R. Horner, "The Evolution of 'Bizarre Structures' in Dinosaurs: Biomechanics, Sexual Selection, Social Selection or Species Recognition?," *Journal of Zoology* 283, no. 1 (2011): 3–17, doi:10.1111/j.1469-7998.2010.00719.x.
[21] Jack Horner and James Gorman, *How to Build a Dinosaur: Extinction Doesn't Have to Be Forever* (New York: Dutton, 2009), 61–67.〔『恐竜再生』(柴田裕之訳、日経ナショナルジオグラフィック社)〕
[22] Mary H. Schweitzer, Jennifer L. Wittmeyer, and John R. Horner, "Gender-Specific Reproductive Tissue in Ratites and *Tyrannosaurus rex*," *Science* 308, no. 5727 (2005): 1456–60, doi:10.1126/science.1112158.
[23] A. H. Lee and S. Werning, "Sexual Maturity in Growing Dinosaurs Does Not Fit Reptilian Growth Models," *PNAS* 105, no. 2 (2008): 582–87, doi:10.1073/pnas.0708903105.
[24] Edwin H. Colbert, *The Year of the Dinosaur*, illustrated by Margaret Colbert (New York: Charles Scribner's Sons, 1977), 101.〔『恐竜はどう暮らしていたか』(長谷川善和訳、どうぶつ社)〕
[25] William Stout and William Service, *The Dinosaurs: A Fantastic View of a Lost Era* (New York: Byron Preiss Books, 1981), 13–14.
[26] Scott D. Sampson, "Bizarre Structures and Dinosaur Evolution," in *Dinofest International: Proceedings of a Symposium Held at Arizona State University*, ed. Donald L. Wolberg, Edmund Stump, and Gary D. Rosenberg (Philadelphia: The Academy of Natural Sciences, 1997), 39–45.
[27] Robert E. Simmons and Lue Scheepers, "Winning by a Neck: Sexual Selection in the Evolution of Giraffe," *The American Naturalist* 148, no. 5 (1996): 771–86.
[28] Phil Senter, "Necks for Sex: Sexual Selection as an Explanation for Sauropod Dinosaur Neck Elongation," *Journal of Zoology* 271, no. 1 (2007): 45–53, doi:10.1111/j.1469-7998.2006.00197.x.
[29] Michael P. Taylor, Mathew J. Wedel, and Darren Naish, "Head and Neck Posture in Sauropod Dinosaurs Inferred from Extant Animals," *Acta Palaeontologica Polonica* 5, no. 2 (2009): 213–20, doi:10.4202/app.2009.0007; M. P. Taylor et al., "The Long Necks of Sauropods Did Not Evolve Primarily Through Sexual Selection," *Journal of Zoology* 285, no. 2 (2011): 150–61, doi:10.1111/j.1469-7998.2011.00824.x.

"Histological, Chemical, and Morphological Reexamination of the 'Heart' of a Small Late Cretaceous *Thescelosaurus*," *Naturwissenschaften* 98, no. 3 (2011): 203–11.
[8] Per Ahlberg et al., "Pelvic Claspers Confirm Chondrichthyan-Like Internal Fertilization in Arthrodires," *Nature* 460 (2009): 888–89, doi:10.1038/nature08176.
[9] Cristiano Dal Sasso and Marco Signore, "Exceptional Soft Tissue Preservation in a Theropod Dinosaur from Italy," *Nature* 392 (1998): 383–87, doi:10.1038/32884.
[10] Tamaki Sato et al., "A Pair of Shelled Eggs Inside a Female Dinosaur," *Science* 308, no. 5720 (2005): 375, doi:10.1126/science.1110578.
[11] Kevin G. McCracken, "The 20-cm Spiny Penis of the Argentine Lake Duck (*Oxyura vittata*)," *The Auk* 117, no. 3 (2000), 820–25.
[12] Patricia L. R. Brennan et al., "Coevolution of Male and Female Genital Morphology in Waterfowl," *PLoS ONE* 2, no. 5 (2007), e418, doi:10.1371/journal.pone.0000418.
[13] Brennan et al., "Independent Evolutionary Reductions of the Phallus in Basal Birds," *Journal of Avian Biology* 39, no. 5 (2008): 487–92,doi:10.1111/j.2008.0908-8857.04610.x.
[14] Brandon C. Moore, Ketan Mathavan, and Louis J. Guillette Jr., "Morphology and Histochemistry of Juvenile Male American Alligator (*Alligator mississippiensis*) Phallus," *The Anatomical Record: Advances in Integrative Anatomy and Evolutionary Biology* 295 (2012): 328–37, doi:10.1002/ar.21521; Thomas Ziegler and Sven Olbort, "Genital Structures and Sex Identification in Crocodiles," *Crocodile Specialist Group Newsletter* 26, no. 3 (2007): 16–17.
[15] Steve C. Wang and Peter Dodson, "Estimating the Diversity of Dinosaurs," *Proceedings of the National Academy of Sciences* 103, no. 37 (2006): 13601–65, doi:10.1073/pnas.0606028103.
[16] P. Dodson, "Taxonomic Implications of Relative Growth in Lambeosaurine Hadrosaurs," *Systematic Zoology* 24, no. 1 (1975): 37–54.
[17] D. C. Evans and R. R. Reisz, "Anatomy and Relationships of *Lambeosaurus magnicristatus*, a Crested Hadrosaurid Dinosaur (Ornithischia) from the Dinosaur Park Formation, Alberta," *Journal of Vertebrate Paleontology* 27, no. 2 (2007): 373–93.
[18] Kenneth Carpenter, "Variation in Tyrannosaurus rex," in *Dinosaur Systematics: Approaches and Perspectives*, ed. Kenneth Carpenter and Philip J. Currie (New York: Cambridge University Press, 1990), 141. P. L. Larson, "*Tyrannosaurus* sex," in *Dino Fest: Proceedings of a Conference for the General Public*, ed. Gary D. Rosenberg and D. L. Wolberg, Paleontological Society Special

[9] Richard J. Butler et al., "The Sail-Backed Reptile *Ctenosauriscus* from the Latest Early Triassic of Germany and the Timing and Biogeography of the Early Archosaur Radiation," *PLoS ONE* 6, no. 10 (2011), doi:10.1371/journal.pone.0025693.
[10] Stephen L. Brusatte, Grzegorz Niedz ´ wiedzki, and Richard J. Butler, "Footprints Pull Origin and Diversification of Dinosaur Stem Lineage Deep into Early Triassic," *Proceedings of the Royal Society B* 278, no. 1708 (2010): 1107–13, doi:10.1098/rspb.2010.1746.
[11] Sterling J. Nesbitt et al., "Ecologically Distinct Dinosaurian Sister Group Shows Early Diversification of Ornithodira," *Nature* 464, no. 7285 (2010): 95–98, doi:10.1038/nature08718.
[12] Ricardo N. Martinez et al., "A Basal Dinosaur from the Dawn of the Dinosaur Era in Southwestern Pangaea," *Science* 331, no. 6014 (2011): 206–10, doi:10.1126/science.1198467.
[13] Oscar Alcober, "Redescription of the Skull of *Saurosuchus galilei* (Archosauria: Rauisuchidae)," *Journal of Vertebrate Paleontology* 20, no. 2 (2000): 302–16, dx.doi.org/10.1671/0272-4634(2000)020[0302:ROTSOS]2.0.CO;2.

第3章

[1] Bradley Keoun, "Replica of Dinosaur Fossil Gives O'Hare Passengers Monstrous Welcome," *Chicago Tribune*, January 20, 2000, articles.chicagotribune.com/2000-01-20/news/0001200303_1_dinosaur-skeleton-brachiosaurus-love-dinosaurs.
[2] Michael P. Taylor, "A Re-Evaluation of *Brachiosaurus altithorax* Riggs 1903 (Dinosauria, Sauropod) and Its Generic Separation from *Giraffatitan brancai* (Janensh 1914)," *Journal of Vertebrate Paleontology* 29, no. 3 (2009): 787–806, dx.doi.org/10.1671 /039.029.0309.
[3] D. U. Ager, *Principles of Paleoecology* (London: McGraw-Hill, 1963).
[4] Henry Fairfield Osborn, "*Tyrannosaurus*, Upper Cretaceous Carnivorous Dinosaur (Second Communication)," *Bulletin of the American Museum of Natural History* 22, no. 16 (1906): 281–96.
[5] Robin McKie, " 'Sexual Depravity' of Penguins that Antarctic Scientist Dared Not Reveal," *Guardian*, June 9, 2012, www.guardian.co.uk/world/2012/jun/09 /sex-depravity-penguins-scott-antarctic.
[6] Paul E. Fisher et al., "Cardiovascular Evidence for an Intermediate or Higher Metabolic Rate in an Ornithischian Dinosaur," *Science* 288, no. 5465 (2000): 503–55, doi:10.1126/science.288.5465.503.
[7] Timothy P. Cleland, Michael K. Stoskopf, and Mary H. Schweitzer,

[13] Brian Switek, "Dinosaurs in Space!," Dinosaur Tracking, Blogs, Smithsonian .com, December 12, 2011, blogs.smithsonianmag.com/dinosaur/2011/12/dinosaurs-in-space/.
[14] 次を参照。Adrienne Mayor, *Fossil Legends of the First Americans* (Princeton: Princeton University Press, 2005).
[15] 次を参照。George Gaylord Simpson, *Attending Marvels: A Patagonian Journal* (New York: Macmillan, 1934; Time-Life Books, 1965, 1982), 82.
[16] 次を参照。Paul D. Brinkman, *The Second Jurassic Dinosaur Rush: Museums and Paleontology in America at the Turn of the Twentieth Century* (Chicago: University of Chicago Press, 2010).

第2章
[1] William G. Parker, Randall B. Irmis, and Sterling J. Nesbitt, "Review of the Late Triassic Dinosaur Record from Petrified Forest National Park, Arizona," in *A Century of Research at Petrified Forest National Park: Geology and Paleontology*, ed. William G. Parker, S. R. Ash, and Randall B. Irmis, Museum of Northern Arizona Bulletin no. 62 (Flagstaff, Arizona: Museum of Northern Arizona, 2006), 160.
[2] Alan J. Charig, "The Evolution of the Archosaur Pelvis and Hind-Limb: An Explanation in Functional Terms," in *Studies in Vertebrate Evolution: Essays Presented to F. R. Parrington*, eds. Kenneth A. Joysey and Thomas S. Kemp (New York: Winchester Press, 1972), 121.
[3] Robert T. Bakker, "The Superiority of Dinosaurs," *Discovery* 3, no. 2 (1968): 11–22.
[4] Robert T. Bakker, "Dinosaur Physiology and the Origin of Mammals," *Evolution* 25, no. 4 (1971): 636–58.
[5] Sterling J. Nesbitt, "The Early Evolution of Archosaurs: Relationships and the Origin of Major Clades," *Bulletin of the American Museum of Natural History* 352 (2011), dx.doi.org/10.1206/352.1.
[6] 次を参照。Edwin H. Colbert, *The Little Dinosaurs of Ghost Ranch* (New York: Columbia University Press, 1995).
[7] Sterling J. Nesbitt and Mark A. Norell, "Extreme Convergence in the Body Plans of an Early Suchian (Archosauria) and Ornithomimid Dinosaurs (Theropoda)," *Proceedings of the Royal Society* B 273, no. 1590 (2006): 1045–48, doi:10.1098/rspb.2005.3426.
[8] Jacques A. Gauthier et al., "The Bipedal Stem Crocodilian *Poposaurus gracilis*: Inferring Function in Fossils and Innovation in Archosaur Locomotion," *Bulletin of the Peabody Museum of Natural History* 52, no. 1 (2011): 107–26, dx.doi.org/10.3374/014.052.0102.

註

第１章

［１］Lowell Dingus, *Next of Kin: Great Fossils at the American Museum of Natural History* (New York: Rizzoli, 1996).
［２］Keith M. Parsons, *Drawing Out Leviathan: Dinosaurs and the Science Wars* (Bloomington: Indiana University Press, 2001), 1–21.
［３］William Diller Matthew, "The Mounted Skeleton of Brontosaurus," *American Museum Journal* 5, no. 2 (1905): 63–70.
［４］Brian Switek, "America's Monumental Dinosaur Site," Smithsonian.com, May 31, 2012, www.smithsonianmag.com/science-nature/Americas-Monumental-Dinosaur-Site.html.
［５］Parsons, *Drawing Out Leviathan*, 1–21.
［６］John S. McIntosh and David S. Berman, "Description of the Palate and Lower Jaw of the Sauropod Dinosaur *Diplodocus* (Reptilia: Saurischia) with Remarks on the Nature of the Skull of *Apatosaurus*," *Journal of Paleontology* 49, no. 1 (1975): 187–99.
［７］"Yale Brontosaurus Gets Head On Right at Last," *New York Times*, October 26, 1981, www.nytimes.com/1981/10/26/nyregion/yale-brontosaurus-gets-head-on-right-at-last.html.
［８］Michael P. Taylor, Mathew J. Wedel, and Richard L. Cifelli, "A New Sauropod Dinosaur from the Lower Cretaceous Cedar Mountain Formation, Utah, USA," *Acta Palaeontologica Polonica* 56, no. 1 (2011): 75–98, doi: dx.doi.org/10.4202/app.2010.0073.
［９］Google books Ngram Viewer, accessed July 13, 2012, books.google.com/ngrams/graph?content=Brontosaurus%2C+Apatosaurus&year_start=1800&year_end=2012 &corpus=0&smoothing=3.
［10］Mike Brown, *How I Killed Pluto and Why It Had It Coming* (New York: Spiegel & Grau, 2010), xii.〔『冥王星を殺したのは私です』（梶山あゆみ訳、飛鳥新社）〕
［11］H. G. Seeley, "On the Classification of the Fossil Animals Commonly Named Dinosauria," *Proceedings of the Royal Society of London* 43 (1887–1888): 165–71.
［12］John Noble Wilford, *The Riddle of the Dinosaur* (New York: Alfred A. Knopf, 1985), 168.〔『恐竜の謎』（小畠郁生監訳、河出書房新社）〕

や

ヤコブ・ヴィンター　216-18
有羊膜類　60, 87
ユタケラトプス　191
ユタ州立大学イースタン先史博物館　180, 269
ユタ自然史博物館　164, 167, 190, 225
ユティランヌス　209

ら

ライアン・リッジリー　234-35
ラウイスクス類　76, 81
ラプトレックス　133
ランドール・アーミス　71, 80, 82
ランベオサウルス　96-97, 228-30, 334-35
リチャード・オーエン　64-65, 197, 201-02
リチャード・スワン・ラル　183, 265-67
竜脚形類　37, 80, 115
竜脚類　21, 23, 37, 115-17, 176-78, 210, 212, 248, 252, 267; 巨大化, 138-57; 性, 102-06
竜盤目　36-37, 54-55, 210
ルベオサウルス　130
レヴェルトサウルス　54-57, 62
ロイ・L・ムーディ　252-53, 255
ロバート・T・バッカー　66-67, 152, 177, 206, 277
ロバート・ライス　97, 115
ローランド・T・バード　175-77
ローレンス・ウィットマー　234-35, 237

わ

ワニ　23, 38, 54-55, 57-60, 62-66, 70, 74-78, 80-81, 92-95, 102, 116, 151, 153, 157

ス　226, 233
パラサウロロフス・トゥビケン　226, 232
パラサウロロフス・ワルケリ　226, 228, 233
ハリー・シーリー　36, 202
バロサウルス　105, 137, 140, 163, 167, 190
反回神経　146-48
バンビラプトル　237-38
ピーター・ドッドソン　95-97, 130, 191-92
非鳥類型恐竜　39
ヒパクロサウルス　234-35
ヒプシロフォドン　202
ヒラエオサウルス　64
フィトサウルス　58, 61-62, 73, 81
フィリップ・カリー　90, 244, 246
フィル・センター　103-04, 222-23
フィル・ベル　90-91
プシッタコサウルス　210-11
ブラキオサウルス　28, 37, 86-88, 93, 102, 104, 141, 143, 267
ブラキケラトプス　130
プラケリアス　59, 62, 66
ブルース・ロスチャイルド　251, 253
プロケネオサウルス　130
プロトケラトプス　97, 112, 114
ブロントサウルス　14, 16-17, 22-33, 101, 119, 128, 130, 137-39, 175, 179, 191-93; 骨格, 24-26, 29-32, 290; 名前, 14, 16-17, 290-91; 文化, 33-35
ブロントサウルス・エクスケルスス　24, 291
ブロントメルス　33
糞石　→コプロライト
ベイピアオサウルス・イネクスペクトゥス　209
ヘルクリーク層　98, 133, 246, 259, 261
ペルム紀　77-82
ヘレラサウルス　67
ペンタケラトプス　37
ヘンリー・フェアフィールド・オズボーン　88-89, 112-14, 140, 168, 230
ポストスクス　59, 61-62, 70, 76, 79-80
哺乳類　57, 59-60, 66-67, 77, 79-80, 152-53, 156, 193, 250, 262-64, 271, 274, 282
ボブ・マケラ　114-15
ポポサウルス　62, 76

ま

マイアサウラ　114-15, 117, 229
マーク・グッドウィン　118, 123-27, 131, 186-87, 282
マーク・ノレル　74, 113-14, 279
マシュー・ウェデル　104, 145, 147, 148
マーショサウルス　163
マッソスポンディルス　37, 115-17
マメンチサウルス　155
ミクロラプトル　208, 211, 213, 218-19
群れ　163-179
メアリ・シュワイザー　98-99
メガプノサウルス　97
メガロサウルス　63-64, 180
メラノソーム　216, 219
モノロフォサウルス　200

プス
ティアニュロング　210-11
ディキノドン類（双牙類）　59, 62, 77
デイノドン　118
デイノニクス　37, 122, 167-71, 178-79, 193, 195, 205, 292
デイノニコサウルス類　145, 178, 238, 260
ディプロドクス　25, 28, 30-32, 37, 40-41, 68, 139-40, 142-43, 149, 157; 骨格, 25; 頭骨, 25, 157
ディプロドクス・カルネギイイ　143
ディプロドクス・ハロルム　68
ティラノサウルス・レックス　14, 88, 97-99, 132-33, 210, 213, 238, 242, 258; 羽毛, 209-13; 骨格, 132-34, 238-39, 242-44; 性, 88-89, 97-100; 病気と怪我, 242-47; 幼体, 132-34;
デイル・ラッセル　90, 272
ディロング　209
デヴィッド・エヴァンズ　97, 131, 234-35
デヴィッド・ジレット　142-43
デヴィッド・ファストフスキ　281-82
デヴィッド・ラウプ　277-79
デヴィッド・ワイシャンペル　232-34
テスケロサウルス　90
デスマトスクス　59, 62
テノントサウルス　100, 122, 170-71
テリジノサウルス類　37-38
トカゲ　23, 36, 63-64, 66, 87, 107, 138-39, 150, 171, 260
トマス・カー　133, 195, 258
トマス・ヘンリー・ハクスリー　65, 201-03, 209
ドラコレックス　131, 134
トリケラトプス　20, 36-37, 41, 88, 117-29, 133-34, 138, 157, 179, 182-85, 192, 259-61, 280, 286; 攻撃と防御, 182-85; 成長と変化, 117-29
トリケラトプス・プロルスス　119, 125
トリケラトプス・ホリドゥス　119, 125
トリコモナス　244-45
トルヴォサウルス　103, 163
トロオドン　280
トロサウルス　120-22, 126-29, 134

な

肉食恐竜　37-38, 54, 61, 100, 163, 165-66
二足歩行　65-67, 75,
妊娠　92, 99-100, 156
ネドケラトプス　127-29, 183

は

ハインリッヒ・マリソン　108-09
パキケファロサウルス　37, 41, 126, 131, 133-34, 185-87
白亜紀　38-39, 81, 100, 112, 119, 131, 133, 137, 162, 172, 179, 216, 226, 230; 白亜紀末大絶滅, 134, 194, 255, 257-84
爬虫類　36, 43, 59, 63-64, 153, 201-203
ハドロサウルス　37, 65, 90, 96, 114, 130-31, 224-35, 251, 269
パラサウロロフス　37, 41, 224-35
パラサウロロフス・キルトクリスタトゥ

始祖鳥　194-205, 213, 215; サーモポリス, 198-99; ベルリン標本; 198; ロンドン標本, 197. →アルカエオプテリクス・リトグラフィカ
シノサウロプテリクス　153, 208, 211-12, 217
シノルニトミムス　117
シャオティンギア　196
ジャック・ホーナー　98, 114-15, 118, 121, 123, 125-29, 131, 186-87, 193, 238-39, 284
シュヴォサウルス　74-76
獣脚類　37-38, 62, 111-12, 117, 174, 178
ジュラ紀　23, 28, 31, 35, 39, 66, 76, 81, 100, 140, 161-67, 197, 251
主竜類　55, 57-58, 60-67, 69-70, 73-82
踵骨　74-75
植物食恐竜　37-38, 65, 90, 100, 180
植竜類　→フィトサウルス
ジョージ・ウィーランド　267-68
ジョン・オストロム　32, 168, 170-71, 205-06, 208, 231
ジョン・スキャネラ　118, 121, 126-29
シロウスクス　78
進化　36, 39, 66-70, 76-82, 145-48, 157; 主竜類, 57-83; 鳥, 194-214
シンタルスス　206
スキウルミムス　210-11
スキピオニクス　91
スコット・ウィリアムズ　195, 258-60
スコット・リチャードソン　227-28
スティーヴン・ブルサット　78, 153
スティギモロク　131, 134
スティラコサウルス　174
ステゴサウルス　14-15, 28, 37-38, 40, 93, 107, 163, 179-82, 185, 266-67, 285; 攻撃と防御, 179-82
ストケソサウルス　163
スーパーサウルス　37-38, 142-44, 147-48, 153, 155
スピノサウルス　37-39, 93
セイスモサウルス　68, 143
成長停止線　100, 130-31
性的二形性　95-96
セギサウルス　204
絶滅　55, 70, 76-82, 194, 206, 255, 257-84
セントロサウルス　172-73, 179, 184
総排出腔　93-95, 105, 107, 151

た

体温　150-54, 209
ダイナソー国定公園　26-27, 43-44, 46, 49, 157, 162, 293
ダスプレトサウルス　244
単弓類　60, 78-79
チクシュルーブ・クレーター　278
チャールズ・ダーウィン　101, 197, 214, 265-66, 287
鳥頸類　55, 62
腸石　→コロライト
鳥盤目　36-37, 54-55, 80, 116, 202
鳥類　36-38, 55, 57, 60, 92-95, 153-54, 157, 193, 210-19, 222-223, 234, 236, 238, 244, 260; 起源, 194-209; 性, 92-95
チンリ層　52, 57, 62
角竜類　97, 112, 121-22, 129-30, 172, 182, 185, 269. →トリケラト

エピデクシプテリクス　196
エフィギア　62, 74-76, 80
エルマー・リッグズ　24-25, 32
エントアメーバ　249
オヴィラプトル　37, 112-14, 136, 204, 223; オヴィラプトル・フィロケラトプス , 112-14
オヴィラプトロサウルス類　92, 98, 211
オールドマン層　96
オスニエル・チャールズ・マーシュ　24-26, 31, 65, 119, 121, 125, 138-39, 144, 198, 202, 289-90
オリクトドロメウス　116-17

か

カイパロウィッツ層　227, 294-95
カウディプテリクス　216
カッテルエア　73-74
カマラサウルス　26, 30-31, 163, 166
カルノサウルス類　162
偽鰐類　55, 62, 75
ギガノトサウルス　37-38
気候変動　81, 270, 276, 280, 282, 284
気嚢　141, 154
嗅球　238
嗅葉　237
距骨　74-75
ギラファティタン　86, 236
キンデサウルス　53-54, 62
クテノサウリスクス　78
グランドステアケース・エスカランテ国定公園　226, 293
クリーブランド・ロイド発掘地　159, 160-61, 165, 180
クリストファー・ブロシュー　243-44
グレゴリー・S・ポール　168, 193, 195
クロアカ　→総排出腔
ケネス・カーペンター　140, 181
ケラトサウルス　28, 163, 192, 221, 252
ゲルハルト・ハイルマン　203-04
ケントロサウルス　97, 105, 107-09, 153
剣竜類　23, 97, 107-08
交尾　85-109, 187, 233
コエルロサウルス類　210-11
コエロフィシス　37, 54-56, 61-63, 72-73, 76
コスモケラトプス　184-85, 294
コプロライト（糞石）　91, 248-49
コリトサウルス　96, 229, 231, 233
ゴルゴサウルス　132, 136, 173, 238, 244
ゴルゴノプス類　77
コロライト（腸石）　91
コンプソグナトゥス　201-02, 206, 209

さ

サウロスクス　79
サウロファガナクス　69
雑食　38, 59, 62, 79, 211
佐藤たまき　92
サラ・ワーニング　99-101, 126
三畳紀　52-55, 57-59, 61-63, 66-71, 73, 77-82, 203, 206, 293; 三畳紀末大絶滅 , 81
ジェイムズ・ジェンセン　142-43
ジェイムズ・マドセン　149, 165
四肢動物　60, 62-63, 146-48
姿勢　65-67, 69, 76

索引

K － Pg 境界　271-72

あ

アエトサウルス類　55, 59, 61-62, 81
アクロカントサウルス　175
足跡　173-79, 254-55
アジリサウルス　78
アナトティタン　131, 134
アパトサウルス　羽毛 , 211-12; 性 , 93, 100-04; 生態 , 149-156, 163; 頭骨 , 31-32, 80; 名前 , 23-26, 31-34, 291; 文化 , 12-23, 34-35. →ブロントサウルス
アパトサウルス・アヤクス　24
アパトサウルス・エクスケルスス　25, 33, 291
アベリサウルス類　38
アマルガサウルス　105
アラモサウルス　117, 157
アリゲーター　75, 92, 94, 97, 102, 151, 223-24
アリゾナサウルス　78
アルヴァレスサウルス類　38-39
アルカエオプテリクス・リトグラフィカ　197. →始祖鳥
アルゼンチノサウルス　143-44, 155
アルバートサウルス　244
アロサウルス　28, 37, 93, 100, 103-05, 162-67, 171, 175, 180-82, 236; 怪我 , 253-255; ビッグ・アル , 253-254
アンキオルニス　88, 209, 218,
アンキロサウルス　37, 40, 145, 185
アンドルー・ファルケ　129, 182
アンドルー・リー　99, 126
アンフィコエリアス・アルトゥス　139
アンフィコエリアス・フラギリムス　138-140
アンフィコエリアス・ラトゥス　138
イェール大学ピーボディ自然史博物館　31-32, 129, 152, 171, 267, 289, 292
イグアノドン　64, 170, 180, 204
色　191-94, 214-19
ウィリアム・ディラー・マシュー　25, 111, 281
ウィリアム・パークス　228, 230
ウィリアム・バックランド　63, 180
ヴェロキラプトル　17, 37-38, 168-70, 195-96, 199, 209, 288
ウォルター・アルヴァレズ　271-73, 276-78
羽毛　102, 152, 189-219, 250
エウパルケリア　203-04
エオラプトル　67, 78-79
エドウィン・コルバート　72-73, 101, 150-51, 186
エドモントサウルス　20, 88, 131, 133-34, 229-30, 239, 259, 273-74, 280
エドワード・ドリンカー・コープ　65, 119, 138-40, 144
エドワード・ヒッチコック　173-74

ISBN 978-4-8269-0181-9

愛(いと)しのブロントサウルス

二〇一五年八月二日　第一版第一刷発行

著　者　ブライアン・スウィーテク
訳　者　桃井緑美子(ももいるみこ)
発行者　中村　幸慈
発行所　株式会社　白揚社　©2015 in Japan by Hakuyosha
〒101-0062　東京都千代田区神田駿河台1-7
電話03-5281-9772　振替00130-1-25400
装　幀　岩崎寿文
印刷・製本　中央精版印刷株式会社